Die Gesetzmäßigkeit

im

Gesellschaftsleben.

Statistische Studien

von

Dr. **Georg Mayr,**
Ministerialrath und Universitätsprofessor.

München.
Druck und Verlag von R. Oldenbourg.
1877.

Vorwort.

Die vorliegenden statistischen Studien erheben durchaus nicht den Anspruch, die Gesammtheit der Gesetzmäßigkeiten im Gesellschaftsleben der Menschen zur Darstellung zu bringen. Wer das Buch durchblättert, wird finden, daß zunächst gezeigt ist, wie die Statistik als das Mittel zur Erkenntniß der Gesetzmäßigkeit im Gesellschaftsleben erscheint, und daß sodann weiter an bevölkerungsstatistischem und einigermaßen auch an moralstatistischem Stoff das Walten solcher Gesetzmäßigkeiten in verschiedenartigen Beziehungen nachgewiesen wird. Es wäre nicht schwer und vielleicht nicht undankbar, die moralstatistischen Studien zu erweitern und auch noch andere Zweige der Statistik unter gleichem Gesichtspunkte zu bearbeiten. Ich denke dabei namentlich an die wirthschaftliche, die politische und die Bildungsstatistik. Wenn ich es trotz mancher Vorarbeiten auf diesen Gebieten, und namentlich im Bereiche unterrichtsstatistischer Forschung, unterlasse, dem vorliegenden Buche eine so weitgreifende Ausdehnung zu geben, so leitet mich hiebei vorzugsweise der Wunsch, vorerst an der Aufnahme, welche dieser eine Band volksthümlicher statistischer Darstellung findet, zu ersehen, ob eine Erweiterung der Arbeit in der hier angedeuteten Richtung einigermaßen Aussicht hat, den Beifall eines freundlichen Leserkreises zu gewinnen. Fällt die Antwort auf diese Gewissensfrage, welche ich meinen Lesern vorlege, bejahend aus, dann wird es mir eine wirkliche Freude sein, die Gesetzmäßigkeiten im Gesellschaftsleben auch auf anderen als den hier zunächst behandelten Gebieten menschlichen Sein' und Thuns darzulegen.

Dr. G. Mayr.

Inhalt.

Seite

Einleitung.

Erster Abschnitt.

Die Statistik als das Mittel zur Erkenntniß der Gesetzmäßigkeit im Gesellschaftsleben. Wesen, Aufgabe, Methode und Darstellungsmittel derselben.

Zweiter Abschnitt.

Bevölkerungsstatistisches.

Stand der Bevölkerung.

Bewegung der Bevölkerung.

Dritter Abschnitt.

Moralstatistisches.

Einleitung.

Die eigenartigen Erscheinungen, welche durch das gesellschaftliche Leben der Menschen hervorgerufen werden, tragen einen wesentlich anderen Charakter als die Naturerscheinungen. Dieß an einer größeren Zahl von Beispielen nachzuweisen ist kaum nöthig. Die Ursachen, welche ein bestimmtes Staatsgebilde geschaffen haben und erhalten, lassen sich mit jenen, welche die Begrenzung der tropischen Zone oder der Polargegenden bestimmen, in keiner Weise vergleichen. Die Zunahme und Abnahme der Verbrechen ist eine Erscheinung, welche nach ganz anders gearteten Gesetzen vor sich geht als etwa der Wechsel von Wärme und Kälte, von Sonnenschein und Regen. Nichts scheint daher berechtigter, als Natur und Gesellschaft einander gegenüberzustellen. Gleichwohl bedarf eine so scharfe Scheidung näherer Begründung. Vor Allem leuchtet ein, daß es geradezu falsch ist, wenn man — wie es häufig geschieht — die Natur und den Menschen in Gegensatz stellt. Der Mensch als solcher hängt mit tausend Fäden an der Natur und ist selbst weder der Kunst noch des Geistes, sondern der Natur Produkt. Ein großer Theil seiner Lebensthätigkeit ist rein durch Naturgesetze bestimmt, die sich an ihm rücksichtslos und meist ohne Gestattung bestimmter Willenseinflüsse vollziehen. Wie der Eintritt ins Leben für den Neugeborenen als reiner Naturprozeß sich darstellt, so zahlt auch der Sterbende im Tode der Natur seinen Tribut. Auch der Selbstmörder stirbt schließlich nicht am selbstmörderischen Willen, sondern am Naturprozeß, den er durch Gift oder Dolch hervorgerufen hat. Darum ist auch der Mensch mit Recht eines der wichtigsten Objekte naturwissenschaftlicher Forschung. In dieser Hinsicht steht er nicht nur mit den Thieren und den Pflanzen, sondern auch den anorganischen Gebilden auf gleicher Stufe. Die Anatomie und Physiologie des Menschen bildet so wenig einen Gegensatz zu gleichartigen Untersuchungen anderer Organismen, daß sie nur im Zusammenhang mit solcher vergleichender Forschung entscheidende Förderung finden kann.

Gleichwohl zeigt sich in den menschlichen Handlungen und in den äußeren Einrichtungen, welche als dauernde Erfolge solcher Handlungen zurückbleiben, gar Vieles, was nicht als reiner Naturprozeß gelten kann. Sehen wir näher zu, so finden wir, daß wir es in solchen Fällen immer mit eigenartigen Gebilden zu thun haben, welche der Vergesellschaftung der Menschen ihren Ursprung verdanken. Wohl liegt die Entwicklungsfähigkeit des Geistes in dem reinen Naturprodukt Mensch, aber zur Entwicklung selbst führt erst die Gesellschaft. In dieser erwacht religiöses und sittliches Gefühl, in ihr bildet sich das Rechtsbewußtsein. Die Sprache selbst, diese unersetzliche Trägerin der Kultur, ist ganz und gar ein Produkt der Gesellschaft. Die große Masse des Eigenartigen, welche dem Gesellschaftsleben des Menschen ihre Entstehung verdankt, bildet ein vom Gebiete des Naturlebens wohl unterschiedenes Ganzes, welches gesonderter Beobachtung und Analyse im hohen Grade werth ist.

Allerdings wäre es eine einseitige Auffassung, die Vergesellschaftung nur bei dem Menschen suchen zu wollen. Ansätze zum Gesellschaftsleben finden sich auch in der ganzen übrigen Natur. Sogar die Mineralien bieten in der eigenthümlichen Erscheinungsform mancher Krystallhäufungen die ersten erstarrten Anklänge an Vergesellschaftung. In dauerndem Lebensprozeß tritt uns in der Welt der Vegetabilien die Vergesellschaftung und ihre Wirkung deutlich entgegen. Nicht vereinzelt, sondern recht eigentlich im Zustande der Vergesellschaftung führen die einzelnen Pflanzenspezies den Kampf ums Dasein. Ja der Wald und die Wiese selbst, was sind sie Anderes, als eine besondere Art der Vergesellschaftung größerer und kleinerer Vegetabilien? Das Vorhandensein thierischer Vergesellschaftung endlich bedarf wohl gar nicht eines besonderen Nachweises. Eine innige Lebensgemeinschaft einer größeren oder kleineren Gesellschaftsgruppe charakterisirt, wie Jedem bekannt ist, eine große Zahl von Thiergattungen höherer und niederer Art.

Und doch empfinden wir bei einer Vergleichung der menschlichen Gesellschaft mit solchen anderweitig in der Natur bestehenden Vergesellschaftungen sofort einen wesentlichen Unterschied. Die menschliche Gesellschaft ist der stetigen Weiterentwicklung fähig; sie hat ihre ununterbrochen von Tag zu Tag neu sich bereichernde Geschichte. Alle anderweitige Vergesellschaftung im reinen Naturleben ist geschichtslos; sie vollzieht sich heute noch wie vor Jahrtausenden, sei es nun, daß es sich um Krystallisation einer abdampfenden Salzlösung oder um das Zusammenleben einer Brut von Prozessionsraupen oder einer Büffelheerde handle. Und wenn irgendwo bei dieser reinen Naturgesellschaft der Pflanzen oder Thiere eine Spur geschichtlicher Entwicklung nachweisbar ist, so leitet sie auf menschlichen Einfluß. Die Art und Weise, wie unsere Nutzpflanzen in eigenthümlicher Vergesellschaftung unsere Aecker bedecken, und wie unsere Hausthiere zusammenleben, bekundet allerdings auch eine historische Entwicklung. Aber diese Geschichte haben nicht die Pflanzen und Thiere, sondern die Menschen gemacht, welche beide in ihre Dienste nahmen.

Jene Phasen der sog. Entwicklungsgeschichte der Organismen, welche der Darwinismus als Hypothesen aufstellt, bleiben in jedem Falle mit der stetig fortschreitenden gewissermassen keinen Ruhepunkt kennenden Geschichte des menschlichen Geschlechtes ganz unvergleichbar. Im Vergleiche mit dieser sind auch sie, selbst wenn sie über eine mehr oder minder mäßige Wahrscheinlichkeit hinaus zu wissenschaftlicher Gewißheit erhoben werden sollten, nichts anderes als Naturprozesse, ähnlich wie etwa die in den Jahrtausenden sich vollziehenden Veränderungen in den Sternensystemen.

Wir kommen deßhalb mit Recht immer wieder darauf zurück, in der menschlichen Gesellschaft ein selbständiges Gebiet eigenthümlicher Zustände und Erscheinungen zu finden. Dieß darf uns aber nicht hindern, sogleich das Geständniß anzureihen, daß allerdings zwischen der Natur und der Gesellschaft zahlreiche Wechselbeziehungen bestehen.

Die menschliche Gesellschaft ist vor Allem im hohen Grade beeinflußt von der Natur. Der Himmelsstrich, unter dem der Mensch lebt, und das Blut der Race, welches in seinen Adern fließt, bestimmt ganz wesentlich seine Eigenschaften auch insoferne, als er nicht als Individuum, sondern als Bruchtheil der Gesellschaft in Betracht kommt. Umgekehrt übt aber auch die menschliche Gesellschaft ihren umgestaltenden Einfluß auf die Natur aus. Nichts liegt wohl dem unbefangenen Blicke näher als dieses. Man vergleiche nur etwa das Stück Erdboden, welches heute die Stadt London bedeckt, mit dem muthmaßlichen Aussehen desselben Landstriches vor dessen Beschlagnahme durch die menschliche Gesellschaft. Auch die Gegenüberstellung eines wohl angebauten Landstriches in Deutschland oder Frankreich und eines amerikanischen Urwaldes genügt, um einen überwältigenden Eindruck von der Umgestaltung des Erdbodens durch die menschliche Gesellschaft hervorzurufen. Wer je von den reizenden Höhen, die bei Roveredo sanft dem Etschthal entsteigen, hinuntergeblickt hat auf dieses üppige Thal mit seiner mannigfaltigen Kultur und seinen Dutzenden von Dörfern und Hunderten von Villen, und sich dabei vielleicht der Waldwüsten erinnert hat, die im Innern Rußlands sich finden, der wird wissen, ein wie entscheidendes Gepräge die menschliche Gesellschaft der Natur zu verleihen vermag.

Gerade diese Wechselwirkungen zwischen Natur und menschlicher Gesellschaft sind geeignet, das Interesse an dem großen Forschungsgebiet, welches die letztere darstellt, zu erhöhen. Wenn von irgend Etwas, so gilt von dem Gesellschaftsleben der Spruch, daß Alles, was ist, auch werth sei, daß es erkannt werde. Fragen wir uns deßhalb zunächst, welche Wege zur Erforschung der menschlichen Gesellschaft offen stehen.

Halten wir eine Umschau im Kreise der Disciplinen, welche die Gesammtheit menschlicher Wissenschaft ausmachen, so finden wir, daß der gesellschaftliche Mensch und seine Leistungen seit alter Zeit und in der verschiedenartigsten Weise Gegenstand eifrigsten Forschens der Gelehrten gewesen sind. Man darf sogar sagen, daß des gesellschaftlichen Menschen eigenartige Leistungen und Eigenschaften weit früher und eingehender die Denker der verschiedensten Nationen beschäftigt haben, als die rein naturwissenschaftlichen Thatsachen und Erscheinungen. Dem menschlichen Geiste scheint es im Alterthum weit näher gelegen zu sein, sich mit sich selbst als mit den äußeren Naturobjekten zu beschäftigen.

Da haben wir vor Allem die Philosophie. Sie will den abstrakten menschlichen Geist erfassen und analysiren. Dabei gibt sie sich aber einer Täuschung hin. Was sie sucht, kann sie nicht finden; denn diesen abstrakten Geist gibt es nicht. Erst in der Gesellschaft entwickelt sich das Geistesleben.

Wer also in irgend einer Weise diesem nahetritt, sei es auch mehr auf dem Wege gefährlicher Deduktion als auf dem beschwerlicheren aber verlässigeren der Induktion, der studirt niemals den abstrakten Menschen, den es überhaupt nicht gibt, sondern nur den Gesellschaftsmenschen.

Noch erkennbarer als die Philosophie stehen jene Disciplinen im Dienste der Erforschung der Gesellschaft, welche die einzelnen Früchte gesellschaftlichen Zusammenlebens wissenschaftlich analysiren. Was kann die wahre Wissenschaft der Theologie, welche sich über bloße Sammlung und Vertretung der Dogmen einer einzelnen Confession erhebt, Anderes bieten als eine Reihe von Untersuchungen über die eigenthümlichen Anschauungen, welche die in der Gesellschaft großgezogene Gleichartigkeit der Empfindungen in religiösen Angelegenheiten in zeitlicher und örtlicher Verschiedenheit hervorgerufen hat. Es geht nun einmal durch das Leben der Menschen ein mächtiger Zug zum Mystischen, welcher seine dauernde und allgemeine Befriedigung nur in der Vereinigung zu Religionsgenossenschaften zu finden scheint. Diese selbst, wie auch die Summe religiöser Vorstellungen, auf welchen sie beruhen, sind ein unzweifelhaftes Gebilde der menschlichen Gesellschaft. Wer mit ihnen sich beschäftigt, unterwirft eine wichtige, für die menschliche Cultur höchst charakteristische Erscheinungsform des Gesellschaftslebens der wissenschaftlichen Analyse.

Wenn es hauptsächlich innere Seelenströmungen sind, welche in der allgemeinen menschlichen Gesellschaft zu den besonderen Religionsgenossenschaften geführt haben, so waren es vor Allem die äußeren Bedürfnisse ruhigen und gesicherten Lebens, insbesondere der Gewährleistung von Person und Eigenthum, welche zur Rechtsordnung und staatlichen Gemeinschaft geführt haben. Recht und Gesetz sind dem isolirt gedachten Menschen völlig fremde Begriffe. Sobald eine Vergesellschaftung von Menschen eintritt, müssen die Machtsphären der Einzelnen abgegrenzt werden. Damit aber ist der Anfang der Rechtsentwicklung gegeben. Von da führt zu den paragraphenreichen Gesetzbüchern unserer Zeit kein jäher Sprung, sondern eine sanft ansteigende Stufenfolge von Entwicklungsstadien dieser Erscheinungsform des Gesellschaftslebens. Auch die Rechtswissenschaft arbeitet also mit an der großen Gesammtaufgabe der Untersuchung des Gesellschaftslebens. Insoferne sie die Gesetzgebung inspirirt, vermag sie überdieß in praktischer Weise unmittelbaren Einfluß auf die Regelung dieses Gesellschaftslebens selbst zu gewinnen.

Nicht minder als das Rechtsleben erscheint die Wirthschaftsthätigkeit der Menschen so recht eigentlich als ein Produkt der Gesellschaft. Nur Wenige sind sich wohl bewußt, wie sehr sie in der gewöhnlichen Fürsorge für die täglichen Bedürfnisse des Lebens die ausgedehnteste Beihülfe der Gesellschaft beanspruchen. Im hochentwickelten Kulturleben, beispielsweise bei der Bevölkerung einer Weltstadt ist es geradezu eine verschwindende Ausnahme, daß Einer von den Hunderttausenden, welche Tag für Tag arbeiten und schaffen, auch nur einen irgendwie namhaften Bruchtheil des Geschaffenen für die Befriedigung eigener Bedürfnisse zu verwenden vermag. Nahezu alles Geschaffene gibt er an die Gesellschaft ab und nahezu Alles, was er braucht, empfängt er von ihr in anderen Gütern zurück. Und dieser ganze tausendfältig verschlungene Tausch, dessen mächtiger Förderer Geld und Credit sind, vollzieht sich in der Regel glatt und geräuschlos, nicht auf Grund gesetzlicher Anordnungen und auch nicht auf Grund sentimentaler Nächstenliebe, sondern fast ausschließlich gefördert durch die wuchtige Gewalt eines wohlberechnenden Egoismus. Im wirthschaftlichen Leben feiert die menschliche Gesellschaft ihre höchsten Triumphe; hier erweist sie sich in freiester Weise von einer Leistungsfähigkeit, der gegenüber isolirtes menschliches Dasein als reine Ohnmacht erscheint.

Ohne Beihülfe der Gesellschaft ist auch der kräftigste und mit äußeren Hilfsmitteln des Seins und Thuns reichlichst ausgestattete Mensch machtlos. In der Gesellschaft verfügt auch der Aermste mit dem unscheinbarsten Aufwande über zahllose Menschen- und Naturkräfte. Bedenkt wohl der Königsberger, welcher einen Brief um einen Groschen nach Ala geschickt hat, welcher zahllose Aufwand von Kapital und Arbeit nöthig war — von der Dienstleistung des Briefträgers bis zu jener der Ingenieure, welche den Bahnbau am Brenner leiteten — um seinen Wünschen so billig zu entsprechen? Und nun gar nach Annahme des Weltpostvertrages, kann es da noch ein großartigeres Beispiel dessen geben, was die Gesellschaft für die wirthschaftlichen Interessen der Menschen leistet? Auch die Wirthschaftslehre oder Nationalökonomie — wie sie noch immer mit schlechtem Ausdruck vielfach genannt wird — widmet hienach ihre ganze Kraft wissenschaftlicher Forschung einem gesonderten Zweige gesellschaftlichen Thuns.

So Großes die formale Rechtsordnung und so Bedeutendes die freie Entwicklung des Egoismus im Wirthschaftsleben leistet, so genügt dieß Alles der menschlichen Gesellschaft doch noch nicht. Sie will, daß der Staat und andere ihm beigegebene Gemeinschaften, z. B. die Gemeinden sich noch ganz besonders der Gesellschaftsinteressen annehmen und da und dort, theils Hindernisse beseitigend, theils positiv fördernd eingreifen. Der Inbegriff dieser ganzen, über die private Wirthschaft und die formale Rechtsordnung hinausgehenden Thätigkeit kann man die Politik nennen. Auch sie erwächst mitten aus den Interessen des Gesellschaftslebens, und eine ihr gewidmete wissenschaftliche Betrachtung ist zweifellos eine Untersuchung gesellschaftlicher Erscheinungsformen.

Noch wäre der Geschichtswissenschaft zu gedenken. Sie beschäftigt sich zweifellos mit der menschlichen Gesellschaft in ihrer zeitlichen Entwicklung und in ihrer Gliederung nach Völkern und Staaten. Dabei ist es ihr vorzugsweise um die prägnantesten Erscheinungen im Staats- und Volksleben zu thun. Einen eigenartigen, scharf gezeichneten Kreis von Thatsachen, wie etwa die Rechts- oder Wirthschaftswissenschaft, vermag sie nicht als ihr ausschließliches Beobachtungsgebiet zu bezeichnen. Sie greift vielmehr bald nach dieser, bald nach jener Erscheinung, gehöre sie nun dem religiösen oder rechtlichen, dem wirthschaftlichen oder politischen Gebiete an, wenn sie nur charakteristisch für ein Volk oder Zeitalter ist. Nicht mit Unrecht hat man gesagt (Rümelin), die Geschichte müsse, um ganze Zeitalter, Staaten und Völker zu charakterisiren, mit mehr oder weniger Takt und Recht einzelne Personen und Thatsachen als typische behandeln, wiewohl an sich schon ein Widerspruch darin liege, das Hervorragende typisch zu nennen.

Die ganze Reihe der im Vorstehenden aufgeführten Disciplinen leistet Namhaftes für die Aufklärung und Erläuterung einzelner Erscheinungsformen des Gesellschaftslebens; aber die wissenschaftliche Analyse der menschlichen Gesellschaft selbst, den Nachweis der in dieser gewissermaßen verborgenen Regelmäßigkeiten und Gesetzmäßigkeiten bietet sie doch nicht. Diese wissenschaftliche Erkennbarkeit der Gesellschaft selbst ist erst in neuerer Zeit entdeckt worden. Sie ist nämlich nur möglich durch ein System von exakten Massenbeobachtungen des Thatsächlichen im Gesellschaftsleben. Der Werth exakter Beobachtungen ist aber erst mit der neueren Entwicklung der Naturwissenschaften zur allgemeinen Erkenntniß gekommen. Nur ein Zeitalter, welches reif war für die exakte Naturforschung, konnte auch die exakte Gesellschaftsforschung auf Grund eines Systems von Massenbeobachtungen in Zahl und Maß erstehen sehen. Daß für die Erkenntniß des Gesellschaftslebens die systematische Beobachtung von „Massen“ der

Erscheinungen einen weit höheren Werth als bei den Naturwissenschaften, ja geradezu eine ausschließliche Bedeutung erlangen mußte, ist unschwer zu begreifen. Die Gesellschaft ist selbst nur eine Massenerscheinung, deren Gesetze demgemäß auch nur durch Massenbeobachtung gefunden werden können. Während die wichtigsten naturwissenschaftlichen Eigenschaften mit aller Verlässigkeit am Individuum nachgewiesen werden können, ist der einzelne Mensch, obwohl ein Bruchtheil der Gesellschaft, durchaus nicht der getreue Ausdruck des typischen Gesellschaftsmenschen. Dieser kann nur aus der Massenbeobachtung von Tausenden und Millionen abstrahirt, nicht aber in einem einzelnen wirklichen Individuum vorgefunden werden. Was aber vom Gesellschaftsmenschen selbst gilt, das greift in gleicher Weise Platz bei den Handlungen des Gesellschaftsmenschen und den bleibenden und gleichfalls der Beobachtung zugänglichen Erfolgen dieser Handlungen.

Dieses System der quantitativen Massenbeobachtung bildet das Wesen und die Aufgabe des modernen Wissenszweiges, welchen wir Statistik nennen. Die Statistik erscheint uns daher als das wissenschaftliche Mittel zur Ergründung der in Zahl und Maß faßbaren Eigenart der menschlichen Gesellschaft und zur Feststellung der „Gesetzmäßigkeit im Gesellschaftsleben“.

Es wird in diesem Buche zu zeigen sein, in wie weit die Statistik dieser Aufgabe schon jetzt entspricht und was von deren weiterer Entwicklung noch erwartet werden darf. Zunächst aber scheint es angemessen, daß wir uns mit der Waffe vertraut machen, welche das neue Wissensgebiet erobern half und dessen weitere Ausdehnung auch in der Zukunft noch ermöglichen soll. Diese Einführung in die Eigenart der statistischen Forschung scheint mir keine nebensächliche, sondern eine der wesentlichsten Aufgaben der vorliegenden Arbeit zu sein. Es kommt offenbar viel weniger darauf an, dem Leser das statistische Material, welches über die verschiedenen Seiten des Gesellschaftslebens vorliegt, in vielgliederigem Detail vorzuführen, als vielmehr darauf, sein Interesse an der statistischen Forschung als solcher anzuregen. Dieß aber erheischt vor Allem einen Blick auf das Wesen und die Methode der Statistik.

I. Abschnitt.

Die Statistik als das Mittel zur Erkenntniß der Gesetzmäßigkeit im Gesellschaftsleben. Wesen, Aufgabe, Methode und Darstellungsmittel derselben.

Nicht leicht hat eine Wissenschaft so zahlreiche und verschiedenartige Begriffsbestimmungen aufzuweisen wie die Statistik, obwohl diese zu den jüngeren Disciplinen gehört. Es wäre dem Zwecke dieses Buches entschieden zuwider, wollte ich dem Leser eine Aufzählung und Kritik der nach vielen Dutzenden zählenden Definitionen vorführen. Nur wenige allgemeine Bemerkungen mögen deßhalb der eigenthümlichen Thatsache des Uebermaßes von Begriffsbestimmungen der Statistik gewidmet sein.

Erklärlich wird diese Erscheinung, wenn man bedenkt, daß statistische Forschung von mancherlei Art lange vor der Erfindung des Ausdruckes „Statistik“ Platz gegriffen hatte. Der Göttinger Professor Achenwall hat um die Mitte des vorigen Jahrhunderts zuerst die Sammlung sogenannter Staatsmerkwürdigkeiten Statistik genannt. Thatsächlich war in dem Stoff der Achenwall'schen Statistik der exakten Massenbeobachtung nur eine sehr bescheidene Rolle eingeräumt. Dieselbe bestand hauptsächlich aus einer Notizensammlung über Staats- und Volkszustände, wie wir sie heute etwa in einem Lehrbuche der Geographie oder unter dem Stichwort des betreffenden Staatennamens in einem Conversationslexikon finden. Dagegen war schon lange vor Achenwall namentlich in England manche exakte Beobachtung von Bevölkerungsverhältnissen, ganz besonders aber der Sterblichkeit, theils aus rein wissenschaftlichem Interesse, theils zu praktischen Zwecken auf dem Gebiete des Versicherungswesens durchgeführt worden. Die erste, wissenschaftlich hochstehende Bearbeitung solcher Beobachtungen über Bevölkerungsverhältnisse brachte in Deutschland das im Jahre 1741 in erster Auflage dem Drucke übergebene geradezu klassische Werk von Süßmilch, welches den charakteristischen Titel führt: „Die göttliche Ordnung in den Veränderungen des menschlichen Geschlechtes aus der Geburt, dem Tode und der Fortpflanzung desselben erwiesen." Mit der heutigen Statistik sind diese Forschungen, welche man im vorigen Jahrhundert nicht als statistische bezeichnete, sondern vielmehr häufig unter die politische Arithmetik einreihte, weit verwandter als die ursprünglichen Achenwall'schen Arbeiten. Die Statistik hat also gewissermaßen als wissenschaftlicher Begriff selbst eine historische Wandelung erfahren, woraus sich zu einem guten Theile die Mannigfaltigkeit der Definitionen für dieselbe erklärt.

Dazu kommt dann weiter, daß auch heute noch von Statistik bald in einem weiteren, bald in einem engeren Sinne gesprochen wird. Ersteres ist der Fall, wenn nur im Allgemeinen von der statistischen Methode wissenschaftschaftlicher Forschung die Rede ist, Letzteres dagegen, wenn es sich um den enger begränzten Kreis der Statistik als selbständiger Wissenschaft handelt. Die Anwendung der „statistischen Methode" ist nicht auf das Gesellschaftsleben beschränkt, sie greift auch bei der Beobachtung und wissenschaftlichen Ausbeutung rein natürlicher Thatsachen Platz.

Wir können überhaupt unter Statistik in weiterem Sinne, d. h. unter statistischer Methode alle auf quantitativer Massenbeobachtung beruhende Feststellung und Gruppirung von Thatsachen verstehen. Die wohlgeordneten, eines genauen Ausdruckes in Zahl und Maß sich erfreuenden Aufzeichnungen über Temperaturverhältnisse, Regenmengen, Windrichtungen, Ozongehalt der Luft u. s. w., welche wir den meteorologischen Stationen verdanken, sind in diesem Sinne ebenso gut durch die statistische Methode gewonnen als etwa die fortlaufenden Aufzeichnungen über Geburten, Trauungen und Sterbfälle, über Waarenpreise, über vorgefallene und abgeurtheilte Verbrechen.

Die Klarheit der Anschauungen über das Wesen der Statistik fördert es allerdings nicht, daß in so ganz allgemeinem Sinne von Statistik und statistischer Methode gesprochen wird. Es ist deßhalb mit Recht vorgeschlagen worden, in diesem Falle überhaupt nicht von statistischer, sondern von numerischer Methode zu sprechen. Es dürfte aber schwer sein, gegen den herrschenden Sprachgebrauch anzukämpfen, und es möchte deßhalb wohl noch für lange Zeit von statistischer Methode in einem ganz allgemeinen, keineswegs auf das selbständige Wissensgebiet der Statistik beschränkten Sinne die Rede sein.

Von dem Gebiete der selbständigen Wissenschaft der Statistik bleibt die Beobachtung der rein natürlichen, außer Zusammenhang mit dem gesellschaftlichen Leben der Menschen stehenden Thatsachen ausgeschlossen. Während statistische — oder besser numerische — Methode überall vorliegt, wo quantitative, auf Massenbeobachtung beruhende Feststellung und Gruppirung von Thatsachen stattfindet, ist das Gebiet der Wissenschaft der Statistik beschränkt auf die quantitative, nur durch Massenbeobachtung erreichbare Erforschung des gesellschaftlichen menschlichen Lebens.

Ich möchte hienach die statistische Wissenschaft definiren als die systematische Darlegung und Erörterung der thatsächlichen Vorgänge und der aus diesen sich ergebenden Gesetze des gesellschaftlichen menschlichen Lebens auf Grundlage quantitativer Massenbeobachtungen.

Es mag auf den ersten Blick auffallen, daß die quantitative Massenbeobachtung des Gesellschaftslebens ein selbständiges Wissensgebiet ausmachen soll, während Gleiches bei der Massenbeobachtung des reinen Naturlebens nicht anerkannt wird. Warum — möchte man fragen — soll bei einer Gruppe dieser Massenbeobachtungen von einer selbständigen Wissenschaft, bei der anderen nur von einer Methode die Rede sein?

Einiges, was zur Antwort auf diese Frage dient, ist bereits in der Einleitung kurz berührt worden. Die Frage selbst aber, welche geradezu die Existenzberechtigung der statistischen Wissenschaft betrifft, ist wichtig genug, daß ihr gleichwohl an dieser Stelle eine eingehende Erwiderung gewidmet werde.

Im Bereiche der natürlichen, außer dem gesellschaftlichen Leben stehenden Erscheinungen fällt die wissenschaftliche Sammlung, Gruppirung und Verarbeitung der quantitativen Massenbeobachtung der Thatsachen, also das Resultat der Anwendung der numerischen Methode, nicht einer neuen selbständigen Wissenschaft, sondern den bereits gegebenen Naturwissenschaften zu. Diese verbinden allerdings in manchen Fällen die quantitative Massenbeobachtung mit den qualitativen und quantitativen Einzelbeobachtungen der ihrer Untersuchung unterliegenden Objekte. Aber entscheidend bleibt, daß die Naturwissenschaften durch die letztere, der Statistik gerade entgegengesetzte Forschungsmethode den größten Theil ihrer Aufgaben zu lösen vermögen, so daß sie die quantitative Massenbeobachtung nicht als ausschließliches, auch nicht als primäres, sondern nur als mitwirkendes Element der Forschung anwenden. Der ungeheure Nutzen des Experimentes für die Begründung und Erweiterung naturwissenschaftlicher Kenntnisse liegt so recht eigentlich in der Anbahnung solcher beliebig veranlaßter und mit allen Controlmitteln exakter Forschung ausgestatteter Einzelbeobachtungen. Ganz anders steht es bei der Beobachtung gesellschaftlicher Thatsachen. Hier können die gesellschaftlichen Gesetze nicht durch qualitative und quantitative Einzelbeobachtung, sondern nur durch die quantitative Massenbeobachtung erkannt werden. Die Gesellschaft ist ja kein einzelnes, als solches der Einzelbeobachtung zugängliches Individuum, sondern sie ist eine Gesammtheit von Individuen. Wer diese Gesammtheit wissenschaftlich erkennen will, der muß versuchen, seine Beobachtungen auf alle oder mindestens auf möglichst viele (Massen) der Individuen und deren Handlungen, sowie auf die Effekte dieser Handlungen auszudehnen.

Die ideal richtigste Forschungsmethode wäre also die Gesammtbeobachtung aller einzelnen Thatsachenindividuen. Die menschliche Unvollkommenheit gestattet aber nicht die Gesammtbeobachtung der ganzen Menschheit als das reale Prinzip der Statistik zu erklären. Es ist vielmehr fast überall und immer der Verzicht auf die Gesammtbeobachtung und die Beruhigung bei der Massenbeobachtung nothwendig. Nicht einmal die einfachsten gesellschaftlichen Verhältnisse sind jetzt und wohl auch noch auf Jahrhunderte hinaus für alle die Erde bewohnenden Menschen feststellbar. Immerhin aber bleibt vom idealen Prinzip der Statistik so viel übrig, daß die Massenbeobachtung unter sonst gleichen Verhältnissen eine um so bessere Statistik liefert, je mehr sie sich der Gesammtbeobachtung nähert.

Der Inbegriff derjenigen gesellschaftlichen Thatsachen, welche in ihrer Bedeutung für die Gesellschaft nur durch quantitative Massenbeobachtung festgestellt werden können, bildet das Objekt der besonderen Wissenschaft, welche wir Statistik nennen. Der Unterschied der dieser statistischen Wissenschaft und andererseits den Naturwissenschaften eigenen Beobachtungsmethode ist so bedeutungsvoll, daß es wohl gerechtfertigt ist, denselben durch folgende Bemerkungen noch anschaulicher zu machen.

Um die wesentlichen natürlichen Eigenschaften irgend einer Pflanzenspecies, z. B. der Anemone nemorosa festzustellen, genügt die Beobachtung eines einzigen vollkommenen Exemplares dieser Spezies auf den verschiedenen Stufen seiner Entwicklung. Die Beobachtung wird in diesem Falle theils qualitativ durch generelle Ermittlung und Bezeichnung der Eigenschaften, theils auch quantitativ in Zahl und Maß, z. B. durch Feststellung der Staubfädenzahl, der chemischen Zusammensetzung nach dem Prozentantheil der einzelnen Stoffe, immer aber nur als Einzel- oder Individualbeobachtung stattfinden. Eine solche bleibt sie auch dann noch, wenn zur Sicherung und Controle der Beobachtung statt einer einzigen mehrere Exemplare der genannten Anemone untersucht worden sind. Von einer annähernd quantitativen Massenbeobachtung könnte man wohl erst dann reden, wenn etwa die geographische Verbreitung der Anemone nemorosa, d. i. also ein Zustand ihrer Vergesellschaftung ermittelt werden sollte. Eine solche Untersuchung bliebe aber immerhin trotz des Interesses, welches sie beanspruchen darf, von sekundärer Bedeutung. Jedenfalls dürfte Niemand behaupten, daß die Anemone nemorosa ohne die Kenntniß ihrer Geographie naturwissenschaftlich nicht befriedigend behandelt werden könne.

Auch der Mensch wird vom Anatomen und Physiologen auf Grund der Einzel- oder Individualbeobachtung als Objekt naturwissenschaftlicher Forschung behandelt. Kein Anatom wird verlangen, daß er alle, oder auch nur Millionen von Menschen zerschneiden müsse, um über die Beschaffenheit des menschlichen Knochengerüstes oder des Muskel- und Nervensystemes zu urtheilen und wissenschaftliche Resultate hierüber zu gewinnen.

Wenn aber der Mensch als gesellschaftliches Individuum wissenschaftlich untersucht werden soll, dann wird die Massenbeobachtung der Statistik nothwendig. Um über die mittlere Lebensdauer, die Lust zum Heirathen, den Hang zum Stehlen u. s. w. innerhalb einer gegebenen Gesellschaftsgruppe Aufschluß zu erlangen, genügt es nicht, ein Individuum bis zu seinem Tode zu beobachten, sondern alle Individuen, welche in dieser Gesellschaftsgruppe vorhanden sind, müssen fortlaufender Massenbeobachtung durch die Statistik unterliegen. Wollte man wirklich nur ein Individuum auf solche gesellschaftliche Erscheinungen beobachten, so würde man bald finden, wie wenig dasselbe der Typus dieser Erscheinungen ist. Das Individuum würde zwar sterben, aber mit höchster Wahrscheinlichkeit in irgend einem anderen als gerade dem mittleren Lebensalter, und es würde vielleicht gar nicht heirathen und, wie wir hoffen wollen, auch gar nicht stehlen.

Wo es sich also um Gesetze des Gesellschaftslebens handelt, ist die quantitative Massenbeobachtung keine sekundäre, gewissermassen nur additionelle Methode, sondern die einzig mögliche Forschungsweise. Dieß ist der innere Grund, warum die quantitative Massenbeobachtung gerade der gesellschaftlichen Thatsachen in der Wissenschaft der Statistik ein selbständiges, wohlgeschlossenes und reichhaltiges Wissensgebiet darstellt.

Bei der obigen Begriffsbestimmung der Statistik war vom „Staate“ in keiner Weise die Rede. Dieß mag vielleicht manchem Leser auffallend erscheinen; denn selbst der berühmte Begründer der neueren wissenschaftlichen Richtung der Statistik, der Belgier Quetelet, welcher mehr als irgend einer seiner Vorgänger die Statistik als die exakte Socialwissenschaft zu erfassen suchte, hat als Aufgabe derselben „die getreue Darstellung eines Staates zu einem gegebenen Zeitpunkte“ bezeichnet. Hier macht sich einerseits noch die veraltete Achenwall'sche Auffassung der Statistik als einer Sammlung von Staatsmerkwürdigkeiten, andererseits die ungenügende Erkenntniß des Gesammtgebietes der Gesellschaftswissenschaften, von welchen die Staatswissenschaften nur einen Theil darstellen, bemerkbar. Man war noch zu keinem klaren Einblick in das Wesen der Gesellschaft und deren mannigfaltiger Erscheinung gekommen und sah deßhalb die Statistik nur im Dienste der einen, wenn auch recht wichtigen, so doch keineswegs ausschließlichen Erscheinungsform derselben, nämlich des Staates.

Nach dem heutigen Stande der Wissenschaft muß eine solche Beschränkung des Begriffs der Statistik auf die Darlegung von Staatszuständen als eine veraltete, unhaltbare Ansicht bezeichnet werden. Gleichwohl aber muß zugegeben werden, daß viele und innige Beziehungen zwischen der Statistik und dem Staate bestehen.

Solche Beziehungen ergeben sich vor Allem daraus, daß der Staat selbst, wie eben erwähnt wurde, eine Erscheinungsform, und zwar die bedeutungsvollste und äußerlich greifbarste, der Gesellschaft ist. Alle „staatlichen“ Thatsachen, welche der quantitativen Massenbeobachtung zugänglich sind, bilden demnach einen Gegenstand statistischer Forschung. In einem solchen Falle erscheint die Aufgabe der Statistik nicht bloß äußerlich, sondern ihrem inneren Wesen nach als abgegrenzt nach den einzelnen Staatsgebieten. Solches ist der Fall, wenn es sich etwa um eine Staatsfinanzstatistik oder um eine Statistik der Wahlen zur Volksvertretung in einem bestimmten Staate handelt.

Außerdem ist zu beachten, daß manche Thatsachen, welche an sich als gesellschaftliche Vorgänge einen rein menschlichen

Charakter haben, erst durch das besondere Interesse, welches der Staat an ihnen nimmt und durch das concrete Gepräge, welches er ihnen als staatlichen Vorgängen verleiht, überhaupt beobachtungsfähig und der statistischen Erfassung zugänglich werden. Nie wird es eine Statistik des moralischen Unrechtes als solchen geben. Auch die größten Fanatiker der Statistik werden wohl für immer darauf verzichten, durch Befragung ihrer Mitmenschen über ihren Lebenswandel und ihre bösen Thaten insbesondere, Material zu einer solchen Statistik zu sammeln. Dagegen gibt es eine Criminalstatistik. Die einzelne That, die als bloß moralisches Unrecht der Statistik entgangen wäre, wird erfaßbar, sobald sie mit dem concreten Gepräge einer Verletzung der Staatsgesetze auftritt und bekannt wird. Hier ist es also die staatliche Stempelung einer bestimmten menschlichen Handlung, welche deren genaue Einbeziehung in das Beobachtungsfeld der Statistik ermöglicht. Auch weiterhin nach festgestellter Rechtsverletzung leistet der Staat durch die sorgfältige Aufspürung des Thäters und die genaue Qualifizirung seiner That im Urtheile der Statistik unschätzbare Dienste. Gleiches gilt auch schon vom Gesetzgeber, der im Strafgesetzbuch eine für die Moralstatistik höchst wichtige Benennung der Verbrechen durchführt. In allen solchen Fällen, in welchen die concrete staatliche Stempelung der Thatsachen für ihre Einbeziehung in die Statistik von entscheidender Bedeutung ist, wird auch die wissenschaftliche Arbeit, welche dieses Stoffes sich bemächtigt, in der Regel die staatlichen Grenzen berücksichtigen. Dieß wird insbesondere dann der Fall sein, wenn die Stempelung selbst, wie z. B. bei den Verbrechen, in den einzelnen Staatsgebieten mehr oder minder verschiedenartig ist.

Eine wichtige allgemeine Beziehung zwischen Statistik und Staat liegt endlich darin, daß die bedeutungsvollsten und umfassendsten Massenbeobachtungen der Statistik, auch da, wo es sich zunächst nicht um staatliche Thatsachen handelt, ohne die Beihilfe der Staatsgewalt und ihrer in tausendfältiger Weise verzweigten Verwaltungsorgane in der Regel überhaupt nicht möglich wären. Wie sollte eine Volkszählung, bei welcher an einem Tage in allen Ortschaften des ganzen Landes die Erhebungsorgane arbeiten sollen, ohne unmittelbarste Betheiligung des Staates vorgenommen werden? Wer wollte dauernder und gleichmäßig aufgestellter Nachweise über Geburten und Sterbfälle sicher sein, wenn nicht der Staat die Sammlung dieser Daten aus den Civilstandsregistern oder Kirchenbüchern übernimmt? Diese Nothwendigkeit, gerade für die wichtigsten statistischen Erhebungen die ausgiebigste Beihilfe der Staatsgewalt zur Verfügung zu haben, hat zur amtlichen Statistik geführt, deren Organisation unten noch besonders besprochen werden soll. Amtlich ist an der Statistik in diesem Falle selbstverständlich nur die Sammlung und Gruppirung der Thatsachen durch staatliche Organe, nicht aber die weitere wissenschaftliche Zuthat bei der Verwerthung des amtlichen Zahlenmateriales. Nichts ist aber auch bezüglich dieser an das amtliche Zahlenmaterial anknüpfenden wissenschaftlichen Verwerthung natürlicher, als daß auch sie, zunächst den in einem ganzen Staatsgebiet nach gleichen Grundsätzen gesammelten Stoff benützend, in der Regel nach Staatsgebieten abgegrenzt ist. Nichts liegt aber auch vom Standpunkt der Wissenschaft im Wege, daß die staatlichen Grenzen bei der statistischen Forschung überschritten werden. Es ist sogar zu wünschen, daß dieß in ausgedehnter Weise bei jenen gesellschaftlichen Thatsachen geschehe, welche einen rein menschlichen Charakter, wie z. B. das Sterben und Geborenwerden haben, und welche nur wegen der äußeren Inanspruchnahme der staatlichen Organe für die primitive Erhebung uns in der Abgrenzung nach Staatsgebieten entgegentreten. Offenbar kann es in solchen Fällen weit wichtiger sein, geographische Verschiedenheiten der vergleichenden Forschung zu Grunde zu legen, als staatliche Grenzen. Es ist gewiß viel wichtiger, die Sterblichkeit gesondert für das Alpenland, die schwäbisch-bayerische Hochebene, den Böhmerwald, den Jurazug, das Mainplateau, die Rheinebene u. s. w. zu untersuchen, als nur allgemein die Mortalität von Bayern, Württemberg, Baden und Hessen festzustellen.

Eine solche Vereinbarung der Rücksichten, welche die staatliche Erhebungsart des Materiales erheischt, mit den berechtigten Anforderungen einer Befreiung der wichtigsten statistischen Forschungen von den Fesseln ausschließlicher Erstreckung derselben auf Staatsgebiete, erstrebt die sog. „geographische Methode“ der Statistik. Es ist deßhalb geeignet, dieser zunächst eine nähere Erörterung zu widmen.

Einen großen Theil des wissenschaftlichen Gehaltes, dessen sich die moderne Statistik rühmen darf, verdankt dieselbe dem reformatorischen Einflusse, welchen die Ergründung des sog. „Gesetzes der großen Zahl“ auf die älteren wenig zusammenhängenden und wissenschaftlich ungenügenden Notizensammlungen, denen man den Namen der Statistik beilegte, ausgeübt hat. Man hatte gefunden, daß gewisse Regelmäßigkeiten und Gesetzmäßigkeiten bei vereinzelten Beobachtungen thatsächlicher Vorgänge gar nicht zu erkennen sind, während sie bei der statistischen Massenbeobachtung dieser Vorgänge deutlich zu Tage treten. Vor mehr als hundert Jahren hat in Deutschland Süßmilch auf dieser Grundlage gearbeitet, welche dann später im gegenwärtigen Jahrhundert dem Belgier Quetelet neuen ruhmreichen Erfolg gebracht hat. Diese Richtung der Statistik strebt überall nach Durchschnitten aus möglichst massenhaften Beobachtungen, ja in letzter Instanz nach der Berechnung des „mittleren Menschen“ selbst. Die thatsächlich beobachteten Verschiedenheiten der Erscheinungen in zeitlicher und räumlicher Beziehung werden als mehr oder minder vorübergehende, ihrer Bedeutung nach untergeordnete Abweichungen von dem Typus betrachtet, welcher durch den ermittelten großen Durchschnitt dargestellt wird. Es ist gewiß, daß diese Richtung der Statistik das höchste Ziel ihrer Wünsche dann erreicht fände, wenn es gelänge, Jahr für Jahr die ganze Erde zum unbehinderten Beobachtungsfelde gleichmäßig angelegter Untersuchungen zu machen und aus Milliarden von Thatsachen den *einen* großen Weltdurchschnitt zu finden.

Die belebende Wirkung, welche diese Auffassung auf die moderne Statistik geäußert hat, ist nicht zu verkennen. Gleichwohl aber macht sich die Empfindung geltend, daß das Ganze der Leistung, welche von der Statistik verlangt werden darf, mit dem „mittleren Menschen“ und überhaupt mit den großen Durchschnitten allein nicht erreicht werden kann.

Der große Durchschnitt, in welchem räumliche und zeitliche Verschiedenheiten verschwinden, besitzt allerdings seinen eigenthümlichen Werth. Er ist der kürzeste und allgemeinste Ausdruck der Compensationen, welche die Unterschiede von Zeit und Ort bei der Zusammenziehung der Millionen von Thatsachenbeobachtungen zu einer einzigen Forschungseinheit erfahren. Mit einer solchen Abstraktion arbeitet man leicht; sie gibt den ersten allgemeinen Einblick in die ungefähre Lage der Dinge. Vieles, was in der Mannigfaltigkeit der Erscheinungen die Grundzüge derselben störend beeinflußt, verschwindet bei dieser gewissermaßen teleskopischen Betrachtung derselben.

Dieser große statistische Durchschnitt, welcher Zeit und Raum ignorirt, ist berechtigt und kennzeichnet geradezu die Anfänge der neueren wissenschaftlichen Statistik. Neben diese berechtigte Forschung nach den großen Durchschnitten tritt aber eine weitere, nicht minder wichtige und jedenfalls viel umfangreichere Aufgabe einer *wissenschaftlich exakten*

Fassung der Verschiedenheiten in den gesellschaftlichen Erscheinungen nach Raum und Zeit. Diese Aufgabe ist eine wesentlich andere, je nachdem es sich um *zeitliche* oder um *räumliche* Differenzen handelt. Sie ist einfacher bei den zeitlichen, verwickelter bei den räumlichen Verschiedenheiten.

Die weitere Verfolgung der Frage, wie die räumlichen Verschiedenheiten der statistischen Ergebnisse wissenschaftlich am Besten auszunützen sind, führt zur *geographischen Methode* der Statistik.

Die *Abschnitte der Zeit*, in welche die statistischen Beobachtungen zerlegt werden, sind theils von der Natur selbst gegeben, wie das Jahr und der Tag, theils durch die Sitte in den weitesten Kreisen anerkannt, wie die Woche und die Stunde. Dabei ist mit wenigen Ausnahmen von vorneherein die volle Gleichartigkeit der Zeitabschnitte für die vergleichende Statistik gesichert. Dieß verleiht den zeitlichen Differenzen in den statistischen Beobachtungen eine erhöhte Bedeutung und namhafte wissenschaftliche Verwerthbarkeit.

Im Gegensatze hiezu sind die *räumlichen Abschnitte*, welche den vergleichenden statistischen Forschungen in der Regel zu Grunde gelegt werden, fast ausnahmslos *ungleichartig* und *willkürlich*.

Die vergleichende Statistik rechnet in der Regel nur mit Durchschnittsergebnissen für ganze Länder oder im besten Falle für große, durch die administrative Haupteintheilung bestimmte Bestandtheile derselben. Diese Vergleichung entspricht den tieferen wissenschaftlichen Anforderungen nicht, und zwar deßhalb, weil die einzelnen Länder und Provinzen von sehr verschiedenartiger Größe sind, und weil in den Durchschnittsergebnissen für ganze Länder und Provinzen sehr verschiedenartige Verhältnisse der einzelnen kleineren Gebietsabschnitte zu einem nur scheinbar richtigen Gesammtausdrucke verwischt werden. Auch hier hat der große Durchschnitt nur den Werth einer ersten allgemeinen Orientirung, welcher dann die tiefere Erfassung der räumlichen Verschiedenheiten folgen muß. Dieses Bedürfniß exakter Fassung der räumlichen Verschiedenheiten statistisch beobachteter Zustände und Erscheinungen befriedigt der große Durchschnitt für ganze Länder und Provinzen nicht. Hiezu ist die „geographische Methode" dienlich, welche die eigenartige geographische Gestaltung der natürlichen Bezirke für die in Frage stehenden statistischen Verhältnisse nachzuweisen hat.

Zu diesem Zwecke ist es nöthig, daß die statistische Beobachtung und Materialverwerthung zu kleinen Raumabschnitten herabsteige, deren untere Grenze nur durch die Nothwendigkeit bedingt ist, eine genügend große Zahl von Beobachtungen zur Ermittlung eines Durchschnittsergebnisses vorzufinden. Für diese kleinen Raumabschnitte werden die statistischen Ergebnisse und aus der Nebeneinander-Lagerung der gleichen oder ähnlichen Resultate die natürlichen Bezirke der concreten Verhältnisse ermittelt. Die Gruppen, welche in dieser Weise gefunden werden, haben ein ganz anderes geographisches Aussehen, eine ganz andere Begrenzung als die Staaten oder Provinzen.

Jeder Zweig der Statistik, der auf Beobachtung räumlich auseinanderliegender Thatsachen beruht, hat seine gesonderte Geographie, für welche die Durchschnitte ganzer Länder und Provinzen nur ein Zerrbild geben. Die Grenzen der natürlichen Gruppen einer socialen Erscheinung und der großen staatlichen Landeseintheilungen durchschneiden sich so vielfach, daß bei bloßer Berücksichtigung der letzteren aller tiefere Einblick in solche Erscheinungen fehlt.

Ganz besonders wirksam erweist sich die geographische Methode der Statistik dann, wenn sie zu Vergleichszwecken in der Art angewendet wird, daß die natürlichen Bezirke nur für die eine mit den anderen zu vergleichende Erscheinung ermittelt und dann alle übrigen Erscheinungen nach den so festgestellten Gruppen und Bezirken räumlich abgegrenzt werden. Würde z. B. die Kindersterblichkeit mit der Geburtenhäufigkeit, mit der Frequenz der unehlichen Geburten und der Todtgeburten und mit der Dichtigkeit der Bevölkerung zu vergleichen sein, so würde man zuerst die natürlichen Bezirke der verschiedenen Grade der Kindersterblichkeit festzustellen und dann für diese Bezirke alle übrigen in Vergleichung zu ziehenden statistischen Verhältnisse zu berechnen haben. Diese Gruppirungen des Materiales zu Zwecken der Vergleichung sind das Experiment der Statistik. Erst dadurch wird es in vielen Fällen möglich zu sehen, ob die Beziehungen zwischen verschiedenen Erscheinungen, welche bei einer allgemeinen oberflächlichen Vergleichung vielleicht zu bestehen scheinen, auch wirklich vorhanden sind.

Wie groß oder, richtiger gesagt, wie klein die Raumabschnitte bei der geographischen Methode sein sollen, läßt sich allgemein nicht bestimmen. Vielleicht drückt man sich am Besten aus, wenn man sagt, sie sollen so klein als möglich sein. In letzterer Hinsicht bedingt, wie schon oben erwähnt, das Erforderniß der Massenhaftigkeit der Beobachtungen eine Grenze nach unten. In ähnlicher Weise wirkt die Nothwendigkeit, die mechanische Rechenarbeit ohne übermäßige Anstrengung leisten zu können. Wollte man z. B. für Bayern irgend ein statistisches Verhältniß, etwa die oben bereits erwähnte Kindersterblichkeit, nach Gemeinden statt nach Verwaltungsdistrikten berechnen, so hätte man in runden Beträgen 8000 statt 180 Ansätze, abgesehen davon, daß man, um für die einzelnen kleineren Gemeinden annähernd von Massenbeobachtung sprechen zu können, die Erhebungen auf eine sehr lange Reihe von Jahren zurückverfolgen müßte.

Die Grenze der Raumabschnitte nach unten bedingt sich hienach durch die Natur der gestellten Aufgabe von selbst und kann nicht casuistisch ein für allemal bestimmt werden. Für die allgemeinen Bevölkerungsverhältnisse, deren Behandlung nach der geographischen Methode ganz besonders erwünscht erscheint, möchten nach mitteleuropäischen Verhältnissen Raumabschnitte von etwa 10 Quadratmeilen genügen. Für diesen Zweck könnten also die kleinen Verwaltungseintheilungen, z. B. in Bayern nach Bezirksämtern, in Württemberg nach Oberämtern u. s. w. benützt werden, um daraus die großen natürlichen Bezirke zusammenzusetzen. Die Anwendbarkeit der geographischen Methode hängt praktisch von dieser Verwerthbarkeit kleiner Verwaltungseintheilungen, für welche die statistischen Zusammenzüge vorliegen, ganz außerordentlich ab. Wenn nämlich der Aufbau der natürlichen Bezirke aus statistischen Ermittlungen für noch kleinere Raumabschnitte, etwa für Gemeinden oder gar Ortschaften erfolgen soll, dann wird die elementare Rechenarbeit, die ein solches Herausarbeiten der fraglichen statistischen Geographie aus zahllosen Beobachtungseinheiten erfordert, fast in allen Fällen unüberwindlich bleiben.

Mit der geographischen Methode der statistischen Forschung verbindet sich die kartographische Darstellung des Erforschten gewissermaßen von selbst. Hierauf näher einzugehen, ist hier jedoch noch nicht der Ort. Die Erörterung der Darstellungsmittel der Statistik wird unten zur näheren Darlegung des Wesens und Werthes auch der statistischen Kartogramme führen.

Die Gesammtheit der Operationen, welche das Wesen der statistischen Forschung ausmachen, läßt sich in folgende drei Hauptgruppen zerlegen:

1. Die Massenbeobachtung der gesellschaftlichen Thatsachen.
2. Die Gruppirung und rechnerische Bearbeitung des durch die Massenbeobachtung gewonnenen statistischen Urmateriales.

3. Die weitere wissenschaftliche Ausnützung des statistischen Zahlenmateriales, insbesondere zur Ergründung von Gesetzmäßigkeiten im Gesellschaftsleben.

Die Massenbeobachtung der gesellschaftlichen Thatsachen stellt die unterste Stufe der statistischen Operationen dar. Der Stoff für diese Beobachtungsthätigkeit ist unbegrenzt; denn jeder Tag bringt neue gesellschaftliche Thatsachen nach Milliarden hervor. Es leuchtet sofort ein, daß nicht alle diese Milliarden von Thatsachen für die Zwecke der Statistik beobachtet und durch schriftliche Aufzeichnung für weitere Bearbeitung fixirt werden können. Dazu wäre eine solche Fülle von Arbeitskraft erforderlich, daß die Menschheit durch eine solche Ausdehnung statistischer Beobachtungen in der Erfüllung ihrer nächsten Lebenszwecke gestört würde. In der That stecken auch unter der Gesammtheit der gesellschaftlichen Thatsachen im weitesten Sinne des Wortes so außerordentlich viele, für die Erkenntniß des Gesellschaftslebens mehr oder minder gleichgültige Thatsachen, daß eine Erstreckung der Beobachtungsthätigkeit auf sie geradezu als Verschwendung menschlicher Arbeitskraft erscheinen würde. Anderseits gibt es auch sehr viele gesellschaftliche Thatsachen, welche nicht gerade gleichgültig in dem angegebenen Sinne, sondern von einigem Interesse aber so geartet sind, daß die Mühe ihrer Beobachtung in keinem Verhältnisse zum Werth der zu erhoffenden Resultate steht, oder wohl gar so colossal wäre, daß deren Aufwendung geradezu unmöglich erscheint. Man denke sich z. B., für eine ganze Bevölkerung würde die Aufgabe gestellt, Tag für Tag für jedes Individuum festzustellen, wie viel Zeit es schlafend und wachend, essend und trinkend, arbeitend und ruhend, stehend, gehend oder sitzend u. s. w. zubringt. Ganz gewiß wäre eine concrete Lösung dieser

Aufgabe ein statistisches Curiosum ersten Ranges; aber ebenso gewiß ist, daß niemals ein Mittel gefunden werden kann, welches die Durchführung einer solchen Erhebung möglich erscheinen ließe. Wollte aber etwa der statistische Uebermuth noch weiter gehen und auch Antwort darauf verlangen, ob die Schläfer auf dem Rücken oder auf der Seite liegen, ob um 12 Uhr oder um 1 Uhr gegessen wird u. s. f., so würde man mit Recht, obwohl es etwas absolut Gleichgültiges nicht gibt, gegen solche Fragen vor Allem den begründeten Einwand relativ höchster Gleichgültigkeit erheben.

Von der großen Masse gesellschaftlicher Thatsachen aller Art können hienach nur winzige Bruchtheile der statistischen Beobachtung unterworfen werden. Dabei darf die Auswahl der Beobachtungsobjekte selbstverständlich nicht nach Laune stattfinden, sondern sie muß vor Allem der Bedeutung der Thatsachen für die Erkenntniß des Gesellschaftslebens Rechnung tragen. Allerdings wird es in einzelnen Fällen vorkommen, daß minder wichtige Thatsachen constatirt werden, bedeutungsvollere aber unbeachtet bleiben. Solches tritt namentlich dann ein, wenn andere als speziell statistische, z. B. polizeiliche Interessen die Feststellung einer social minder wichtigen Thatsache bedingen, und wenn dann nur hinterher das einmal vorliegende Material statistisch ausgenützt wird.

Nach dem Bisherigen erscheint der Kreis der statistisch beobachtungsfähigen Thatsachen schon sehr wesentlich eingeengt; allein die Schranken der Beobachtung sind damit noch nicht vollständig bezeichnet. Es ist nämlich auch bei jenen Thatsachen, welche wirklich der statistischen Beobachtung unterliegen, die unbedingte Berücksichtigung aller realen Verschiedenheiten der einzelnen Thatsachen nicht möglich. Die Statistik greift gewissermaßen mit etwas gröberer Hand zu und nivellirt manche Ungleichartigkeit im Detail der einzelnen Erscheinung, nur die sicher faßbaren qualitativen Unterschiede ihrer Beobachtungsobjekte berücksichtigend. Die Statistik der Eheschließungen wird sich allerdings mit dem bloßen Nachweise der Zahl der Eheschließungen nicht begnügen, sondern beispielsweise Alter und Beruf, Confession und Civilstand der Ehegatten unterscheiden; aber das romantische oder prosaische Detail der Motive zum Heirathen und der Vorgeschichte jedes einzelnen Brautpaares vermag sie nicht zum Ausdruck zu bringen.

Untersucht man die Gründe näher, welche bei der statistischen Beobachtung die Nichtberücksichtigung wirklich vorhandener Qualitätsunterschiede der beobachteten Thatsachen veranlassen, so findet man, daß sie von zweierlei Art sind. Solche Qualitätsunterschiede bleiben unberücksichtigt, entweder weil sie überhaupt quantitativ nicht festgestellt werden können und daher von Anfang der statistischen Forschung entrückt sind, oder weil sie zwar der quantitativen Massenbeobachtung an sich nicht unzugänglich sind, bei wirklicher Berücksichtigung aber keine im Verhältniß zur aufgewendeten Arbeit stehende Bereicherung unserer Erkenntniß des Gesellschaftslebens bilden würden. Dieselben Ursachen also, welche zahlreiche Thatsachen als solche von der statistischen Beobachtung ausschließen, bedingen bei anderen eine Beschränkung in der Erfassung der Qualitätsunterschiede. Bei einer Volkszählung wird man beispielsweise die geistigen Fähigkeiten der Bevölkerung aus dem ersten, das Körpergewicht der einzelnen Personen aus dem zweiten der hier angegebenen Gründe unberücksichtigt lassen. Indeß sind die Anschauungen darüber, was von den überhaupt constatirbaren Verschiedenheiten der gesellschaftlichen Thatsachen statistisch erfaßt werden soll, nach Art und Zeit verschieden. Die heutigen Volkszählungen enthalten manche Individualangaben für die Gezählten, an welche man vor einem halben Jahrhundert noch nicht dachte. In gleicher Weise werden die Volkszählungen der Zukunft wahrscheinlich manche Frage aufnehmen, welche man sich heute zu stellen scheut. Auch gegenwärtig schon zeigt sich ein großer Unterschied in der anerkannten Berechtigung statistischer Neugierde mit Rücksicht auf die Verhältnisse, unter welchen die Erhebung stattfindet. Wir sind mit somatologischen Fragen, z. B. über Größe, Brustumfang, Farbe der Augen, der Haare und der Haut, bei allgemeinen Volkszählungen sehr discret, wir scheuen uns aber nicht, bei der Statistik des Ersatzgeschäftes solche Fragen zu stellen. Wir empfinden eben, daß der Staat über den Wehrpflichtigen auch für statistische Zwecke viel unbeschränkter verfügt, als bei einer Volkszählung über die zu Zählenden.

So sehr auch mit fortschreitendem Interesse an der Statistik die Erfassung bisher nicht berücksichtigter Qualitätsunterschiede zunehmen mag, ganz wird deren Beobachtung der Statistik niemals gelingen. Die Schattenseite aller statistischen Forschung wird immer in der Schwierigkeit liegen, bei der Zusammenfassung der beobachteten Thatsachen in Zahlen allen realen Verschiedenheiten der quantitativ zu bestimmenden Erscheinungsformen eine solche Rücksicht zuzuwenden, daß nur gleichartige Einheiten in den ermittelten Summen enthalten sind. In der Regel ist die Mannigfaltigkeit der Erscheinungsformen so groß, daß bei absolutem Verlangen der vollen Gleichartigkeit der in Zahlen zusammenzufassenden Thatsachen auf jede statistische Ermittlung vollständig verzichtet werden müßte. Hier gilt es, den richtigen Gesichtswinkel zu finden, in welchem für den Beobachter eine genügende Zahl qualitativer Verschiedenheiten der beobachteten Thatsachen verschwindet, um deren Zusammenfassung als nunmehr gleichartig erscheinende Thatsachen zu gestatten. Wer zu nahe am Detail der zu überblickenden Erscheinungen haften bleibt, vermag niemals ein Gesammtbild zu gewinnen; wer freilich von jeder Annäherung auch an dieses Gesammtbild sich so ferne hält, daß er Licht und Schatten in demselben nicht mehr zu unterscheiden vermag, kommt über eine ganz allgemeine, nur wenig

Aufschluß gewährende Thatsachenerkenntniß nicht hinaus. Im ersten Falle leidet die Beobachtung an allen Fehlern der Kurzsichtigkeit, welche das Nächstliegende sehr gut, das Entfernte gar nicht zu unterscheiden vermag; im zweiten Falle machen sich umgekehrt die Fehler der Fernsichtigkeit geltend, welche die Detailgliederung der dem Auge am nächsten stehenden Beobachtungsgegenstände übersieht und nur von fernliegenden Objekten ein zwar bestimmtes und richtiges, aber der Detailkenntniß entbehrendes Bild gewinnt. Der Statistiker schwebt immer in Gefahr, fernsichtig, der sogenannte „praktische Mann der Erfahrung", welcher nur auf die vereinzelten, sich gerade ihm aufdrängenden Erfahrungen sieht, kurzsichtig zu werden. Darum kommen auch Beide so leicht miteinander in Conflikt, gerade wie der Kurzsichtige mit dem Fernsichtigen, welcher nicht begreift, warum der Erstere die Ziffern auf der Thurmuhr nicht zu unterscheiden vermag.

Die Statistik liefert keine Genrebilder des Gesellschaftslebens. Ihre Leistungen haben einen ganz anderen Charakter. Sie entwirft in großen und charakteristischen Zügen auf Grund massenhafter, von subjektiver Auswahl des Standpunktes freier Beobachtungen ein Bild von den Zuständen des Gesellschaftslebens. Das mehr oder minder untergeordnete Detail, welches neben den markigen Zügen des statistischen Bildes keine Stelle finden kann, darf wohl daran gegeben werden für den großen Vorzug, welchen die Statistik in der Massenhaftigkeit ihrer Beobachtungen und der hierin liegenden Gewähr unparteiischer Schlußfolgerungen findet. Gerade diese großen Züge des Gesellschaftslebens vermag nur der Statistiker zu entdecken, weil er sich des störenden Beiwerks entledigt, das die einzelnen Thatsachen umgibt. Er gleicht hierin dem Wanderer, der in einiger Entfernung von den Alpen Stellung nimmt, um die Configuration der Gebirgszüge richtig zu erkennen. Wohl muß auch dieser auf manches Detail, auf genaue Unterscheidung von Feld und Wald, Wiesen und Matten verzichten, dafür aber hat er — gleich dem Statistiker — ein richtiges Bild der großen Züge der Gebirgsgestaltung, welches dem in unmittelbarster Nähe der Berge selbst Befindlichen ganz entgeht.

Untersucht man die statistische Beobachtungsthätigkeit genauer, so findet man, daß sie entweder ununterbrochen dem Flusse bestimmter gesellschaftlicher Ereignisse folgt, oder nur nach längeren Zwischenräumen zur Gewinnung eines Augenblicksbildes socialer Zustände stattfindet. Die fortlaufende Verzeichnung der Geburten und Sterbfälle, der Eheschließungen, der Ein- und Auswanderungen, der angezeigten und abgeurtheilten Verbrechen u. s. w. gehört der ersten Art, eine Volkszählung dagegen der zweiten Art statistischer Erhebungen an. Letztere nennt man auch schlechthin „Zählungen" im Gegensatze zu den fortlaufenden, gewissermaßen eine ständige Buchführung über gewisse gesellschaftliche Ereignisse darstellenden Erhebungen. Intermittirende Zählungen werden überall da zur Nothwendigkeit, wo eine ununterbrochene Erneuerung der Beobachtungen wegen der Massenhaftigkeit des Materiales sowie der Mühe und Kosten der Arbeit nicht möglich ist. Man kann die Bevölkerung eines Landes nicht täglich oder wöchentlich aufs Neue zählen; man muß von einem Zählungsgeschäfte bis zum anderen einen längeren Zeitraum verstreichen lassen. Die Physiognomie der Bevölkerung, welche aus diesen von Zeit zu Zeit zu Zeit wiederkehrenden photographischen Aufnahmen derselben zu entnehmen ist, gilt dann im Wesentlichen auch für die Zwischenzeit, in welcher dieser Zweig statistischer Beobachtungsthätigkeit ruht.

Ein weiterer, für das Wesen der statistischen Beobachtungsthätigkeit sehr bedeutungsvoller Unterschied liegt darin, ob die zu constatirenden Thatsachen sich als Ereignisse vor den Augen des Beobachters selbst vollziehen, oder ob die Erhebung die Befragung Dritter voraussetzt. Die Criminalstatistik, welche ihr Material unmittelbar aus den Prozeßakten und Urtheilsbüchern entnimmt, gehört der ersten Art, eine Volkszählung oder eine Gewerbestatistik der zweiten Art der Erhebungen an. Ist eine Befragung Dritter nothwendig, so hängt die Verlässigkeit des statistischen Urmateriales vielfach vom guten Willen der Befragten ab, die nur in seltenen Fällen ein unmittelbares Interesse an der statistischen Erhebung, oft sogar eine abergläubische Furcht vor derselben haben.

Beachtenswerth ist auch der Umstand, daß keineswegs alle Thatsachenbeobachtung, welche hinterher statistisches Material liefert, lediglich oder auch nur vorzugsweise um der Statistik willen stattfindet. Lange bevor es eine wissenschaftliche Statistik überhaupt gab, haben systematische Feststellungen gesellschaftlicher Vorgänge stattgefunden. Ein Beispiel hiefür sind die alten Kirchenbücher mit ihren Verzeichnissen der Trauungen, Taufen und Begräbnisse. Auch heute noch findet die Constatirung von Eheschließungen, Geburten und Sterbfällen in den Civilstandsregistern in erster Linie nicht aus statistischen Gründen, sondern vor Allem im Interesse des Rechtes und der Verwaltung statt, wenn auch allerdings nebenbei das aus diesen Motiven gesammelte Material für die Statistik von höchstem Werthe ist. Für die Entwicklung der Statistik war dieser Umstand, daß sie reichhaltiges Material, welches sie bestens verwerthen konnte, schon aus anderen Anlässen gesammelt vorfand, von entscheidender Bedeutung. Hätte es keine Kirchenbücher gegeben, so könnte die moderne Entwicklung der Bevölkerungsstatistik ihren Anfang nicht schon von Süßmilch's Arbeiten datiren. Der Statistiker vom Fach kommt bei Regierung und Volk gar zu leicht in den Verdacht übermäßiger Neugierde; um so erwünschter wird es ihm sein, wenn auch noch andere gewichtige Gründe außer dem rein statistischen Interesse für die systematische Massenbeobachtung gewisser gesellschaftlicher Thatsachen sprechen. Das deutsche Volkszählungswesen hätte kaum die Entwicklung gefunden, deren es sich heute rühmen darf, wenn nicht ehedem die Ermittlung der Volkszahl zur Vertheilung der Zollrevenuen unter die Staaten des Zollvereins nöthig gewesen wäre, und wenn nicht die deutsche Reichsverfassung die Bevölkerungsgröße zur Grundlage gewisser staatsrechtlicher Verhältnisse (Vertretung im Reichstag, Friedenspräsenzstärke des Heeres, Matrikularbeiträge) gemacht hätte. In diesem Falle ist der Statistiker in der angenehmen Lage, nicht erst eine ganz und gar neue Erhebung vorschlagen zu müssen. Diese ist vielmehr aus anderweitigen Gründen schon gegeben und er hat nur zu überlegen, in welcher Weise die bereits vorliegenden Aufzeichnungen von Thatsachen in entsprechender Weise statistisch ausgenützt werden können. Bei dieser Gelegenheit wird es ihm nicht schwer werden, solche Ergänzungen des Inhalts der Aufzeichnungen zu veranlassen, welche zur Erfüllung des nächsten praktischen Zweckes derselben nicht nöthig, gleichwohl aber im Interesse der Statistik sehr erwünscht sind. Auch hiefür bietet die dermalige Organisation des Volkszählungswesens in Deutschland ein erfreuliches Beispiel; denn diese geht im statistischen Detail weit über das Maß dessen hinaus, was zum Vollzuge der einschlägigen verfassungsmäßigen Bestimmungen absolut nöthig wäre.

Ist es einmal gelungen das staatliche Interesse an der Förderung der Statistik im Allgemeinen sowohl in ihrer praktischen als auch in ihrer rein wissenschaftlichen Richtung zu erwecken, dann sind auch ganz neue lediglich zu statistischen Zwecken vorzunehmende Erhebungen möglich, wie z. B. die Erhebungen über landwirthschaftliche Anbauverhältnisse und Ernteergebnisse, über die Zahl, Art und den Umfang der Gewerbebetriebe u. s. f. Hier hat sogar der die Erhebungen veranlassende Statistiker in der Art und Ausdehnung der Thatsachenfeststellung freiere Wahl als in jenen Fällen, in welchen die Richtung der Erhebung durch anderweitige Motive bereits mehr oder minder vorgezeichnet erscheint.

Damit die Thatsachenfeststellung als sichere Grundlage weiterer statistischer Operationen dienen könne, ist nothwendig, daß sie richtig im Ganzen, also vollständig, und richtig im Einzelnen, also genau sei. In den beobachteten Thatsachen-Gesammtheiten sollen sich keine Lücken finden und die Beobachtung selbst soll jede einzelne Thatsache correct fixiren. Diese Vollständigkeit und Genauigkeit der Erhebungen hängt von mancherlei Umständen ab, deren einige hier Erwähnung verdienen.

Vor allem ist die Art der für die Erhebung getroffenen Anordnungen auf die Verläßigkeit der Ergebnisse von großem Einflusse. In allen Fällen ist eine sorgfältige Organisation der Erhebungsthätigkeit nöthig, welche bei den größeren statistischen Aufnahmen, z. B. bei den modernen Volkszählungen einen bedeutenden Umfang gewinnt. Viele Tausende von Zählern müssen bei solchen Aufnahmen zusammenwirken und Nichts darf denselben bei der Erfüllung ihrer Aufgabe zweifelhaft bleiben. Wer eine statistische Erhebung anordnet, darf deßhalb nicht etwa bloß an den Umfang und die Art der Aufschlüsse denken, welche er schließlich im Tabellenwerk finden will, sondern er muß sich vor Allem über die Voraussetzungen klar werden, unter welchen die Sammlung des statistischen Urmateriales sicher und nach gleichmäßigen Grundsätzen stattfinden kann. Durch die wiederholten Conferenzen der Vertreter der amtlichen Statistik, welche in neuerer Zeit namentlich aus Anlaß der internationalen statistischen Congresse stattgefunden haben, ist eine durchgreifende Verbesserung der statistischen Erhebungsmethoden angebahnt worden.

Nächst den für eine statistische Erhebung getroffenen Anordnungen ist das Verständniß dieser Anordnungen durch die mit dem Vollzug derselben zu betrauenden Organe und durch das in Mitleidenschaft gezogene gesammte Publikum von wesentlichem Einflusse. Sehr oft fehlt es nicht an der Trefflichkeit und Sorgfalt der Anordnungen, wohl aber an dem statistischen Sinne der Vollzugsorgane und des Publikums. Die Erhebungsorgane sind in den meisten Fällen Beamte und Bedienstete, welche, vielfältig mit anderen Berufsgeschäften überlastet und nur sehr mangelhaft über Wesen und Bedeutung der Statistik unterrichtet, die ihnen bei der Erhebungsthätigkeit gewordene Aufgabe nur als eine widrige Last, wohl auch geradezu als den unerfreulichen Ausfluß einer ihnen unbegreiflichen Neugierde der höheren Regierungskreise betrachten. Selbst da, wo es am guten Willen nicht fehlt, wie etwa bei den freiwilligen Zählern, die sich an den modernen Volkszählungen betheiligen, läßt das Geschick der Vollzugsorgane oft Vieles zu wünschen übrig. Noch schlimmer steht es bei dem Publikum, auf dessen Befragung die Erhebung angewiesen ist. Dieses hat, wie oben bereits erwähnt wurde, oft eine geradezu abergläubische Furcht vor den Fragen der Statistik oder betrachtet diese wohl als indiscrete Eingriffe in persönliche Geheimnisse. Der Bauer, welcher aus rein statistischem Interesse um den Ertrag seiner Getreidefelder befragt wird, wittert dahinter die Vorboten einer Steuererhöhung und die Dame der guten Gesellschaft, welche in der Volkszählungsliste ihr Alter angeben soll, findet die Frage höchst ungalant und gibt ihre Antwort darauf mit leichtem Gewissen.

Entschiedene Besserung dieser Verhältnisse darf für die Erhebungsorgane wie für die Befragten von einer weiteren Verbreitung der Einsicht in das Wesen und die Bedeutung der Statistik erwartet werden. Schon heutzutage denkt Niemand mehr daran, das offizielle Lügen in der Statistik zu fördern, und ebensowenig wird es mehr für eine Heldenthat angesehen, der Statistik durch wohlfeile Lügen ein Schnippchen zu schlagen.

Großen Einfluß auf den Ernst und die Gewissenhaftigkeit der Frager und Befragten äußert übrigens der besondere Anlaß der statistischen Fragestellung. Man kann beispielsweise behaupten, daß die Altersangaben in den Todtenscheinen im Allgemeinen correcter sein müssen als in den Volkszählungslisten. Am Sarge des Verstorbenen fällt für die Familienangehörigen mancher kleinliche und frivole Grund weg, welcher bei der Zählung der lebenden Bevölkerung die Richtigkeit der Altersangaben zu bedrohen vermag.

Auch der Umstand, ob fortlaufende oder nur periodisch wiederkehrende Erhebungen in Frage sind, ist auf die muthmaßliche Richtigkeit derselben von Einfluß. Man darf annehmen, daß die Erhebungen der ersteren Art sowohl für die Erhebungsorgane als für die zur Aufschlußertheilung angehaltenen Personen minder beschwerlich und auffällig sind, als die nur nach längeren Zwischenräumen wiederkehrenden statistischen Aufnahmen. Daß die Geburten und Sterbfälle einer fortlaufenden Aufzeichnung zu unterwerfen sind, fällt Keinem auf; daß aber je nach fünf oder zehn Jahren der Bestand der Bevölkerung neu erhoben werden soll, hat für viele Betheiligte etwas mehr oder minder Ueberraschendes.

Auch die formellen Bedingungen, unter welchen eine Erhebung auftritt, sind nicht gleichgültig. Unter diesem Gesichtspunkte erscheint es wünschenswerth, daß die wichtigsten und großartigsten statistischen Operationen, z. B. die Volkszählungen, auf Grund von Gesetzen vorgenommen werden. Fehlt die gesetzliche Grundlage, so findet die Vorstellung des Publikums, daß es sich um eine Art nicht ganz berechtigter Neugier handle, nur zu leicht Nahrung. In der That bringen die großen statistischen Operationen so mannigfaltige Berührungen des staatlichen Interesses und der individuellen Lebenskreise der Einzelnen hervor, daß die Schaffung einer gesetzlichen Grundlage für dieselben recht wünschenswerth erscheint, wenn sich diese auch selbstverständlich nicht auf das volle Detail der Technik der Erhebung erstrecken kann und darf.

Mögen sich aber auch alle Vorbedingungen einer statistischen Erhebung so günstig als nur immer möglich gestalten, das volle Ideal der Massenbeobachtung gesellschaftlicher Thatsachen wird doch niemals erreicht. Gerade weil es sich um Massen von Beobachtungen handelt, sind Fehler der Erhebung unvermeidlich. Man lasse durch verschiedene Erhebungsorgane die Zählung der Bevölkerung eines ganzen Landes oder auch nur einer großen Stadt gleichzeitig vornehmen; immer werden die Ergebnisse der verschiedenen Erhebungen einigermaßen von einander abweichen. Die Zahlen der Statistik stellen nicht die absolute Wahrheit, nicht die Gewißheit, sondern immer nur einen Grad von Wahrscheinlichkeit dar, bei guter Beobachtung allerdings einen sehr hohen der Gewißheit nahe kommenden Grad von Wahrscheinlichkeit. Hierin liegt keine Schwäche, sondern geradezu eine Stärke der Statistik, welche sie mit der exakten Forschung der Naturwissenschaft gemein hat. Unwissende Menschen, welchen das Wesen der Statistik unbekannt und zuwider ist, glauben sie allerdings durch den Nachweis einer einzelnen fehlerhaften Beobachtung, welche veranlaßt zu haben sie sich wohl gar noch rühmen, als werthlos hinstellen zu können. Die Geschichte der Statistik zeigt, daß sie über solche Angriffe zur Tagesordnung übergegangen ist, und daß knabenhaftes oder böswilliges Lügen Einzelner die Gesammtheit der statistischen Nachweise nur wenig beeinflußt. Wenn aber gar Jemand kommt und die Statistik wegen der ihr notorisch anklebenden einzelnen Beobachtungsfehler hinter andere Wissenszweige, denen solche Fehler fremd seien, zurücksetzen will, dann muß man ihm Folgendes antworten: Es ist eine eitle Täuschung, zu glauben, daß andere Disciplinen und insbesondere die auf Speculation beruhenden, frei von Störungen durch fehlerhafte

Beobachtungen und Anschauungen seien. Es ist sogar gewiß, daß die menschlichen Speculationen außerordentlich viel reicher mit Fehlern ausgestattet sind, als die Zahlennachweise der Statistik. Der Unterschied liegt nur darin, daß jene Fehler sich häufig der Erkenntniß und Kritik entziehen, während die Statistik die Fehler nicht verläugnet, aber ehrlich bemüht ist, die Fehlergrenzen mehr und mehr einzuengen.

Eine besondere Technik der statistischen Massenbeobachtung hat sich nur allmälig und in größerem Umfange erst in neuerer Zeit ausgebildet. Diese Technik tritt namentlich nach zwei Richtungen hervor. Sie zeigt sich in der geschickten Anordnung der Fragestellung und in der correcten Fixirung der Antwort in einer schriftlichen Aufzeichnung.

Bei großen statistischen Operationen erscheint die richtige Fragestellung in Verbindung mit der ganzen Organisation des Erhebungsgeschäftes als eine sehr umfassende Aufgabe. Nehmen wir auch hier die Volkszählung, unzweifelhaft die wichtigste aller statistischen Erhebungen, zum Beispiel. Wer soll gezählt werden? Der Laie antwortet: Die Bevölkerung. Der Statistiker entgegnet: Wer gehört zu der zu zählenden Bevölkerung? Und indem er diese Frage weiter analysirt, zeigt er, daß der scheinbar so einfache Begriff „Bevölkerung“ thatsächlich complicirter ist, und daß man bei der Durchführung des Zählungsgeschäftes genau bestimmen muß, ob man die zur Zählungszeit am Zählungsorte überhaupt sich aufhaltenden oder die dort wohnenden Personen, oder etwa jene zählen will, welche gewisse rechtliche Beziehungen zu dem Zählungsorte haben. Ist dann noch weiter entschieden, wann gezählt werden soll und welche Individualangaben (z. B. Name, Alter, Religion u. s. w.) für die Gezählten beizufügen sind, so ist noch mancherlei Anordnung nöthig, um das Zählungsgeschäft in Gang zu bringen und insbesondere die für dasselbe erforderliche große Zahl von Zählern zu gewinnen. Die Einrichtung und Durchführung der statistischen Fragestellung erscheint hienach als ein wichtiger Zweig der statistischen Technik.

Die beste Fragestellung nützt aber nichts, wenn nicht zugleich dafür Sorge getragen wird, daß die Antwort correct und in einer Form fixirt werde, welche für weitere statistische Bearbeitung wohl geeignet ist.

Diese Form der Fixirung kann nur in schriftlicher Aufzeichnung bestehen. Die Urkunde, welche diese Aufzeichnung enthält, nennen wir ein ausgefülltes Erhebungsformular. Die Erhebungsformulare sind entweder Verzeichnisse (Listen) oder Zählkarten.

Verzeichnisse oder Listen liegen dann vor, wenn in einer Urkunde fortlaufend mehrere Thatsacheneinheiten der betreffenden statistischen Erhebung verzeichnet werden. Ein Civilstandsregister, in welches die Geburten fortlaufend eingetragen sind, ist, wenn es als statistisches Urmaterial betrachtet wird, ein „Verzeichniß". Gleiches gilt von der sogenannten Haushaltungsliste bei der Volkszählung, in welcher sämmtliche Mitglieder einer Haushaltung nach einander aufgeführt werden.

Zählkarte nennt man dagegen jenes Erhebungsformular, welches je nur für eine einzige der zu beobachtenden Thatsacheneinheiten bestimmt ist. Wenn z. B. die Haushaltungsliste der Volkszählung in einzelne Urkunden aufgelöst wird, von welchen jede nur mehr für je eine einzige Person die erhobenen Individualangaben enthält, so bezeichnet man solche Urkunden als Zählkarten. Die Zählkarte hat als statistisches Erhebungsformular in der neuesten Zeit unläugbar eine viel häufigere Verwendung gefunden, als ehedem. Ein allgemeiner Entscheid aber, ob Verzeichnisse oder Zählkarten zweckmäßiger sind, läßt sich nicht geben; es kommt vielmehr auf die Besonderheit der einzelnen Fälle an.

Die sorgfältigere Entwerfung der Erhebungsformulare ist eine Errungenschaft der neuesten Entwicklung der Statistik. Viele ältere statistische Erhebungen litten unter dem Mangel einer Scheidung der Erhebungs- und Concentrationsformulare. Dieß gilt namentlich von den umfassenden Erhebungen, durch welche die Regierungen am Anfange dieses Jahrhunderts, angespornt durch Napoleons Beispiel, eine genauere Kenntniß von Staats- und Volkszuständen gewinnen wollten. Der Wunsch, möglichst rasch Alles zu erfahren, was man wissen wollte, ließ keine Zeit zu einer sorgfältigen Feststellung der Erhebungsmethode. Man begnügte sich mit der Angabe der Gliederung, in welcher das Ergebniß der betreffenden Erhebung schließlich erscheinen sollte, ohne sich über die Art der primären Fragestellung zu äußern, d. h. man entwarf nur Concentrationsformulare, aber keine Erhebungsformulare. Eine solche in hohem Grade bedenkliche Behandlung selbst wichtiger Zweige der Statistik ragt theilweise noch bis in die neueste Zeit herein. Die Gewerbestatistik des deutschen Zollvereins ist noch im siebenten Jahrzehnt dieses Jahrhunderts ohne die Unterscheidung von Erhebungs- und Concentrationsformularen durchgeführt worden. Daß solche Erhebungen große Mängel zeigen mußten, ist klar. Je weniger man den Erhebungsorganen den Weg zeigte, welchen sie einschlagen mußten, wenn überhaupt ein richtiges und vergleichbares Gesammtresultat gewonnen werden sollte, um so weniger durfte man sich wundern, wenn sie diesen Weg verfehlten.

Schließlich verdient noch die Frage Erwähnung, wer die Erhebungsformulare ausfüllen soll, der Frager oder der Befragte. Es gibt gewisse Erhebungen, bei welchen der Natur der Sache nach nur der Befragte selbst die correcte schriftliche Antwort geben kann. Hieher gehören z. B. finanzstatistische Notizen, welche von Sparkassenverwaltungen, Vereinen, Schulbehörden, Gemeindeverwaltungen u. s. w. gefordert werden. In solchen Fällen ist die schriftliche Antwortertheilung der Befragten selbst seit lange in Uebung. Der neueren Zeit dagegen gehört es an, daß auch bei Fragen, welche an die gesammte Bevölkerung gerichtet werden, also zunächst bei der Volkszählung die Beantwortung in der Zählungsliste oder in den Zählkarten durch die einzelnen Haushaltungsvorstände selbst erfolgt, soweit diese überhaupt schreiben können und wollen. Dieses System der „Selbstzählung", wie man es häufig nennt, hat sich hauptsächlich bei den deutschen Volkszählungen entwickelt.

Die Gruppirung und rechnerische Bearbeitung des durch die Massenbeobachtung gewonnenen statistischen Urmateriales stellt die zweite Stufe der statistischen Operationen dar. Es handelt sich darum, das durch die Beobachtungsthätigkeit gewonnene Rohmaterial an Verzeichnissen, Listen, Zählkarten, in einer solchen Weise auszubeuten, daß ein klares übersichtliches Bild der durch die Beobachtung überhaupt und unter Berücksichtigung gewisser Qualitätsunterschiede festgestellten Thatsacheneinheiten gegeben werde. Das bei einer Volkszählung gewonnene Material an Haushaltungslisten mit der namentlichen Verzeichnung der Haushaltungsmitglieder und der Angabe ihres Alters, Berufes u. s. w. ist noch weit davon entfernt, eine Bevölkerungsstatistik zu sein. Sie ist es so wenig, wie ein Haufe aus dem Steinbruch geförderter Bausteine ein Haus ist.

Das klare übersichtliche Bild der Beobachtungsergebnisse ist für die Zwecke statistischer Forschung in Zahlen zu geben, und man nennt die so geordnete Uebersicht der aus dem Rohmaterial gewonnenen Zahlenergebnisse eine „Tabelle". In die statistische Tabelle ist zunächst das Material an absoluten Zahlen aufzunehmen, welches durch die Erhebung gewonnen ist. Das tabellarisch angeordnete Zahlenmaterial unterliegt dann selbst wieder weiterer rechnerischer Bearbeitung, welche insbesondere zur Entwicklung sogenannter relativer Zahlen führt. Man könnte die ersten als primäre, die zweiten als sekundäre Tabellen bezeichnen. Eine Tabelle, welche beispielsweise für die Provinzen eines Landes die Zahl der Bewohner mit Unterscheidung ihrer Confession nachweisen würde, wäre eine primäre Tabelle. Wäre dagegen in einer weiteren Tabelle nicht die absolute Zahl der zu den verschiedenen Confessionen gehörigen Personen, sondern der auf die einzelnen Confessionen treffende Prozentantheil der Bevölkerung nachgewiesen, so wäre dieß eine sekundäre Tabelle.

Die wichtigsten rechnerischen Operationen, welche hiebei anzuwenden sind, kommen weiter unten zur Sprache. Zunächst wollen wir uns mit der statistischen Tabelle als solcher und mit der Technik beschäftigen, welche zur Herstellung derselben aus dem statistischen Urmaterial erforderlich ist.

Die statistische Tabelle enthält die richtig gegliederte Zusammenfassung der beobachteten gesellschaftlichen Thatsachen in Zahlen. Zusammenfassung und Gliederung der Beobachtungen sind auf dieser Stufe der statistischen Operationen gleich nothwendig. Das Rohmaterial der Statistik, wie es aus der Beobachtungsthätigkeit hervorgeht, enthält zerstreute Feststellungen, welche nunmehr nach Maßgabe der Gleichartigkeit des Beobachteten zusammengezogen werden sollen. Hiebei sind die Thatsacheneinheiten mit Rücksicht auf die beobachteten Qualitätsunterschiede auseinander zu halten, d. h. die Tabelle ist zu g l i e d e r n, wenn auch der tabellarische Hauptabschluß außerdem noch eine allgemeine Zusammenfassung unter Verzicht auf die in den einzelnen Spalten der Tabelle enthaltene Berücksichtigung jener Qualitätsunterschiede bieten kann. Es handle sich beispielsweise um eine Confessionsstatistik der Bevölkerung. In diesem Falle geht man Haushaltungsliste für

Haushaltungsliste durch und bringt je in einer gesonderten Spalte der Tabelle die der gleichen Confession angehörige Zahl von Personen zum Ausdrucke. Zum Abschlusse dieser Spaltengliederung der Tabelle wird man die Gesammtzahl der betreffenden Bevölkerung ohne weitere Berücksichtigung des Qualitätsunterschiedes der Confession nachweisen.

Werden mehrere Qualitätsunterschiede gleichzeitig in einer Tabelle dargestellt, so hat man es mit zusammengesetzten statistischen Tabellen zu thun. Dieß ist z. B. der Fall, wenn in einer Tabelle das Geschlecht, der Beruf und die Confession der Bevölkerung dargestellt werden, ohne daß dabei diese drei Qualitätsunterschiede unter einander in Combination gebracht sind.

Die Gliederung der statistischen Tabelle findet in zwei wesentlich von einander verschiedenen Richtungen statt. Es handelt sich nämlich entweder um Gruppirung der Thatsachen nach ihren eigenthümlichen Merkmalen, also um Sonderung derselben nach inneren Verschiedenheiten, oder um Gruppirung der einfachen oder selbst wieder der inneren sachlichen Gliederung unterworfenen Thatsachen nach Raum und Zeit. Eine Gliederung der ersten Art liegt beispielsweise vor, wenn die Gesammtbevölkerung eines Landes nach Alter, Geschlecht, Civilstand, Beruf u. s. w. unterschieden wird. Wenn dagegen die Geburten oder Sterbfälle, welche in einem Lande während eines Jahres vorgekommen sind, nach Kalendermonaten und Landestheilen unterschieden werden, so handelt es sich um eine Gliederung der zweiten Art.

Beide Richtungen der statistischen Gliederung sind gleich wichtig. Daß die Gliederung nach inneren Verschiedenheiten der beobachteten Thatsachen erst die erforderliche Vertiefung der statistischen Erkenntniß bringt, liegt auf der Hand. Ueber die Wichtigkeit correcter räumlicher Gliederung ist oben bei Besprechung der geographischen Methode das Nöthige bereits erwähnt worden. Es erübrigt daher hier nur ein kurzes Wort über die zeitliche Gliederung. Diese greift selbstverständlich nur Platz bei den fortlaufenden Beobachtungen der in der Zeit fortschreitenden gesellschaftlichen Erscheinungen, nicht aber bei den statistischen Augenblicksbildern, welche, im Prinzip wenigstens, gar keine Zeiterstreckung kennen. Wo immer in der Statistik eine zeitliche Gliederung Platz greift, hat sie vor der räumlichen Gliederung den großen Vorzug, daß ihre Abschnitte einer Notorietät und Gleichartigkeit sich erfreuen, welche den räumlichen Abschnitten vollständig mangelt. Der Amtsbezirk A und der Amtsbezirk B werden immer mehr oder minder verschiedenartige Raumabschnitte sein, aber der erste und der letzte Tag, die zweite und die dritte Woche eines Jahres sind vollkommen gleiche Zeitabschnitte. Außerdem bildet für die civilisirte Welt jeder Kalendertag und jedes Kalenderjahr ein Notorium ersten Ranges, während die genauere Kenntniß eines jeden der statistischen Beobachtung zu Grunde liegenden Raumabschnittes, und handle es sich auch nur ganz einfach um dessen Flächengröße, nur in den engsten Kreisen ein solches Notorium bildet. Man begreift, daß unter diesen Umständen die vergleichende Statistik auf dem Gebiete der Zeit unter günstigeren Vorbedingungen arbeitet, als auf dem Gebiete des Raumes. Kleinere Störungen bestehen allerdings auch hier. Zu erwähnen ist vor Allem die Verschiedenartigkeit der Kalendersysteme und die ungleiche Länge der Monate. Doch sind auch diese Abnormitäten ihrerseits wieder Notoria und können deßhalb bei statistischen Vergleichen leicht berücksichtigt werden. Freilich geschieht dieß nicht immer, auch wenn es ohne alle Schwierigkeiten geschehen kann. Dieß ist z. B. der Fall, wenn die Sterblichkeit nach Kalendermonaten ohne Berücksichtigung der verschiedenen Länge der Monate berechnet und verglichen wird.

Für die Ausbeutung des statistischen Urmateriales, welche

zur Gewinnung der tabellarischen Zahlennachweise nöthig ist, hat sich allmälig eine besondere Technik entwickelt, welche zunächst den statistischen Bureaux ihre Ausbildung verdankt. Die ältere Methode der Ueberführung des statistischen Urmateriales in die Tabellenform ist die Strichelung. Sie besteht einfach darin, daß die Tabelle mit allen ihren Spalten in vergrößerten Dimensionen angelegt und dann eine Thatsacheneinheit um die andere in der Spalte beziehungsweise in dem Fach der Tabelle mittelst eines Striches vorgemerkt wird, wohin sie nach der Ueberschrift der Spalte gehört. Ist das gesammte Urmaterial, aus welchem die Tabelle herzustellen ist, durchgearbeitet, so erfolgt die Zählung der Striche in jedem Fache und Ersetzung derselben durch die betreffenden Zahlenbeträge. Diese Methode ist aber nur so lange zweckmäßig, als es sich um einfache Ausbeutungsarbeiten, also um Herstellung von Tabellen handelt, welche keine weitgreifenden statistischen Combinationen enthalten und demgemäß eine geringe Anzahl von Spalten zeigen. Sowie aber die Spalten und Fächer der Tabellen zahlreich werden, erweist sich die Strichelung als eine mühsame und zugleich höchst unverläßige Methode der Ausbeutung des statistischen Urmateriales. Nun gewinnen die in größeren Dimensionen hergestellten Strichelungstabellen eine solche räumliche Ausdehnung, daß sie kaum mehr beherrschbar sind und Irrthümer bei dem Aufsuchen des richtigen Tabellenfaches unter Hunderten und Tausenden solcher Fächer immer häufiger werden. Man bedenke nur, daß die bloße Combination von Alter (nach einzelnen Jahren), Geschlecht und Civilstand der Bevölkerung etwa 800 Tabellenfächer gibt. Reducirt man die Altersklassen auf 20 und fügt man eine weitere Combination von 300 Berufsarten bei — was für die Berufsstatistik noch keineswegs die Grenze des möglichen Details ist — so hat man 48000 Fächer. Unter diesen nach der Methode der Strichelung für jeden Strich das richtige Fach herauszufinden, ist ohne außerordentlichen Zeitaufwand und große Fehler nicht mehr möglich. Für solche Fälle hat sich in neuester Zeit eine andere Methode, die Ausnützung des statistischen Urmateriales mittelst sogenannter Zählblättchen ausgebildet. Die Technik des Verfahrens mittelst Zählblättchen ist in Kürze folgende. Aus den Verzeichnissen der Thatsacheneinheiten, welche die Erhebung liefert, werden die der statistischen Ausnützung zu unterwerfenden Angaben für jede Thatsacheneinheit auf ein gesondertes Blättchen von mäßiger Größe extrahirt. Diese Blättchen werden alsdann jeweils nach den Gesichtspunkten, welche der Gliederung der herzustellenden Tabelle entsprechen, in Häufchen sortirt. Sind alle Zählblättchen durchgearbeitet, so werden die Häufchen abgezählt und die betreffenden Zahlen in die Tabelle eingetragen. Diese Methode gestattet die größte Reichhaltigkeit der statistischen Combinationen ohne jegliche technische Schwierigkeit zu liefern, weil bei verwickelten Problemen eine richtige Arbeitstheilung möglich ist. An eine vorgängige Sonderung der Blättchen nach allgemeineren Unterscheidungen reiht sich in diesem Falle eine weitere Sortirungsarbeit nach den zu beachtenden Detailunterschieden. Auch kann durch Wahl verschiedener Farben für Hauptunterschiede der beobachteten Thatsachen, z. B. des Geschlechtes und Civilstandes bei der Volkszählung, die Arbeit des Sortirens wesentlich erleichtert werden.

Hat die Erhebung mittelst Zählkarten, d. i. gesonderten Erhebungsformularen für je eine Thatsacheneinheit stattgefunden, so können diese für die Ausbeutungsarbeiten ohne Weiteres wie Zählblättchen benützt werden. Doch stört dabei in technischer Beziehung einigermaßen der Umstand, daß solche Zählkarten in der Regel von bedeutend größerem Formate sind, als die Zählblättchen und daß die Farbenunterschiede bei denselben schwerer anzuwenden sind, sobald nämlich ihre Ausfüllung dem Publikum überlassen bleibt.

Das eigenartige, bei großen statistischen Operationen geradezu an den Fabrikbetrieb erinnernde Verfahren, welches nöthig ist, um aus der zerstreuten Thatsachenverzeichnung im Erhebungsmaterial die wohlgegliederten statistischen Tabellen herzustellen, kann man die statistisch-technische Thätigkeit nennen. Sie kommt bei jeder statistischen Arbeit vor. In größerem Umfange aber kann eine solche statistisch-technische Thätigkeit nur von Organen der amtlichen Statistik ausgeübt werden. Es ist oben bereits erwähnt worden, daß die absolute Nothwendigkeit, für die wichtigsten statistischen Erhebungen die ausgiebigste Beihilfe der Staatsgewalt zur Verfügung zu haben, zur amtlichen Statistik geführt hat. Hier kann ich beifügen, daß die gleiche Beihilfe wie für die Erhebung auch für die statistisch-technische Bearbeitung des Erhebungsmateriales nothwendig ist, sobald es sich nur um ein einigermaßen massenhaftes Material handelt.

An sich nicht unwichtig und für die Kenntniß der modernen Entwicklung der amtlichen Statistik höchst bedeutungsvoll ist die Beleuchtung der Frage, ob die statistisch-technische Thätigkeit, welche die Ueberführung des statistischen Urmateriales in die Tabellenform bezweckt, centralisirt oder decentralisirt stattfinden soll. Decentralisirt ist die statistisch-technische Thätigkeit dann, wenn die Erhebungsbehörden selbst oder Zwischenbehörden, welchen das statistische Material nur für kleinere Bezirke zugeht, die Aufstellung der statistischen Tabellen zu besorgen haben. Centralisirt dagegen ist die statistisch-technische Thätigkeit dann, wenn den äußeren Organen der Staatsverwaltung nur die Sammlung des Urmateriales zufällt, deren tabellarische Ausbeutung aber an die statistischen Centralstellen überwiesen wird. Die Decentralisation stellt die ältere, die Centralisation die neuere Methode dar.

Die Vorzüge der Centralisation sind in Kürze folgende. Die äußeren Behörden werden von der ihnen höchst lästigen und in den Rahmen ihrer Geschäftsaufgabe nicht gut passenden Aufstellung vielgliedriger statistischer Tabellen entbunden. Durch die Centralisation gelangt die statistisch-technische Thätigkeit an solche Behörden, welche ein volles und gleichbleibendes Sachinteresse an der richtigen Ausbeutung des statistischen Urmateriales haben. Nur bei dieser Methode erscheint ferner die Gleichmäßigkeit der Behandlung gewährleistet, ohne welche eine correcte Durchführung der statistischen Ausbeutungsarbeiten nicht erwartet werden darf. Nur bei der Ueberweisung der Ausbeutung des Materiales an eine statistische Centralstelle kann die volle Nutzbarmachung der Erhebung durch Aufstellung reichhaltig gegliederter und combinirter Tabellen erwartet werden. Nur die Centralisation gestattet endlich die Anwendung der bewährtesten Methoden für die Ausbeutungsarbeiten. Die Decentralisation der statistischen Tabellirung entspricht dem Handwerksbetrieb, die Centralisation derselben dem Fabrikbetrieb. Bei letzterem gelangt der Grundsatz der Arbeitstheilung zu voller Geltung und gestattet die größte Gleichartigkeit, Massenhaftigkeit und Billigkeit der Produktion. Das Gleiche gilt von der Centralisation der statistisch-technischen Thätigkeit. So ist beispielsweise bei centralisirtem Arbeiten die Methode der Ausbeutung des Urmateriales mittelst der Zählblättchen ganz und gar am Platze, während dieselbe zu den größten Mißständen führen würde, wenn sie zerstreut bei den verschiedenen in dieser Technik unbewanderten äußeren Verwaltungsbehörden angewendet werden sollte.

Dagegen darf nicht verkannt werden, daß die Centralisation auch gewisse Nachtheile im Gefolge hat. Die Massenhaftigkeit des bei dieser Methode der statistischen Centralstelle zugehenden Materiales könnte ein Hinderniß der sorgfältigen Prüfung und Berichtigung der Aufzeichnungen werden. Hiegegen kann man einwenden, daß gerade bei einer statistischen Centralstelle, welche die größte Erfahrung in Bezug auf Fehler und Mißverständnisse bei statistischen Erhebungen hat, solche am leichtesten entdeckt werden. Doch mahnt diese Erwägung immerhin, dafür zu sorgen, daß bei centralisirtem Arbeiten die genaue und möglichst rasche Superrevision des Urmateriales nicht leide. Ob hiezu in größeren Staaten die Errichtung besonderer Provinzialbureaux das geeignete Mittel ist oder ob das Gleiche durch eine vollständigere Ausrüstung des Centralbureau mit geeigneten höheren Arbeitskräften zu erreichen ist, möge dahingestellt bleiben. Ein weiterer Nachtheil scheint darin zu liegen, daß der Centralstelle die örtlichen Verhältnisse der einzelnen Landestheile weniger genau bekannt sind. Doch läßt sich hier durch Heranziehung von Arbeitskräften aus den verschiedenen Landestheilen sowie durch schriftliche Erkundigung leicht Abhilfe finden. Auch besteht bei decentralisirter Arbeit durchaus keine Gewähr dafür, daß am Sitze der einzelnen Verwaltungsbehörden wirklich nur ein mit den Lokalverhältnissen ganz Vertrauter die Aufstellung der statistischen Tabellen besorge. Wenn man geltend macht, daß die äußeren Verwaltungsbehörden bei der Centralisation der statistisch-technischen Arbeit die Uebersicht über die Verhältnisse ihrer eigenen Bezirke verlieren und diese sich erst auf dem Umwege über das statistische Bureau verschaffen müssen, so ist dieß zwar nicht unrichtig; aber es handelt sich doch nur um praktische Bedürfnisse von geringerem Umfang, welche bei gutem Willen der Betheiligten unschwer befriedigt werden können. Man hat schließlich auch die Frage aufgeworfen, ob nicht die Direktoren der statistischen Bureaux selbst durch die Centralisation der statistisch-technischen Thätigkeit an wissenschaftlicher Leistungsfähigkeit verlieren. Richtig ist, daß die Fürsorge für den richtigen Gang der statistischen Maschinerie dem Leiter eines statistischen Centralbureau manche Stunde raubt, welche andernfalls ruhiger statistischer Forschung gewidmet werden könnte. Gleichwohl halte ich den hierin liegenden Nachtheil für weit kleiner als den Vortheil, welchen die ständige Berührung mit dem statistischen Urmaterial mit sich bringt.

Eine Abwägung der Vorzüge und der Nachtheile einer Centralisation der statistisch-technischen Thätigkeit zeigt hienach ein entschiedenes Uebergewicht der ersteren. Das in der amtlichen Statistik erkennbare Streben, diese Centralisation auch auf jene Gebiete zu übertragen, auf welchen sie bisher noch nicht Platz gegriffen hat, ist also vollkommen berechtigt. Voraussetzung bleibt dabei einerseits die scharfe Trennung der Erhebungs- und Concentrationsformulare, d. h. der Thatsachensammlung und der Zusammenstellungsarbeiten, andererseits aber auch eine reichlichere Ausstattung der statistischen Bureaux mit Arbeitskräften und Geldmitteln.

Zum Abschlusse der Bemerkungen über die Thatsachengruppirung als die zweite Stufe der statistischen Operationen erübrigt noch ein Blick auf die rechnerische Thätigkeit, welche theils unmittelbar bei der Ausbeutung des statistischen Urmateriales nöthig ist, theils an diese sich anschließt.

Die einfachste rechnerische Operation, von welcher die Statistik in ausgedehntem Maße Gebrauch macht, ist die Addition. Jede primäre statistische Tabelle, deren Spalten mit absoluten Zahlen gefüllt sind, ist schließlich das Ergebniß einer Reihe von Additionen. Sind die Thatsacheneinheiten sortirt, so müssen sie zusammengezählt werden, und zum Schlusse folgt dann in der Regel noch ein Hauptzusammenzug der primären im inneren Gefüge der Tabellen enthaltenen Einzelsummen. Wenn wir z. B. eine Altersstatistik der Bevölkerung machen wollen, so sortiren wir die einzelnen Individuen mittelst Strichelung oder Zählblättchen nach einzelnen Jahren, addiren dann die auf jedes einzelne Altersjahr treffenden Striche oder Blättchen und ziehen schließlich noch eine Hauptsumme der gesammten Bevölkerung.

4*

Die elementare Statistik kennt eigentlich gar keine andere rechnerische Operation als die Summirung. Sobald aber die weitere wissenschaftliche Verwerthung des statistischen Materiales ins Auge gefaßt wird, treten noch einige andere Rechenoperationen in den Vordergrund, welche so unmittelbar mit dem statistischen Tabellenwesen selbst zusammenhängen, daß sie zweckmäßig schon hier erwähnt werden, obwohl nicht zu läugnen ist, daß sie gewissermaßen den Uebergang zu der höchsten Stufe der statistischen Arbeit bilden. Diese Rechenoperationen sind

1. die Berechnung des Durchschnittes,
2. die Ermittlung der Oscillations- oder Schwankungszahlen sowie der Minima und Maxima,
3. die Ableitung relativer oder reducirter Zahlen.

Die Berechnung von Durchschnitten bildet eine so gewöhnliche Beigabe statistischer Forschung, daß auch dem Laien auf diesem Wissensgebiete das Streben der Statistiker nach Durchschnittsermittlungen lebhaft vor der Seele schweben dürfte. Jede Berechnung eines Durchschnittes setzt Reihen von Beobachtungen voraus, mögen diese nun in der Zeit auf einander folgen oder räumlich vertheilt stattgefunden haben. Der Durchschnitt der Zahlenreihen ist dann jener Werth, welcher sich ergibt, wenn das in den Reihen enthaltene quantitative Gesammtresultat auf die einzelnen Glieder der Reihe gleichmäßig vertheilt wird. Es seien z. B. an den einzelnen Tagen einer Woche irgendwo geboren worden 14, 22, 24, 19, 13, 27, 21 Kinder, so drückt die Zahl 20 jenen Betrag geborener Kinder aus, welcher — wenn er täglich gleichmäßig sich ergeben hätte — dasselbe Gesammtresultat, nämlich 140 Kinder in der Woche, geliefert hätte. Die Zahl 20 nennen wir in diesem Falle den Tagesdurchschnitt der Geborenen.

So einfach in rechnerischer Beziehung die Durchschnittsermittlung ist, so werden bei derselben doch häufig Fehler gemacht. Wenn man nämlich den Durchschnitt in der Art findet, daß man die Summe einer Reihe durch die Zahl der Glieder dividirt, so muß man wohl darauf achten, daß man die Zahl dieser Glieder richtig erfaßt. In der äußeren Darstellung werden oft mehrere oder viele Glieder scheinbar in eines zusammengefaßt, welche bei der correcten Durchschnittsberechnung als mehrere Glieder in Rechnung zu bringen sind. Es muß mit anderen Worten die Gleichartigkeit der Glieder vor Allem hergestellt werden. Wenn z. B. die Schrannenstatistik eines Ortes nachweist, daß 30 000 Zentner Weizen zu 8 fl. und 1000 Zentner zu 4 fl. verkauft wurden, und wenn nun hieraus der Durchschnittspreis des Weizens berechnet werden soll, so ist zu bedenken, daß nicht bloß zwei Beobachtungen, sondern daß an gleichartigen Beobachtungen eine Reihe von 31 000 Beobachtungen, jede für einen Zentner Weizen vorliegt. Der Gesammt-Kaufpreis für den Weizen im Betrag von 244 000 fl. ist also durch 31 000 zu dividiren. Hiebei findet man 7,87 fl. Dieß ist der richtige Durchschnittspreis, keineswegs 6 fl., das arithmetische Mittel zwischen 8 und 4 fl. Will man nicht bis zur Auflösung in 31 000 gesonderte Beobachtungen zurückgehen, so muß man wenigstens verlangen, daß jedes Glied der Reihe, wie sie äußerlich sich darstellt, nach seinem quantitativen Gewichte für die Berechnung des Durchschnittes in die Wagschale falle, d. h. daß bei dem vorliegenden Beispiele der Preis von 8 fl. 31fach, jener von 4 fl. nur einfach in Rechnung gebracht werde. Das rechnerische Ergebniß ist dasselbe wie das oben gefundene. In neuerer Zeit nennt man die in richtiger Weise unter Berücksichtigung des relativen Gewichtes der einzelnen Glieder einer Reihe berechneten Durchschnitte die *geometrischen*, die ohne Berücksichtigung dieses Gewichtes festgestellten dagegen die *arithmetischen* Durchschnitte. Es ist klar, daß, soweit nur immer möglich, geometrische Durchschnitte gerechnet werden sollen. Ueberall ist jedoch diese Berechnungsweise nicht durchführbar, namentlich dann nicht, wenn das Gewicht der Glieder einer Reihe gar nicht bekannt ist. Wenn z. B. der Durchschnittspreis der Lebensmittel für ein bestimmtes Kalenderjahr berechnet werden soll, und zwar der Tages- oder Wochenpreis der betreffenden Artikel, nicht aber deren Verkaufsmenge bekannt ist, so muß man sich mit dem arithmetischen Durchschnitte begnügen.

Einen tieferen Einblick in das Wesen der statistischen Durchschnitte erlangt man, wenn man sich vergegenwärtigt, daß dieselben in zwei von einander wesentlich verschiedene Gruppen zerfallen. Der Durchschnitt kann ein eigentlicher Typus von Zuständen und Erscheinungen sein, welche in Wirklichkeit zwar in der Regel nicht genau mit dem Durchschnittsergebniß übereinstimmen, sich aber doch mehr oder minder demselben nähern und zweifellos in dem einen oder anderen Falle ihm auch vollkommen gleichkommen könnten. Wenn ich z. B. den Durchschnittsbetrag der Geburten und Sterbfälle in einem bestimmten Lande für eine 25 jährige Periode ermittelt habe, so kann ich die gefundenen Durchschnitte als Typus der Geburts- und Todescontingente jener Jahre betrachten. Auch ist es nicht undenkbar, wenn auch nicht gerade wahrscheinlich, daß etwa im 26sten Jahre jene Beträge genau erreicht werden. Sehr wahrscheinlich ist es dagegen, daß die betreffenden Contingente, falls keine ungewöhnlichen Ereignisse eintreten, jenen Durchschnittsergebnissen sich nähern.

Dieser Art von statistischen Durchschnitten steht eine andere Gruppe derartiger Durchschnitte gegenüber, bei welchen von einem Typus der Erscheinungen keine Rede sein kann, welche sich vielmehr lediglich als rechnerische Abstraktionen darstellen. Wenn ich z. B. aus den Ergebnissen der Volkszählung ermittle, daß das Durchschnittsalter der lebenden Bevölkerung in einem bestimmten Lande 28 Jahre beträgt, so ist dieß äußerlich und rechnerisch so gut ein Durchschnittsbetrag wie der oben erwähnte Jahresbetrag von Geburten und Sterbfällen, aber innerlich ist er gleichwohl etwas ganz Anderes. Ein Alter von 28 Jahren zu haben, ist für die Personen, aus welchen sich eine Bevölkerung zusammensetzt, in keiner Weise typisch; ja es ist geradezu undenkbar, daß eine Bevölkerung bestände, deren Mitglieder sämmtlich 28 oder annähernd 28 Jahre alt wären. In diesem Falle erscheint die Durchschnittsermittlung lediglich als rechnerische Abstraktion, welche mit den wirklichen Zuständen und Erscheinungen gar nichts gemein hat.

Es ist wohl kaum nöthig, eingehender zu begründen, warum von diesen beiden Gruppen statistischer Durchschnitte die erste einen weit höheren Anspruch auf wissenschaftlichen Werth hat als die zweite. Hier sei nur noch bemerkt, daß Durchschnitte, welche nicht als Typen betrachtet werden können, wissenschaftlich mit großer Vorsicht zu behandeln sind, wenn sie nicht zu Trugschlüssen führen sollen. Da sie nämlich nur rechnerische Abstraktionen sind, können sie, auch wenn sie gleiche Resultate liefern, doch aus sehr verschiedenen, ja geradezu entgegengesetzten Erscheinungen herrühren. Ein gleiches Durchschnittsalter der Bevölkerung könnte beispielsweise für zwei Länder gefunden werden, von welchen das eine einen großen Bestand an Kindern und Greisen, das andere einen solchen an Personen im kräftigen Lebensalter hat.

Eine nähere Beleuchtung des besonderen Werthes der Durchschnittsberechnungen für die Statistik ist bereits oben als Einleitung zur Darlegung der geographischen Methode der Statistik gegeben worden. Es sei hier nur daran zurückerinnert, daß der eigenthümliche Werth des Durchschnittes in der Nivellirung der Differenzen von Zeit und Ort besteht, wodurch er an Stelle vielgliedriger, wissenschaftlich schwer beherrschbarer Zahlenreihen einen kurzen Ausdruck setzt, mit welchem man leicht weiter arbeitet und welcher auch für sich den ersten allgemeinen Einblick in die Lage der Dinge bietet.

Gleichwohl ist die Kluft zwischen der Nivellirung des Durchschnittes und der tausendfältigen Verschiedenheit der einzelnen Beobachtungsergebnisse zu groß, als daß die Durchschnittsermittelung allein genügen könnte. Es erscheint vielmehr noch ein Mittelglied der Berechnungen nöthig, welches nicht bis zur vollen Nivellirung des Durchschnittes herabsteigt, aber dennoch die Vielgestaltigkeit der Beobachtungsreihen durch Hervorhebung einzelner Punkte derselben und Gewinnung eines kurzen Ausdruckes für die Art der in ihnen sich aussprechenden Schwankungen wissenschaftlich beherrschbarer und vergleichbarer gestaltet. Diesem Zwecke dient die Ermittlung der Oscillations- oder Schwankungszahlen sowie der Minima oder Maxima einer Reihe.

Der Durchschnitt aus einer Reihe von Einzelergebnissen gibt zwar, wie erwähnt, einen kurzen für weitere wissenschaftliche Arbeit leicht verwendbaren Ausdruck; er genügt aber in keiner Weise für die tiefere Erkenntniß der statistisch beobachteten Thatsachen und Erscheinungen. Hiezu ist vielmehr weiter nöthig, daß auch für das Maß der Schwankungen über und unter den Durchschnitt, welche die Einzelergebnisse zeigen, ein kurzer Ausdruck gefunden werde. Es kann nämlich der gleiche Durchschnitt aus zwei Zahlenreihen sich ergeben, welche in ihren Schwankungsverhältnissen gänzlich verschieden sind. Diese Verschiedenheit der Schwankungen aber ist es gerade, welche neben dem Durchschnittsergebnisse für die Charakterisirung einer statistischen Erscheinung von besonderer Wichtigkeit ist. Sieht man nur auf die Durchschnitte, so läßt man ein wichtiges Element unbeachtet. Was zunächst die Gewinnung gleicher Durchschnitte aus verschiedenen Einzelergebnissen betrifft, so wird folgendes einfache Beispiel genügen.

Es betrage in zehn auf einander folgenden Jahren die Zahl der Geburten

in der Stadt A	in der Stadt B
4800	2000
4900	3000
5000	4000
5100	5000
5200	6000
5100	7000
5000	8000
4900	9000
4950	4000
5050	2000

In diesem Falle ist der Jahresdurchschnitt der Geburten in beiden Städten 5000. Ganz gewiß aber ist die Geburtenstatistik der Stadt A von jener der Stadt B trotz des gleichen zehnjährigen Durchschnittes äußerst verschieden. Letztere zeigt eine äußerst bedeutende, erstere nur eine mäßige Schwankung der Geburtscontingente. Das Maß dieser Schwankungen neben dem Durchschnitte zum kurzen rechnerischen Ausdrucke zu bringen, erscheint hienach sehr wichtig. Diese Aufgabe erfüllt die Oscillations- oder Schwankungszahl. Sie zeigt die durchschnittliche Abweichung der Einzelergebnisse einer Beobachtungsreihe vom Gesammtdurchschnitte der Reihe und wird zweckmäßig in Prozenten dieses Gesammtdurchschnittes selbst dargestellt. Will man für die beiden obigen Zahlenreihen die Oscillationszahl berechnen, so verfährt man folgendermaßen:

Die Abweichung vom Jahresdurchschnitt (5000) beträgt in den zehn einzelnen Jahren

	bei der Stadt A	bei der Stadt B
	200	3000
	100	2000
	0	1000
	100	0
	200	1000
	100	2000
	0	3000
	100	4000
	50	1000
	50	3000
Im Ganzen	900	20000

Hieraus ergibt sich eine jährliche Durchschnittsabweichung für A von 90, für B von 2000. Da nun der Gesammtdurchschnitt der Reihe in beiden Fällen 5000 ist, so beträgt die mittlere Oscillation um den Gesammtdurchschnitt der Reihe für A nur 1,8 Prozent, für B dagegen 40 Prozent.

Da Exponentialziffern in den statistischen Tabellen nicht vorkommen, so kann der in der Mathematik für diese Ziffern bestimmte Platz benützt werden, um solchen Durchschnitten, für welche Oscillationszahlen berechnet werden können, diese Zahlen beizufügen. Wir würden also im vorliegenden Falle einfach sagen, es betrage der Jahresdurchschnitt der Geburten in der Stadt A $5000,^{1,8}$, in der Stadt B dagegen $5000,^{40}$. Daraus ersehen wir sofort, daß wir es in den beiden Städten zwar mit einem rechnerisch gleichen, aber materiell sehr verschiedenen Durchschnitt zu thun haben. Insbesondere erkennen wir aus der Oscillationszahl sofort, ob der gefundene Durchschnitt annähernd als Typus einer bestimmten Erscheinung betrachtet werden darf. Je kleiner die Oscillationszahl ist, um so mehr ist dieß der Fall, je größer sie dagegen ist, um so weniger erscheint der Durchschnitt als Typus.

Rechnerisch kann die Oscillationszahl für jede beliebige Zahlenreihe ermittelt werden; einen statistischen Werth aber hat dieselbe nur unter der Voraussetzung, daß die einzelnen Glieder der Reihe gleichartig sind. Wollte man z. B. die Oscillationszahl für die differenten Geburtenmengen der Verwaltungsdistrikte eines Landes berechnen, so wäre das Resultat wegen der ungleichen Größe der Bezirke werthlos. Man müßte vorerst durch eine Vergleichung der Geburten mit der gesammten oder auch etwa der gebärfähigen weiblichen Bevölkerung die erforderliche Gleichartigkeit für die Glieder der Beobachtungsreihe herstellen. Man begreift hienach, warum sich die Ermittlung der Oscillationszahlen ganz besonders für zeitlich gegliederte und demgemäß voller Gleichartigkeit der Abschnitte sich erfreuende Beobachtungsreihen eignet.

Man könnte gegen die Oscillationszahl einwenden, daß selbst gleiche Durchschnitte mit gleichen Oscillationszahlen aus differenten Einzelschwankungen gewonnen sein können. Letzteres ist richtig; allein es ist einfach zu erwidern, daß man eben bei noch weiterer Verfolgung des Details der Schwankungen auf das Sonderstudium der einzelnen Glieder einer statistischen Reihe zurückkommt. Dieses Studium wird immer seinen eigenthümlichen Werth behalten und kann überdieß durch graphische Darstellungen selbst bei vielgliederigen Zahlenreihen wesentlich erleichtert werden. Hier aber handelt es sich darum, die Rechenoperationen kennen zu lernen, welche durch einfache Zahlenausdrücke die schwer beherrschbare Vielgestaltigkeit statistischer Reihen einer quantitativen Feststellung unterwerfen. Und in dieser Hinsicht erscheint der Werth der Oscillationszahl unanfechtbar.

Jedoch soll damit nicht geläugnet werden, daß es außerdem noch von Interesse ist, jene beiden einzelnen Glieder einer statistischen Reihe zu ermitteln und hervorzuheben, welche das überhaupt beobachtete Maximum und Minimum darstellen. Thut man dieß, so gibt man außer dem in der Oscillationszahl enthaltenen Maß der durchschnittlichen Schwankungen auch noch die äußerste Grenze nach Oben und Unten an, innerhalb welcher sich diese Schwankungen bewegen. Wir hätten demgemäß in dem obigen Beispiel den Geburtendurchschnitt $5000^{1,8}$ für die Stadt A durch den Beisatz: „Maximum 5200, Minimum 4800", jenen von 5000^{40} für die Stadt B durch den Beisatz „Maximum 9000, Minimum 2000" zu ergänzen, wenn wir nicht vorziehen, auch in diesem Falle die Abweichung des Maximums und Minimums in Prozenten des Durchschnittes auszudrücken und demgemäß zu sagen: In A ist der Geburtendurchschnitt $5000^{1,8}$, Maximum 4 Prozent, Minimum 4 Prozent, in B 5000^{40}, Maximum 80 Prozent, Minimum 60 Prozent.

Weiter kann in der zahlenmäßigen Erläuterung des materiellen Werthes einer Durchschnittsberechnung nicht wohl gegangen werden, wenn nicht die Klarheit und Verständlichkeit des Ausdruckes beeinträchtigt werden soll.

Die letzte Gruppe der rechnerischen Operationen, durch welche die statistischen Tabellen für weiteren wissenschaftlichen Gebrauch vorbereitet werden sollen, wird durch die Entwicklung von relativen oder Verhältnißzahlen aus den durch die Erhebung zunächst gewonnenen Reihen von absoluten Zahlen dargestellt. Hier handelt es sich in allen Fällen darum, Zahlenverhältnisse, welche in den primär gewonnenen absoluten Zahlen als umständliche und namentlich für Vergleichungszwecke wenig brauchbare Ausdrücke erscheinen, durch Reduktion auf einfache Zahlenausdrücke, namentlich unter Benützung von Nennern aus dem Dezimalsystem leicht verständlich zu machen. Die Statistik schlägt hiebei nur ein Verfahren ein, welches auch im gewöhnlichen Verkehrsleben Platz greift, wenn beispielsweise die Zinsverpflichtung für verschiedene Darlehen nicht nach den effektiv für jeden Posten erwachsenden Zinssummen, sondern einfach in Prozenten des dargeliehenen Kapitals bestimmt wird.

Im Uebrigen lassen sich die statistischen Verhältnißzahlen in zwei Gruppen zerlegen. Die erste Gruppe derselben ist dann gegeben, wenn die Theilzahlen einer statistischen Reihe mit der Gesammtzahl, welche sich für die Reihe ergibt, in leicht faßbarer Weise verglichen werden sollen. Es sei z. B. festgestellt, daß in dem Lande A von 27314 Verbrechen 1900 auf den Juli und 2789 auf den Januar, in dem Lande B dagegen von 76218 Verbrechen 5114 auf den Juli und 7639 auf den Januar getroffen haben. Hienach stellt sich die Rate des Januar an den Gesammtverbrechen des Jahres auf $^{2789}/_{27314}$ beziehungsweise $^{7639}/_{76218}$ und jene des Juli auf $^{1900}/_{27314}$ beziehungsweise $^{5114}/_{76218}$. Hieraus ersehen wir allerdings, daß in beiden Ländern die Verbrechensrate des Januar bedeutend größer ist als jene des Juli. In wie weit aber dabei die Länder A und B sich unterscheiden, können wir aus den angegebenen vier gemeinen Brüchen mit unrundem Zähler und Nenner nicht ohne Weiteres entnehmen. Wohl aber ist Letzteres dann der Fall, wenn wir jene Brüche in solche mit rundem Nenner aus dem Dezimalsystem verwandeln; wenn wir also sagen: die Verbrechensrate des Januar ist 10,2 beziehungsweise 10,0 Prozent und jene des Juli 7,0 beziehungsweise 6,7 Prozent. Im vorliegenden Falle ist die Zahl 100 als runder Nenner gewählt. Wir können mit gleichem Rechte die Gesammtzahl, deren Theilzahlen leicht vergleichbar dargestellt werden sollen, der Einheit, der Zahl 10, der Zahl 1000, 10000 u. s. w. gleichsetzen. Am häufigsten aber wird allerdings die Zahl 100 oder die Klarstellung des relativen Gewichtes der Theilzahlen durch die sogenannten Prozentzahlen gewählt, so zwar, daß mißbräuchlich von Prozentberechnung selbst dann geredet wird, wenn eine andere runde Zahl als 100 den gemeinsamen Nenner bildet. Richtiger spricht man in solchen

Fällen von Promille-, Prodezemmille-Berechnungen u. s. w. Daß die Prozentberechnung im engeren Sinne des Wortes besonders häufig gewählt wird, hat übrigens einen guten Grund. Die Zahl 100 ist im Allgemeinen für Vergleichung von Theilzahlen mit der Gesammtzahl weder zu klein noch zu groß. Nur dann, wenn eine sehr lange Reihe von Theilzahlen sehr verschiedener Größe in Frage ist, empfiehlt es sich die Reduktion nicht auf 100, sondern auf 1000 und 10000 vorzunehmen. Man könnte zwar einwenden, daß es für die Vergleichung indifferent sei, ob man die eine oder andere Zahl des Dezimalsystemes wähle, weil dieß schließlich nur einer Versetzung des Komma an den gefundenen Dezimalbrüchen gleichkomme. Dem ist jedoch entgegenzuhalten, daß das Publikum, dessen Abneigung gegen Zahlreihen ohnedieß groß genug ist, thatsächlich vor denselben noch mehr abgeschreckt wird, wenn es gar keine Ganzen mehr, sondern nur Zehntel oder wohl gar nur Hundertel und Tausendel in Dezimalbruchform findet.

Die zweite Gruppe der statistischen Verhältnißzahlen liegt dann vor, wenn es sich nicht, wie bisher, um Vergleichung von Theilzahlen mit der Gesammtzahl, sondern um *Vergleichung von Zahlen, welche verschiedene Erhebungen ergeben haben*, handelt, wenn also beispielsweise die Geburtenzahl mit der Bevölkerung, oder diese mit dem Areal verglichen werden soll. Auch hier wird die Berechnung in der Art durchgeführt, daß die eine der Vergleichszahlen = 1, 10, 100, 1000 u. s. w. gesetzt und danach die andere berechnet wird. Am gebräuchlichsten ist die Prozentberechnung und die Reduktion auf die Einheit der zu vergleichenden Thatsachenerscheinungen. Wenn z. B. das Land A bei 20 314 716 Einwohnern 818 162 Geburten aufweist, so berechnen wir hieraus 4,03 Geburten auf 100 Einwohner oder 24,95 Einwohner auf eine Geburt. Beide Berechnungsarten sind richtig; in neuerer Zeit jedoch gibt man der ersteren den Vorzug. Bei ihr bleibt nämlich das Fallen und Steigen der Verhältnißzahlen in Uebereinstimmung mit der Ab- und Zunahme der beobachteten Erscheinung (im vorliegenden Falle der Geburtenfrequenz). Bei der zweiten Art der Berechnung dagegen steigt die Verhältnißzahl, wenn die Erscheinungshäufigkeit abnimmt und fällt dagegen, wenn sie zunimmt. Im gegebenen Beispiele wird die Zahl größer, wenn die Geburten abnehmen und umgekehrt. Dieß wirkt einigermaßen störend bei der Durchsicht statistischer Tabellen und hat sich deßhalb der statistische Congreß im Haag mit Recht für die erste Berechnungsart ausgesprochen. Hienach sollen in erster Linie bei statistischen Vergleichen die Zahlen, welche als Vergleichsmaterial dienen, auf runde Ausdrücke gebracht, nicht aber die Berechnungen für die Einheit der zu vergleichenden Thatsachenerscheinungen selbst angestellt werden.

Mit der Beobachtung der gesellschaftlichen Thatsachen, der Darstellung der gewonnenen Ergebnisse in Tabellenform und der weiteren rechnerischen Bearbeitung des Tabellenwerkes ist die Aufgabe der Statistik noch nicht erschöpft. Es bleibt vielmehr noch eine weitere Arbeit übrig, welche der statistischen Forschung eigentlich erst ihren vollen wissenschaftlichen Gehalt verleiht. Wenn das durch die Erhebung selbst gewonnene Material nur der Rohstoff der Statistik ist, so erscheint das Tabellenwerk gewissermassen als das Halbfabrikat, aus welchem erst durch weitere Arbeit das vollendete wissenschaftliche Produkt zu gewinnen ist. Diese weitere wissenschaftliche Arbeit liegt in dem Nachweise von Gesetzmäßigkeiten und Regelmäßigkeiten in den Massenerscheinungen gesellschaftlicher Thatsachen. Allerdings sind dem Gesellschaftsleben solche Gesetze fremd, wie sie die Naturgesetze im strengsten und engsten Sinne des Wortes sind. Die gesellschaftlichen Erscheinungen zeigen ein nach Ort und Zeit vielfach verschiedenes subjectives Gepräge, welches dem Naturgesetze im strengen Sinne des Wortes fehlt. Doch gibt es auch auf dem Gebiete der Natur Erscheinungen, welche in dieser Hinsicht mit den gesellschaftlichen Thatsachen viel Aehnlichkeit haben, und bei welchen deßhalb auch nicht gerade wirkliche Gesetze, aber doch sehr wichtige Gesetzmäßigkeiten und Regelmäßigkeiten nachgewiesen werden können. Die meteorologischen Vorgänge gehören entschieden hieher. Es ist übrigens ein ziemlich müßiger Wortstreit, ob man von statistischen „Gesetzen" oder nur von „Gesetzmäßigkeiten" und „Regelmäßigkeiten" sprechen dürfe. Ist eine Regelmäßigkeit oder Gesetzmäßigkeit constant so groß, daß in einem gegebenen Falle unter gleichen Verhältnissen die Wiederkehr einer gleichen Erscheinung mit höchster Wahrscheinlichkeit erwartet werden muß, so darf man — wenn auch nicht mathematische Gewißheit gegeben ist — von einem statistischen Gesetze reden, während allerdings bei geringeren Graden der Wahrscheinlichkeit ein bescheidenerer Ausdruck am Platze ist.

In allen Fällen handelt es sich bei der Statistik nicht um Gesetze des Sollens, sondern um Gesetze des Seins und Gewordenseins. Die Gesetze, deren Ergündung als die feinste Arbeit auf dem Gebiete der Statistik erscheint, sind nicht aprioristische, sondern Erfahrungsgesetze. Sie sollen den Nachweis der von den Zufälligkeiten der concreten Einzelerscheinung losgelösten Gesammterscheinung in ihrer regelmäßigen Entwicklung liefern. Die statistischen Gesetze sind nichts Anderes als die kurzen allgemeinen Formeln für die scheinbar unerfaßliche Mannigfaltigkeit der Erscheinungen und der Wechselwirkungen von Erscheinungen im Gesellschaftsleben. Die weiteren Abschnitte dieses Buches haben vorzugsweise die

Aufgabe, eine Zusammenstellung statistischer Gesetze im engeren und weiteren Sinne zu bieten; es wird deßhalb genügen, hier ein Beispiel in Kürze zu berühren. Kaum Etwas ist für den Einzelnen so ungewiß als die Zeit des Eintrittes seines eigenen Todes. Die mannigfaltigsten Ursachen wirken hier bestimmend ein, und vielfach ist der wirkliche Eintritt des Todes die Folge blinden Zufalles. Vergebens würde man daher dem einzelnen Individuum mit einiger Aussicht, das Richtige zu treffen, die Zeit seines Todes zu prophezeien versuchen. Wenn aber an die Stelle des Individuums die Masse gesetzt wird, ändert sich die Sache. Wohl bleibt auch dann für den Einzelnen noch der scheinbare Zufall, aber aus der Zusammenfassung der massenhaften und scheinbar ungeordneten Einzelheiten gestaltet sich ein Spiegelbild regelmäßiger Entwicklung. Auf Grund allgemeinster Erfahrung können wir ganz bestimmt sagen, daß eine Generation — z. B. 100 000 — Geborener bis zum zweiten Lebensjahre bereits namhafte Verluste erlitten haben muß, und daß es geradezu unmöglich ist, daß die vollen 100 000 Geborenen etwa das zehnte Lebensjahr erreichen. Weitere Beobachtungen zeigen dann eine mehr oder minder überall auftretende Regelmäßigkeit in der größeren oder geringeren Quote, welche ein Geburtscontingent von Jahr zu Jahr mit fortschreitendem Alter verliert, bis endlich nur noch vereinzelte Ruinen übrig sind, die dann auch ihrerseits bald dem Tode anheimfallen. Was für das einzelne Individuum unergründlich ist, wird für die Masse eine regelmäßige unschwer erkennbare Erscheinung. Der Tod, der dem Einzelnen im normalen Falle mit gar keiner Verlässigkeit auf einen bestimmten Termin prophezeit werden kann, bewegt sich für die Masse auf der ziemlich genau erkannten Bahn der Mortalitätsgesetze.

Diese Regelmäßigkeit in den Massenerscheinungen bei scheinbar voller Unregelmäßigkeit des Einzelnen ist übrigens nicht bloß dem Gesellschaftsleben der Menschen eigen, sondern eine viel allgemeinere Thatsache insbesondere auch auf dem Gebiete der Naturerscheinungen. Eines der einfachsten Beispiele, welches hiefür angeführt werden kann, bietet jeder Schneefall. An welchem Punkte die einzelne Schneeflocke den Erdboden erreicht, scheint vollkommen zufällig zu sein, und doch ist die Schneedecke, die wir nach einem durch keinen Sturmwind gestörten Schneefalle finden, auf weiter Fläche von gleicher Mächtigkeit. Nie werden wir in einem solchen Falle finden, daß einzelne Quadratmeter stark beschneit, andere dagegen schneefrei sind. Nicht anders geht es im Gesellschaftsleben der Menschen. Man sieht hier offenbar, daß gleicher Wahrscheinlichkeit von einem gegebenen Ereignisse betroffen zu werden, auch thatsächlich die gleiche Intensität des wirklichen Eintrittes dieses Ereignisses entspricht. Als man dieses einfache Gesetz zuerst im Gesellschaftsleben der Menschen und zumal bei den willkürlichen Handlungen derselben entdeckte, war man überrascht, weil die herkömmliche Vorstellung von der Freiheit des Willens damit nicht vereinbar war. Bei näherer Ueberlegung der Sache aber mußte man sich sagen, daß gerade diese Regelmäßigkeit der Massenerscheinungen das Naturgemäße und Selbstverständliche sei, und daß man umgekehrt über Regellosigkeit derselben sich zu wundern hätte. Ist die gleiche Wahrscheinlichkeit für ein Ereigniß gegeben, so ist der gleichartige Eintritt desselben das Naturgemäße. Bei der Fläche, welche dem Schneefall ausgesetzt ist, besteht für die benachbarten Quadratcentimeter gleiche Wahrscheinlichkeit der Schneebedeckung, gerade wie etwa für verschiedene Bevölkerungsgruppen, die unter gleichen natürlichen und sozialen Verhältnissen leben, dieselbe Wahrscheinlichkeit der Verluste durch den Tod besteht. Sind die Wahrscheinlichkeitsgrade von vorneherein verschieden, dann trifft man auch die Gleichmäßigkeit der Ereignisse nicht an. Weht ein heftiger Wind, dann ist die Schneebedeckung für die gegen den Wind geschützten Stellen wahrscheinlicher, als für jene, welche ihm ausgesetzt sind, gerade wie die Mortalität unter den niedrigen in ungünstigen Verhältnissen befindlichen Volksklassen größer ist, als unter der wohlhabenden in gesunden Quartieren lebenden Bevölkerung. Für eine bestimmte Straßenstrecke einer Stadt ist zu einer gegebenen Tagesstunde unter gleichbleibenden Verhältnissen ein gleich starker Straßenverkehr zu erwarten. Ohne äußeren Grund werden weder alle Bewohner der Stadt zu jener Zeit die Straße meiden noch sie insgesammt aufsuchen, es wird vielmehr eine annähernd gleiche Zahl von Tag zu Tag erscheinen. Tritt aber ein außerordentliches Ereigniß ein, z. B. ein Festzug, der sich durch jene Straße bewegt, so ist es aus mit der Regelmäßigkeit. Gerade wie mit dem Schneefall und mit dem Straßenverkehr, so steht es mit den Vorgängen im gesellschaftlichen Leben und insbesondere auch mit den Willenshandlungen des Menschen. Doch breche ich in der weiteren Verfolgung dieser Gedanken hier ab, weil sie erst bei der Erörterung des moralstatistischen Materiales eingehendere Würdigung finden werden.

Nur darauf möchte ich noch besonders aufmerksam machen, daß bei allen statistischen Gesetzen die Abstraktion vom Individuum als solchem nothwendig ist. Der Mensch kommt hier nur als Bruchtheil der Gattung in Betracht. Für diesen Bruchtheil gelten die statistischen Gesetze, für das Individuum sind sie ein Phantom. So wenig das einzelne Individuum gerade bei erreichtem mittlerem Lebensalter stirbt, ebensowenig begeht der Einzelne gerade die Quote der Verbrechen, welche ihn nach der allgemeinen Criminalitätsrate treffen würde. Bei der Uebersetzung der abstrakten statistischen Gesetze in die concreten Vorgänge im Leben des Einzelnen walten Glück und Unglück, Wollen und Nichtwollen der Einzelnen in mannigfaltig schwankender Weise, ohne freilich das Gesammtresultat viel zu ändern. Die statistischen Gesetze verlangen ihre Opfer; nur die Individuen, die zum Opfer fallen sollen, sind nicht von vorneherein bestimmt; findet sich nicht das Eine, so findet sich das Andere.

Eine der wichtigsten Strebungen der modernen Statistik geht nach der Erkenntniß des sogenannten „mittleren Menschen" in physischer und geistiger Beziehung. Dieser mittlere Mensch existirt in Wahrheit nicht; er wäre nur, falls die Statistik es jemals erreichen würde, ihn genau zu bestimmen, die allgemeine Formel für die millionenfach verschiedene Individualerscheinung der Spezies Mensch. Je mehr sich eine Beobachtung auf Massen von gesellschaftlichen Erscheinungen erstreckt, je mehr sie also den streng statistischen Charakter trägt, um so wahrscheinlicher ist es, daß sie zur Ergründung von Gesetzmäßigkeiten im Gesellschaftsleben führt, wenn auch selbstverständlich das gefundene Gesetz für das Individuum keineswegs als unabänderliches Fatum erscheint. Daß Massenbeobachtungen nöthig sind, nennt man mit einem etwas eigenthümlichen Ausdruck das „Gesetz der großen Zahl". Das Wesen dieses Gesetzes hat schon Süßmilch, der Verfasser der um die Mitte des vorigen Jahrhunderts erschienenen „Göttlichen Ordnung in den Veränderungen des menschlichen Geschlechtes, aus der Geburt, dem Tode und der Fortpflanzung desselben erwiesen" vortrefflich erkannt, wenn er in der Ueberschrift zu §. 15 des ersten Kapitels sagt: „Eine besondere Eigenschaft dieser Ordnung wird gezeigt, indem sie sich durch die Unordnungen im Kleinen verbirgt, und nicht anders als durch große Sammlungen der Listen von vielen kleinen Oertern und Jahren hat können an das Licht gebracht werden; Ursache, weßhalb sie den alten Naturforschern unbekannt geblieben."

Die statistischen Gesetze können in zwei Gruppen zerlegt werden. Sie sind nämlich entweder Zustands- und Entwicklungsgesetze oder Causalitätsgesetze.

Zustands- und Entwicklungsgesetze liegen dann vor, wenn das typische Ergebniß aller Ursachen nachgewiesen wird, welche die Gestaltung einer bestimmten Thatsachenerscheinung bedingen. Bildet eine für sich abgeschlossene Thatsachengruppe den Gegenstand der Beobachtung, so haben wir es mit einem Zustandsgesetze zu thun; steht dagegen eine Succession von Thatsachen gleicher Art in Frage, so sind Entwicklungsgesetze festzustellen. Das Gesetz der Betheiligung der verschiedenen Geschlechter und Altersklassen am Verbrechen ist ein Zustandsgesetz. Handelt es sich dagegen um das Mortalitätsgesetz, d. i. um den Nachweis des allmäligen Absterbens einer Generation von Geborenen oder schon in bestimmtem Alter Stehenden, so liegt ein Entwicklungsgesetz vor.

Causalitätsgesetze sind jene, durch welche nachgewiesen wird, daß zwei verschiedene statistisch festgestellte Thatsachenerscheinungen im Verhältniß von Ursache und Wirkung zu einander stehen. Ein statistisches Causalitätsgesetz ist es also beispielsweise, wenn ein constanter Zusammenhang zwischen den Getreidepreisen und der Criminalität nachgewiesen werden kann.

Beide Arten der statistischen Gesetze finden sich, wie bereits angedeutet wurde, sowohl bei den von menschlichen Willenshandlungen unabhängigen Erscheinungen als insbesondere auch bei willkürlichen Handlungen. Gerade das Studium der Gesetze, welche die letzteren beherrschen, ist vom höchsten allgemeinen Interesse. Hier hat die Statistik unzweifelhaft eine ganz neue Grundlage für die richtige Erkenntniß des „freien Willens" geschaffen.

Nachdem im Vorstehenden die drei Stufen der statistischen Forschung geschildert sind, erübrigt noch ein Blick auf die Darstellungsmittel der Statistik. Käme hiebei nur die Zahl und das Wort in Betracht, so wäre dieß kaum nöthig; denn diese Darstellungsmittel hat die Statistik mit vielen anderen Disciplinen gemein. Außer Zahl und Wort aber bricht sich in der neueren Zeit auch die graphische Darstellung statistischer Ergebnisse mehr und mehr Bahn. Diese dient vorzugsweise der Popularisirung der Statistik und verdient deßhalb an dieser Stelle eine besonders eingehende Berücksichtigung.

Vorerst aber möge noch in Kürze der Zahl und des Wortes als Darstellungsmittel der Statistik gedacht sein. Die Zahl ist die ursprünglichste Erscheinungsform der Statistik; sie muß vor Allem da sein; denn ohne Zahl gibt es keine Statistik im modernen Sinne des Wortes. Die Zahlen selbst aber erscheinen nicht in buntem Gewirr, sondern in der wohlgeordneten Form der Tabelle. Die Tabelle gibt die quantitativen Resultate der Massenbeobachtung in genauer und übersichtlicher Gruppirung nach inneren und äußeren Eintheilungsgründen. Die tabellarische Form ist vom lesenden Publikum mehr als billig gehaßt. Dieß rührt wohl davon her, daß die Tabelle concentrirtes Denken erfordert, während vom Publikum das durch die Phrase verwässerte Denken vorgezogen wird.

Daß die Wissenschaft der Statistik das Wort nicht entbehren kann, ist einleuchtend. Wenn die Worterläuterung überhaupt als „Darstellungsmittel" der Statistik hier erwähnt wird, so hat dieß nur darin seinen Grund, daß man früher vielfach, namentlich in den Kreisen der amtlichen Statistiker der Meinung war, die Statistik solle und dürfe nur Zahlen und nichts Weiteres darüber hinaus produziren. Heute gibt es kaum mehr Jemand, der ernsthaft diese beschränkte Auffassung theilt.

Als man eben erst anfing amtliche statistische Tabellen zu veröffentlichen, da konnte man sich noch dem Wahne hingeben, die Privatwissenschaft werde sich alsbald mit besonderem Enthusiasmus auf das gebotene Zahlenmaterial werfen und es nach den mannigfaltigsten Richtungen verwerthen. Die Zeit hat die amtlichen Statistiker von diesem Wahne bald geheilt; denn es zeigte sich, daß die Statistik, die nur Zahlen brachte, ein todtes Kind war. Der Statistiker, welcher die Erhebung geleitet und die Tabellenaufstellung vorgenommen hat, ist zuerst verpflichtet seine Zahlen wissenschaftlich zu benützen und selbst auch Kritik an denselben zu üben. Das aber ist selbstverständlich ohne Worterläuterung nicht möglich. Wenn sich der Statistiker selbst in das Zahlenmeer, welches er veröffentlicht, nicht hineinwagt, darf er sich nicht wundern, wenn der Laie, wenig vertraut mit den Klippen und Untiefen dieses Meeres, von Anfang an vor demselben zurückschaudert und die ihm gebotenen Zahlenreihen keiner weiteren Beachtung würdigt.

Eingehendere Erläuterung als Zahl und Wort bedarf die graphische Darstellung.

Die graphische Methode umfaßt sowohl die einfachen geometrischen Veranschaulichungen der statistischen Zahlen — die Diagramme — als auch die Darstellung statistischer Verhältnisse auf der Landkarte — die Kartogramme. Diese beiden Arten der graphischen Darstellung sind von einander wesentlich verschieden; es empfiehlt sich deßhalb, sie hier einer gesonderten Besprechung zu unterziehen.

I. **Diagramme**. Für die geometrische Veranschaulichung statistischer Zahlen kommen in Betracht: der Punkt, die Linie, die Fläche, der Körper.

1. Der Punkt. Der Punkt als solcher hat für die reinen Diagramme kaum eine Bedeutung. Da der Punkt überhaupt jedes Größenverhältnisses entbehrt, kann durch

denselben nichts Anderes als die Einheit der statistischen Zahlen dargestellt werden. Es müßten also, wenn absolut ein Diagramm in Punkten hergestellt werden sollte, so viele Punkte gemacht werden, als die betreffenden statistischen Zahlen Einheiten enthalten. Dieß würde nicht einmal bei kleinen Zahlen eine klare Veranschaulichung bieten, zumal für das Punkt-Diagramm eine bestimmte Gruppirung der Punkte in regelmäßiger Vertheilung auf Linien oder Flächen nicht veranlaßt wäre. Durch eine solche Anordnung würde vielmehr indirekt ein Linien- oder Flächen-Diagramm hergestellt, und es bliebe im Wesentlichen nur die Technik der Punktirung. Diese aber darf mit dem Punkt-Diagramm nicht verwechselt werden. Bei ihr dient der Punkt nicht zur quantitativen Veranschaulichung, sondern nur als Mittel der Unterscheidung von Flächen. Die Punktirung concurrirt hier einfach mit der Schraffur und der Farbe.

Die Unbrauchbarkeit des Punktes für die statistische Graphik bezieht sich übrigens nur auf die „reinen" Diagramme. Tritt zu dem Diagramme die topographische Darstellung, verbinden sich mit anderen Worten Diagramm und und Kartogramm, dann gewinnt auch der Punkt Bedeutung für die statistische Graphik, wie unten näher nachgewiesen werden soll.

2. Die Linie. Die Linie findet bei Diagrammen in zweierlei Weise Verwendung, erstens als Gerade von differenter Länge (Fig. 1a), zweitens als Verbindungslinie der Endpunkte von solchen Geraden (Fig. 1b).

Daß im ersten Falle nur gerade Linien gewählt werden, empfiehlt die Rücksichtnahme auf die Klarheit der Darstellung. Aus dem gleichen Grunde wird man parallele und zwar rechtwinkelig auf einer Grundlinie errichtete Gerade wählen.

Die folgende Figur 1 enthält Muster solcher Linien-Diagramme.

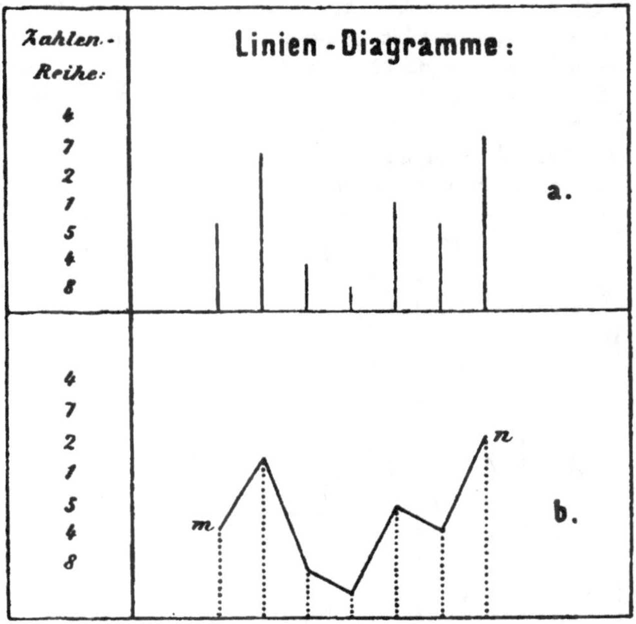

Figur 1.

Im Uebrigen ist nicht zu verkennen, daß die Darstellungsweise, nach welcher Gerade von verschiedener Größe ohne Verbindungslinie neben einander gestellt werden, der Anschaulichkeit entbehrt und geradezu störend auf das Auge wirkt. Dieses irrt unstät zwischen den in verschiedener Höhenlage befindlichen Endpunkten der Geraden umher und entbehrt sehr schwer die leitende Verbindungslinie zwischen diesen Endpunkten. Anders liegt die Sache, wenn statt der Linien Flächen, welche sich berühren, an einander gereiht werden.

Hier findet das Auge einerseits durch die Breitenausdehnung der einzelnen Flächen die erforderliche Ruhe und andererseits durch die aus der Berührung der differenten Flächen sich bildende Staffellinie die wünschenswerthe Leitung. Ueberdieß bieten in der Aneinanderreihung die Flächen vor den Linien den großen Vorzug, daß weitere Unterscheidungen der zur Darstellung bestimmten Gesammtquantitäten bei denselben viel deutlicher und technisch leichter ersichtlich gemacht werden können. Die Linie verträgt viel weniger leicht die Unterscheidung durch

Zahlen-Reihen: Im Ganzen	hievon: a	b	c
10	5	3	2
12	7	4	1
15	12	2	1
10	6	2	2
8	3	3	2
5	1	1	3

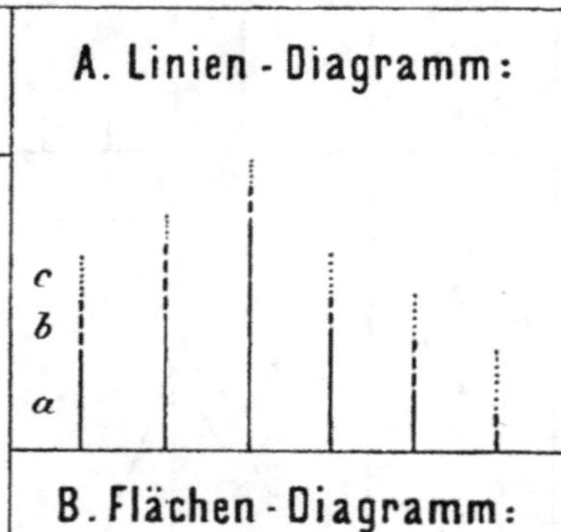

Figur 2.

mannigfaltige Schraffuren und Farben als die Fläche. Selbst bei einfacher technischer Durcharbeitung ist dieß beispielsweise aus einer Vergleichung von Figur 2 A und B ersichtlich.

Hienach erscheint die bloße Nebeinanderstellung von Geraden verschiedener Länge als Linien-Diagramm nicht geeignet. Dagegen ist dieß allerdings der Fall bezüglich der anderen Art der Linien-Diagramme, welche als die Verbindungslinien von Endpunkten differenter Geraden erscheinen. Solche Linien-Diagramme, welche häufig, wenn auch nicht immer mit mathematischer Berechtigung als „Curven" bezeichnet werden, sind vielfach und in zweckmäßiger Weise angewendet worden und werden auch stets ein wichtiges Hilfsmittel der statistischen Graphik bleiben.

Der Vorzug dieser Art von linearen Diagrammen liegt vor Allem darin, daß sie dem Auge eine einfache und sichere Leitung bei der Verfolgung der auf- und absteigenden Zahlenverhältnisse bieten. Außerdem haben sie den weiteren bedeutenden Vorzug, daß sie von der für die graphische Darstellung bestimmten Fläche nur ein Minimum in Anspruch nehmen und dadurch die Beifügung eines oder mehrerer Vergleich-Diagramme in derselben linearen Darstellung gestatten. Dieß ist beispielsweise der Fall, wenn die Sterblichkeit und Geburtenhäufigkeit zugleich mit den Getreidepreisen und den Temperaturverhältnissen in einem vier Vergleichlinien enthaltenden Diagramme dargestellt werden. Solche vergleichende Linien-Diagramme, welche durch Färbung, sowie durch Punktirung, Brechung und sonstige Musterung der Linien sehr leicht unterscheidbar gemacht werden können, erleichtern das Aufsuchen etwaiger Parallelismen oder Antagonismen zwischen verschiedenartigen Thatsachenerscheinungen ganz außerordentlich. Sie sind deßhalb nicht bloß als Illustrationen statistischer Zahlen für die Consumenten der Statistik, sondern auch zur Erleichterung vergleichender Forschung für die Produzenten der Statistik von Interesse.

Die Linien-Diagramme der eben erwähnten Art sind vorzugsweise da am Platze, wo es sich darum handelt, einfache kein innerlich wechselndes Gefüge enthaltende und in gleichmäßigen Abschnitten sich bewegende Glieder statistischer Zahlenreihen zu veranschaulichen, z. B. zur Darstellung der Preisgeschichte bestimmter Waaren, der jährlichen Bewegung der Zahl der Sterbfälle, Verbrechen u. s. w.

Eine Schattenseite der Linien-Diagramme ist es, daß kein festes inneres Verhältniß zwischen der Breite und der Höhe

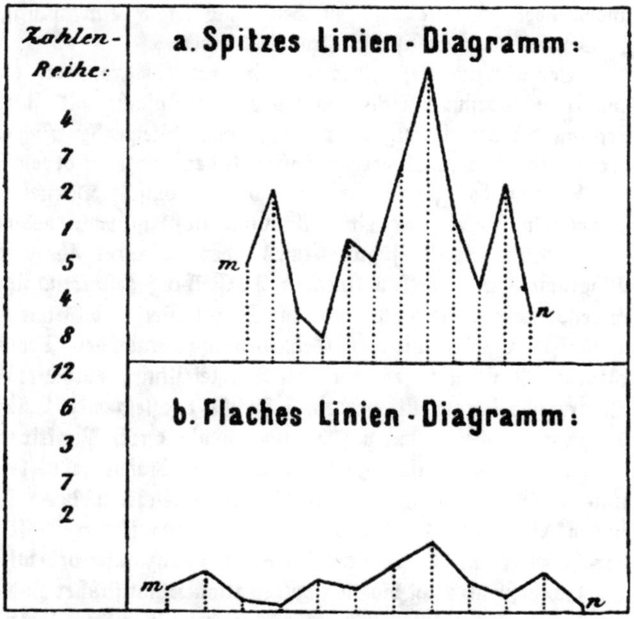

Figur 3.

der Gesammtdarstellung gegeben ist. Es ist vollkommen willkürlich, wie weit die Distanz der Geraden, welche selbst oder durch Verbindung ihrer Endpunkte zur Darstellung gewählt werden, genommen wird. Eben so willkürlich ist die effektive Höhe dieser Geraden. In ersterer Hinsicht wird nur die Gleichheit der zuerst willkürlich bestimmten Distanz und im zweiten Falle die Proportionalität der zuerst gleichfalls willkürlich bestimmten Höhe verlangt. Daraus ergibt sich, daß dieselbe statistische Reihe in einer Anzahl äußerlich einander mehr oder weniger unähnlicher Diagramme dargestellt werden kann. Faßt man die in Verbindungslinien dargestellten Diagramme besonders ins Auge, so ersieht man, wie mit vollkommen gleicher mathematischer Berechtigung ein „spitzes" oder ein „flaches" Linien=Diagramm gewählt werden kann. Figur 3 gibt hiezu ein Beispiel.

Bei der bisherigen Erörterung der Linien=Diagramme ist vorausgesetzt worden, daß eine Gerade die Basis bildet, auf welcher die den Zahlen proportionalen Linien senkrecht errichtet werden. Nothwendig ist aber dieß an sich nicht; es könnte vielmehr eine beliebige Curve als Basis gewählt werden. Freilich würde dann die Anschaulichkeit der Darstellung sehr leiden, so daß in der Praxis die Gerade immer die Oberhand behalten wird. Nur eine andere Art von Linien, nämlich die Kreislinie, kann unter besonderen Verhältnissen einigen Anspruch auf Beachtung machen. Zur Darstellung von Verhältnissen, welche thatsächlich einen Kreislauf darstellen, kann das in den Kreis gezeichnete Linien=Diagramm mit einiger Berechtigung angewendet werden. Solches ist beispielsweise der Fall, wenn die Sterblichkeit nach Monaten nicht für ein einzelnes Kalenderjahr, sondern nach dem Durchschnitte einer Jahresreihe darzustellen ist. In diesem Falle steht thatsächlich der Januar dem Dezember eben so nahe wie dem Februar, was nur bei der Darstellung im Kreise, nicht aber auf der Basis einer Geraden zu erreichen ist. Bruchtheile der Radien, vom Mittelpunkte oder von der Peripherie aus gemessen, stellen die Geraden dar, deren Größe den

Zahlenergebnissen proportional ist. Auch können Verlängerungen der Radien über die Peripherie hinaus hiezu benützt werden. Zweckmäßig wird auch hier die lineare Verbindung der Endpunkte der betreffenden Geraden vorgenommen.

Beispiele von Linien-Diagrammen im Kreise sind in der folgenden Fig. 4 gegeben. Bei a und c bildet der Mittelpunkt, bei b und d die Peripherie den Ausgangspunkt der

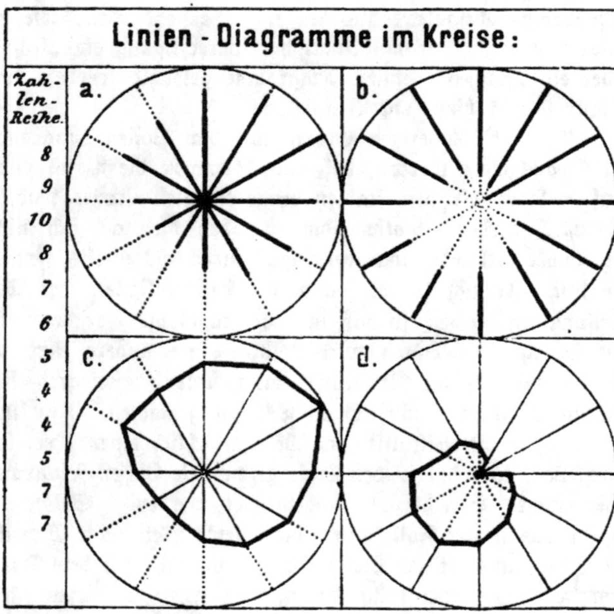

Figur 4.

Geraden, welche als Radientheile von differenter Größe die Zahlenverschiedenheiten der statistischen Reihe darstellen. Bei a und b ist die Veranschaulichung lediglich durch die differente Größe der Radientheile versucht. Bei c und d tritt die Verbindungslinie zwischen den Endpunkten dieser Geraden hinzu.

3. Die Fläche. Das Punkt-Diagramm kommt für die statistische Graphik kaum in Betracht und das Linien-Diagramm ist, wie aus der bisherigen Darstellung hervorgeht, nur unter gewissen Voraussetzungen zulässig. Hienach bleibt für alle übrigen statistischen Verhältnisse, soweit sie überhaupt zweck-

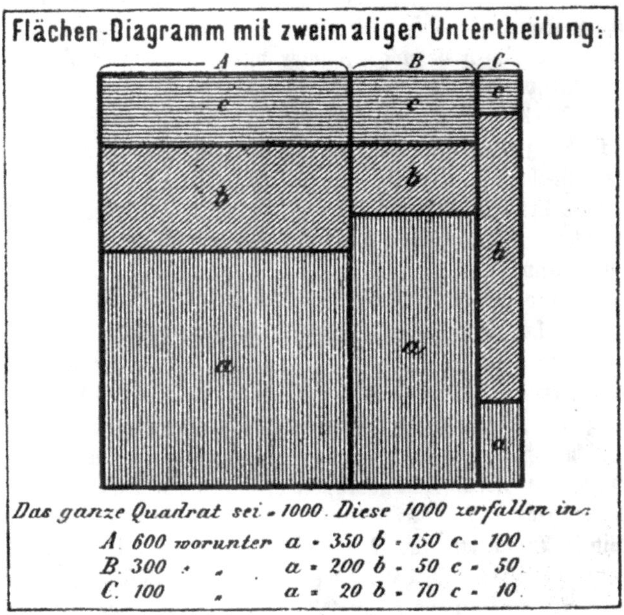

Figur 5.

mäßig durch Diagramme dargestellt werden, nur das Flächen-Diagramm, da das Körper-Diagramm, wie unten nachgewiesen werden wird, nur ganz ausnahmsweise zur Anwendung gelangen kann und insbesondere für die statistische Literatur ohne Bedeutung ist.

Ein wesentlicher Vorzug des Flächen-Diagrammes liegt, wie schon bei der Kritik des Linien-Diagrammes angedeutet wurde, darin, daß es die genaue Darstellung des inneren Gefüges der statistischen Verhältnisse gestattet. Doch darf das in der Darstellung zu unterscheidende Detail nicht zu mannigfaltig sein, sonst tritt hier derselbe Mißstand zu Tag, wie bei Linien-Diagrammen, in welchen sich zu viele Vergleichslinien kreuzen.

Die Voraussetzungen, unter welchen Flächen-Diagramme zweckentsprechend erscheinen, sind folgende.

Es dürfen nur einfache Figuren gewählt werden. Für einzelne Gesammtthatsachen, deren Untertheilung darzustellen ist, empfiehlt sich die Anwendung von Quadraten, welche den Untertheilungen entsprechend in Rechtecke zerlegt werden. Fig. 5 enthält das Muster eines Flächen-Diagrammes mit zweimaliger Untertheilung.

Sollen mehrere statistische Thatsachen einer graphischen Vergleichung mittelst Flächen-Darstellung unterzogen werden, so erscheint die Anwendung von Rechtecken am geeignetsten. Hiezu können Rechtecke mit gleicher Basis und verschiedener Höhe oder Rechtecke mit verschiedener Basis und gleicher Höhe gewählt werden. Die erste dieser Darstellungsweisen ist die anschaulichere, wie aus einem Blick auf Fig. 6 hervorgeht. Sie zeigt eine nahe Verwandtschaft mit dem Linien-Diagramm und kann dasselbe überall ersetzen, mit besonderem Vortheile dann, wenn es darauf ankommt, statistische Untergliederungen zur Darstellung zu bringen. Diese Art der Flächen-Diagramme wird deßhalb in der Praxis viel angewendet. Wünschenswerth und das Detailstudium dieser Diagramme wesentlich fördernd ist es, wenn je ein Quadrat des Netzes, in welches die aufrechtstehenden Rechtecke eingezeichnet werden, der Einheit oder einem in das Dezimalsystem fallenden Vielfachen der dargestellten statistischen Verhältnisse entspricht.

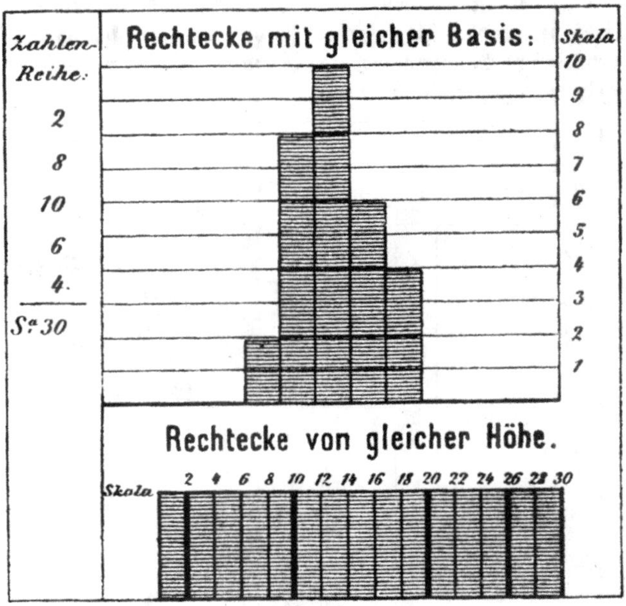

Figur 6.

Andere Figuren als Rechtecke können bei den Flächen-Diagrammen nur ausnahmsweise Verwendung finden.

Was zunächst die Dreiecke betrifft, so könnten sie in Reihen statt der auf einander folgenden Rechtecke mit gleicher Basis angewendet werden, da sie sich ihrem Flächeninhalte nach wie diese Rechtecke verhalten. Allein eine Probe (Fig. 7) zeigt, daß die Rechtecke doch anschaulicher sind und daß die richtige Schätzung der Höhe bei den Dreiecken durch das spitze Zulaufen der Linien und die ungleichen Winkel einigermaßen erschwert wird. Die größten Bedenken aber ergeben sich gegen die Reihen von Dreiecken, wenn die Darstellung des inneren Gefüges der statistischen Thatsachen in Betracht kommt. Während diese bei den Rechtecken höchst einfach und leicht verständlich ist, erfordert sie bei den Dreiecken weitläufige geometrische Berechnungen und erschwert demgemäß die Flächenschätzung ganz außerordentlich.

Zahlen-Reihe:			
Im Ganzen	darunter: a	b	c
10	5	3	2
20	12	7	1
40	30	8	2
20	17	1	2
25	16	6	3

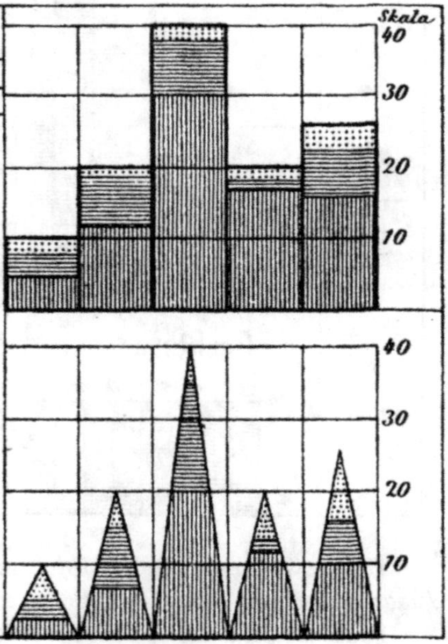

Figur 7.

Zur vergleichenden Darstellung eignet sich hienach eine größere Zahl an einander gereihter Dreiecke nicht sonderlich, dagegen können *einzelne* Dreiecke in *einem* besonderen Falle zur Veranschaulichung einer eigenartig gegliederten Thatsache zweckmäßig angewendet werden. Ein solcher Fall liegt vor, wenn es darauf ankommt, eine qualitativ gewichtige Minorität gegenüber einer wuchtigen Majorität deutlich zum Ausdruck zu bringen. Insbesondere ist dann das Dreieck die zum Diagramm geeignete Figur, wenn die einzelnen Bestandtheile der Gesammtthatsache eine aufsteigende Reihenfolge darstellen, wie dieß z. B. bei der Gesammtfrequenz der Unterrichtsanstalten eines Landes, von den Volksschulen bis zu den Hochschulen hinauf der Fall ist.

Indem bei horizontaler Untertheilung des Dreiecks die Flächen mit der Annäherung an die Spitze eine im Ver-

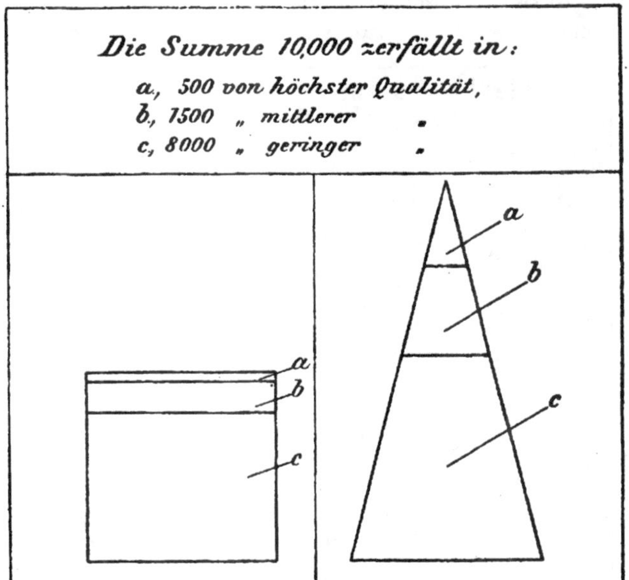

Figur 8.

hältnisse zu ihrem Inhalte immer mehr zunehmende Höhe erreichen, treten die an der Spitze dargestellten statistischen

Verhältnisse besonders scharf hervor, ohne daß die Proportionalität der Flächen beeinträchtigt wird. Würde man dasselbe in einem Quadrat darstellen, so würde die qualitativ bedeutsame aber quantitativ geringe Minorität fast ganz verschwinden. Durch die Wahl des Dreiecks gelingt es der statistischen Graphik in solchen besonderen Fällen etwas mehr als die bloße Umsetzung der Zahlen in Flächengrößen zu erreichen. Als Muster dient Fig. 8, welche zur Vergleichung dieselbe Zusammensetzung einer Gesammtthatsache im Dreieck und im Quadrat darstellt.

Werden Reihen von Rechtecken oder Dreiecken als Diagramme gewählt, so errichtet man sie auf einer Geraden und

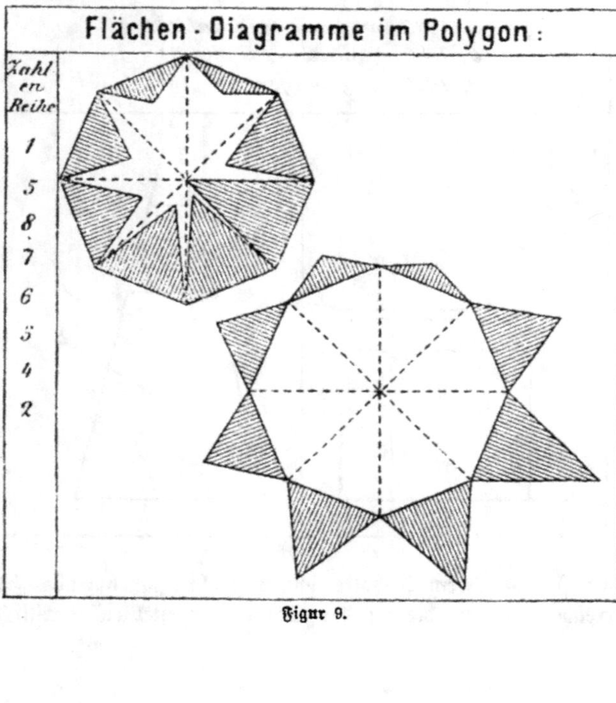

Figur 9.

zwar in der Regel einer Horizontalen. Das Polygon kann nur ausnahmsweise als Grundlage von concentrisch gelagerten oder nach auswärts gekehrten Dreiecken dienen. Innerlich berechtigt ist diese Darstellungsform in denselben Fällen, in welchen das Linien-Diagramm im Kreise gewählt werden kann. Beispiele derselben bietet die Fig. 9.

Kreisflächen zur vergleichenden Darstellung statistischer Verhältnisse anzuwenden, ist nicht zweckmäßig, weil der Kreis trotz seiner Regelmäßigkeit eine nur schwer zu schätzende Flächengröße einschließt. Geeigneter erscheint die Untertheilung des Kreises in Kreisabschnitte zur Darstellung der statistischen Gliederung einer Gesammtthatsache.

In technischer Beziehung ist über die Flächen-Diagramme noch zu bemerken, daß sie die ausgedehnteste Anwendung der Farbe und Schraffur zur Unterscheidung der einzelnen Diagramme und ihrer Theilflächen gestatten. Insbesondere macht es eine vorsichtige Combination von Farbe und Schraffur möglich, mehrfache Verhältnisse in einem Diagramm zum Ausdruck zu bringen. Doch ist hiebei darauf zu achten, daß das Diagramm nicht verkünstelt und unverständlich werde.

4. Der Körper. Wenn es darauf ankommt, statistische Verhältnisse in recht grober Weise zu versinnlichen, kann die Wahl des Körpers als Diagramm zweckmäßig sein, z. B. bei Ausstellungen. Für die Literatur aber kommt diese Art von Diagrammen nicht in Betracht, da man doch nicht wohl den Büchern Schachteln beigeben kann, welche etwa in Holzwürfeln die Statistik zu popularisiren berufen wären.

II. Kartogramme. Das Kartogramm unterscheidet sich dadurch wesentlich vom Diagramm, daß es nicht bloß eine sinnliche Veranschaulichung der in der Tabelle gebotenen Zahlennachweise, sondern darüber hinaus noch etwas Neues enthält, was die Tabelle nicht darstellen kann. Dieses neue Moment, welches sich im Kartogramm zu den Zahlennachweisen der Tabelle gesellt, ist die Vorführung der topographischen Lagerung der statistischen Verhältnisse, welche aus der Tabelle allein in genügender Weise niemals zu entnehmen ist. Die Beigabe von Kartogrammen bildet hienach eine wirkliche Vermehrung, nicht bloß eine anderweitige Form der Veranschaulichung statistischer Aufschlüsse. Der wissenschaftliche Werth des Kartogrammes steht hienach bedeutend höher als jener des Diagrammes.

Da wir unter Kartogramm im weiteren Sinne alle Formen der topographischen Darstellung statistischer Ergebnisse verstehen müssen, so kommen folgende Arten desselben in Betracht.

1. Das Kartogramm, welches sich nur der Punkte zur Veranschaulichung bestimmter statistisch festgestellter Thatsachen bedient. (Punkt-Kartogramm.) Diese primitive Form des Kartogrammes ist im Landkartenwesen schon lange im Brauch und zwar hauptsächlich zur Darstellung des statistischen Beiwerks, vor Allem der Bewohnungsverhältnisse, welches die Landkarte neben der Skizzirung der rein natürlichen Bodenverhältnisse aufweist. Ueberhaupt darf hiebei nicht bloß an den Punkt im streng mathematischen Sinne gedacht werden, es gehören hieher alle sog. Hieroglyphen, d. h. kartographischen Zeichen, welche — ohne quantitative Verhältnisse darzulegen — gewisse einfache Thatsachen bezeichnen. Bemerkenswerth ist, daß in den überlieferten Hieroglyphen der gewöhnlichen Kartographie hie und da Ansätze zu dem topographisch vertheilten Diagramme zu erkennen sind. Dieß gilt namentlich von den Zeichen für die Wohnplätze, insbesondere die großen Städte, welche auch bei den gewöhnlichen Karten in der Regel eine — wenn auch sehr rohe — Größenabstufung nach der Bevölkerungszahl der Wohnplätze aufweisen.

2. Kartogramme, auf welchen statistische Verhältnisse durch bloße Linien zur Anschauung gebracht werden

(Linien-Kartogramme), dürften eine allgemeine Anwendung nicht leicht finden, weil in allen Fällen, in welchen es darauf ankommt, die Größenverhältnisse statistischer Thatsachen in topographischer Lagerung zu veranschaulichen, die Fläche entschieden der Linie vorzuziehen ist. Dagegen macht die gewöhnliche Kartographie von der Linie zur Bezeichnung von Verbindungswegen aller Art (Straßen, Eisenbahnen, Kanälen, Flüssen) ausgedehnten Gebrauch.

3. Die Flächendarstellung ist für die statistische Kartographie von großer Bedeutung. Das Flächen-Kartogramm zerfällt in drei Unterarten: a. Kartogramme mit reinen Flächen-Diagrammen in geographischer Position; b. Kartogramme mit Bändern, welche die räumliche Bewegung von Massen darstellen; c. Kartogramme, auf welchen für die sämmtlichen Abschnitte eines Landstriches statistische Durchschnittsverhältnisse in bestimmter Gruppirung durch Farbe oder Schraffur dargestellt werden.

a. Die Kartogramme mit reinen Flächen-Diagrammen in geographischer Position sind statistisch erweiterte Landkarten gewöhnlicher Art. Die gesellschaftlichen Thatsachen, welche auf der gewöhnlichen Landkarte als Beigabe zur Darstellung der Bodenverhältnisse ohne genaue quantitative Veranschaulichung erscheinen, werden hier scharf begrenzt nach Zahl und Maß vorgeführt.

Da es sich im vorliegenden Falle nur um Vertheilung der oben bereits besprochenen reinen Flächen-Diagramme nach der geographischen Lage handelt, ist über die Technik dieser Art von Kartogrammen nichts Besonderes zu bemerken.

b. Die Kartogramme mit Bändern, welche die räumliche Bewegung von Massen darstellen, sind gewissermassen die statistisch belebten Karten der Verkehrswege. Während die gewöhnliche Landkarte z. B. nur die Richtung einer Eisenbahnlinie andeutet, gibt ein Bänder-Diagramm

Kartogramm mit Bänder-Diagrammen.

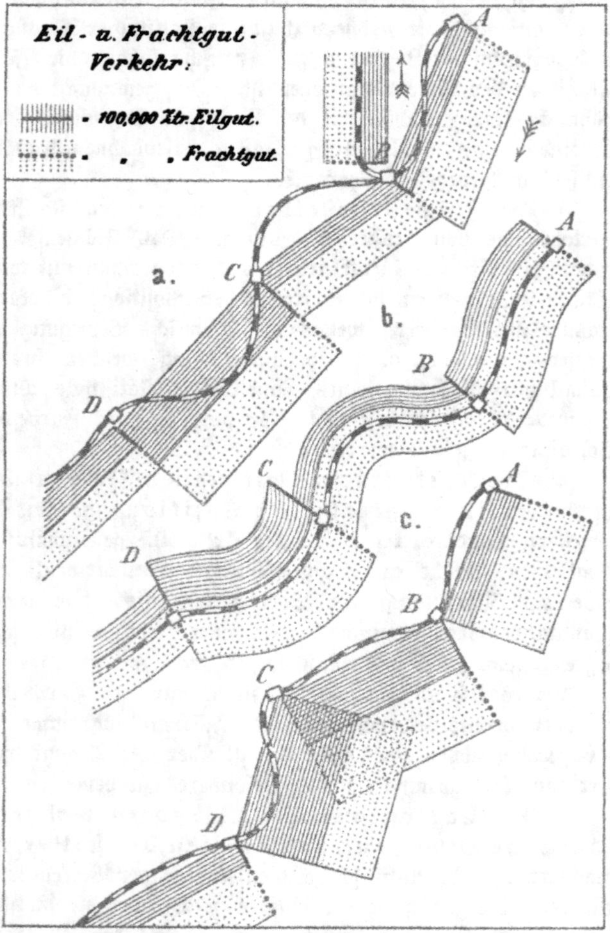

Figur 10.

dazu den quantitativen Nachweis über die beförderten Personen oder Gütermassen. Die Technik dieser Darstellungsweise ist einfach und aus Fig. 10 ersichtlich.

Am Ausgangspunkte des Verkehrs wird eine Linie von beliebiger Breite zur Darstellung der Bewegungsmasse mit etwaiger Untertheilung nach der Art der bewegten Güter gewählt. Jede Mehrung oder Minderung der Transportmasse wird für jede Station durch eine der erstgewählten Linie proportionale Linie eingetragen. Diese für die einzelnen Stationen zu errichtenden Linien sollen möglichst senkrecht auf der Hauptverkehrslinie stehen oder sie durchschneiden. Schließlich erfolgt die Verbindung der einzelnen Stationslinien in der Art, daß Bänder in der Breite der Linie für die jeweils vorhergehende Station bis zur nächsten Linie durch Farbe oder Schraffur gezogen werden.

Mathematisch correct ist dieses Flächen-Kartogramm nur dann, wenn die Verkehrsstraße eine Gerade ist; bei Biegungen derselben entstehen Ungenauigkeiten, indem dann die Flächen nicht mehr dem Produkt aus Bewegungsmasse und Entfernung proportional sind. Will man den Zusammenhang der Bänder aufrecht erhalten, so ist dieser Fehler nicht zu vermeiden, möge man nun die in Fig. 10 a) angewendete Darstellung wählen, welche die Curven zwischen den einzelnen Stationen ignorirt, oder möge man, wie in Fig. 10 b) der Fall ist, das Bänder-Kartogramm genau der Trace des Verkehrsweges folgen lassen. Unterbricht man dagegen bei Krümmungen den Zusammenhang der Bänder, indem man jeweils auf den Linien für die einzelnen Stationen Rechtecke errichtet, deren Höhe durch die Stationsentfernung bedingt ist, dann wird die Darstellung zwar mathematisch richtig, aber die Unterbrechung der Bänder in Verbindung mit dem stellenweisen Uebereinanderlaufen derselben und die gesammte an Diatomaceen-Ketten erinnernde Form des Bildes wirkt äußerst störend (Fig. 10c). Am anschaulichsten ist jedenfalls die in Fig. 10b gewählte Form.

c. Die Kartogramme, auf welchen für die Abschnitte eines Landstriches statistische Durchschnittsverhältnisse in bestimmter Gruppirung durch Farbe oder Schraffur dargestellt werden, dürfen als die statistischen Karten im engeren Sinne bezeichnet werden. Sie sind das wichtigste Hilfsmittel der oben näher besprochenen sogenannten „geographischen Methode“ der Statistik, welche aus der Lagerung statistischer Durchschnittsverhältnisse für kleinere Bezirke die etwa vorhandene Gliederung dieser Verhältnisse nach größeren natürlichen Gebieten zu ermitteln sucht.

Da im vorliegenden Falle die einzelnen geographisch sehr verschiedenartig beschaffenen, insbesondere in Form und Flächengröße wesentlich von einander abweichenden Bezirke die Grundlage der graphischen Darstellung bilden, können nur statistische Durchschnittsverhältnisse in relativen Zahlen in dieser Weise kartographisch dargestellt werden. Hiedurch erlangen die einzelnen ungleichartigen Bezirksflächen die zur statistischen Vergleichung erforderliche Gleichartigkeit. Alle übrigen bisher erörterten Formen von Diagrammen und Kartogrammen sind prinzipiell ebensogut für absolute wie relative Zahlen geeignet.

Wenn die hier in Frage stehenden Kartogramme Werth haben sollen, müssen die dem betreffenden statistischen Verhältnisse angemessenen, durch die Rücksicht auf das Gesetz der großen Zahl bestimmten, kleinsten Gebietsabschnitte gewählt werden. Wichtig ist ferner die Frage der Gruppenbildung. Am richtigsten ist diese dann, wenn zunächst die Differenz des in den Gebietsabschnitten überhaupt vorkommenden Minimums und Maximums ermittelt und diese Differenz durch die Zahl der darzustellenden Gruppen getheilt wird. Hieraus ergibt sich der Umfang jeder Gruppenabstufung.

Ausschnitt aus einem Kartogramm
der
KINDERSTERBLICHKEIT in SÜDDEUTSCHLAND.

Fig. II Zu pag. 91

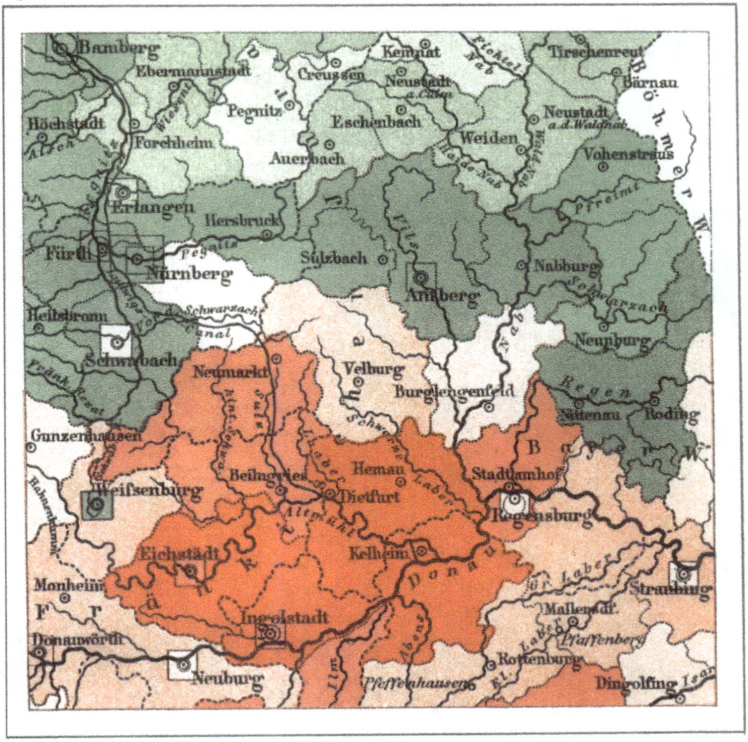

Auf 100 Lebendgeborene treffen im ersten Lebensjahre Gestorbene:

über 15—20	über 35—40
„ 20—25	„ 40—45
„ 25—30	„ 45—50
„ 30—35	„ 50—55

Druck von Wagner & Debes, Leipzig.

In technischer Beziehung steht auch hier die Schraffur und die Farbe behufs Einreihung der einzelnen Bezirke in die gewählten Gruppen zur Verfügung. Die Anwendung der Schraffur allein befriedigt nicht, sobald eine etwas größere Zahl von Gruppen gebildet wird. Bei vier bis fünf Gruppen können leicht ersichtliche Unterschiede der Schraffur gemacht werden; bei acht bis zehn Gruppen sind schon so feine Unterscheidungen nöthig, daß die Klarheit des Bildes getrübt wird. Gleiches gilt aber auch von der Anwendung einer größeren Zahl von Farben. Welche Reihenfolge der Farben auch immer gewählt werden möge; sobald der Beschauer sich eine lange Farbenskala einprägen muß, wird das Kartogramm schwer verständlich. Es ist deßhalb am geeignetsten, Farbe und Schraffur zu verbinden. Man wählt beispielsweise zwei Farben und stellt in jeder vier oder fünf Schraffuren her, dann erhält man acht oder zehn leicht verständliche Gruppen. Als Muster dient die Figur 11, welche ein Bruchstück einer Karte der Kindersterblichkeit in Süddeutschland aus dem Jahrgange 1870 der Zeitschrift des k. bayerischen statistischen Bureaus darstellt. Die zur Unterlage der Farbenschraffuren gewählte Karte muß die Begrenzung und Benennung der einzelnen Bezirke genau ersehen lassen. Zweifelhaft ist, ob und wie viel weitere Terrainzeichnung sie enthalten soll. Ein Uebermaß wird hier leicht störend für den Ueberblick der Farbenschraffur; dagegen nimmt die gänzliche Weglassung der Terrainzeichnung die an sich gewünschte Möglichkeit sofortiger orographischer und hydrographischer Vergleiche. Es möchte deßhalb die Angabe mindestens der Hauptgewässer und Gebirge beizubehalten sein, jedoch unter der Voraussetzung, daß die technische Ausführung der Terrainzeichnung die Deutlichkeit der darüber zu legenden Farbenschraffirungen nicht wesentlich beeinträchtige.

Wenn im Vorstehenden die Methode der statistischen Diagramme und Kartogramme ziemlich eingehend behandelt worden ist, so findet dieß für das vorliegende Buch darin seine Rechtfertigung, daß die kartographischen Darstellungen vor Allem dazu dienen, die Ergebnisse der Statistik leicht und allgemein verständlich zu machen.

Die inneren Beziehungen zwischen der Statistik und dem Staate sind bereits an anderer Stelle erörtert worden. Wie dieselben in der Organisation und Entwicklung der amtlichen Statistik äußerlich in die Erscheinung getreten sind, möchte als Schlußbemerkung des vorliegenden Abschnittes für manchen Leser nicht ohne Interesse sein.

Die Erkenntniß, daß die wichtigsten Zweige der Statistik ohne die fördernde Intervention des Staates entwicklungsunfähig bleiben, hat sich ziemlich bald Bahn gebrochen, aber die Organisation dieser amtlichen Thätigkeit selbst wurde erst viel später in Angriff genommen und ist noch keineswegs abgeschlossen.

Man kann in der Entwicklung der amtlichen Statistik drei Perioden unterscheiden, die sich allerdings nicht überall mit gleicher Schärfe gegen einander abgrenzen lassen.

In der ersten Periode, welche ungefähr in die zweite Hälfte des vorigen und die ersten Jahre des gegenwärtigen Jahrhunderts fällt, beginnt das Bedürfniß amtlicher statistischer Nachweise empfunden zu werden. Die Technik der Erhebung ist noch gänzlich unentwickelt. Im Centrum der Staatsverwaltung bezeichnet man zwar die einzelnen Punkte, über welche man Aufschluß erhalten will; über die Methode der Erhebung aber gibt man sich dort kaum Rechenschaft. Die äußeren Staatsbehörden haben die Thatsachenbeobachtung und die gesammte

Thatsachengruppirung vorzunehmen, am Anfange nicht einmal nach bestimmten gleichmäßigen Formularen. Eine weitere Verarbeitung der gewonnenen Nachweise zu praktischen oder wissenschaftlichen Zwecken findet nur in den seltensten Fällen statt. In der Regel begnügt man sich mit der mechanischen Summirung der aus den Provinzen einlaufenden Nachweise für das ganze Land. Veröffentlichungen aus dem Gebiete der amtlichen Statistik sind prinzipiell ausgeschlossen und nur unter besonderen Cautelen zugelassen. Die statistischen Tabellen gehören unter die Staatsgeheimnisse.

Die zweite Periode darf man von der Errichtung besonderer statistischer Bureaux datiren. Das im Verlauf der ersten Periode massenhaft sich sammelnde statistische Material kann durch die bestehenden Centralstellen, insbesondere der inneren Verwaltung, nicht mehr bewältigt werden. Tabellen häufen sich auf Tabellen, ohne daß Jemand da ist, welcher den Zahlenreihen derselben Leben einzuhauchen vermag. Nun werden die statistischen Bureaux errichtet. Zuerst haben sie eine sehr begrenzte Stellung; oft sind sie ausdrücklich auf das Geschäftsbereich eines Ministeriums beschränkt. Auch haben sie nicht immer und überall Einfluß auf die Anordnung der statistischen Erhebungen. In der Regel verbleibt auch jetzt noch den äußeren Behörden nicht bloß die Erhebung sondern auch die statistisch-technische Bearbeitung der beobachteten Thatsachen. Die statistischen Bureaux haben im Wesentlichen die letzte Concentrirung und Revision des schon von den Unterbehörden in Tabellenform gebrachten Materiales und allmälig auch die Veröffentlichung desselben zu besorgen. In wie weit es gelingt, mit dieser Veröffentlichungsthätigkeit eine weitere praktische und wissenschaftliche Verwerthung der gewonnenen Resultate zu verbinden, hängt wesentlich von der Persönlichkeit des Leiters der amtlichen Statistik ab.

Im Allgemeinen ist die Thätigkeit der statistischen Bureaux

in dieser zweiten Periode keine sehr umfangreiche. Doch liegt in derselben der Keim der Entwicklung, welche die folgende dritte und neueste Periode der amtlichen Statistik zeigt.

Diese Entwicklung ist nicht bloß eine extensive, insoferne neue bisher der quantitativen Massenbeobachtung noch nicht zugänglich gewesene Gebiete der Statistik erschlossen werden, sondern vor Allem eine intensive, die sich in der allmäligen Ausbildung der statistischen Technik ausspricht. Nun vollzieht sich erst die oben bereits näher geschilderte sorgfältige Trennung der statistischen Erhebung einerseits und der Verarbeitung des gewonnenen Urmateriales andererseits. Indem die letztere nunmehr in die eigentlichen statistischen Werkstätten und Fabriken, die statistischen Bureaux, verlegt wird, erlangt dieselbe eine vorher nicht gekannte Vervollkommnung. Insbesondere entwickelt sich nunmehr die statistische Combinationskunst in der Aufstellung und Verwerthung vielgliedriger Tabellenwerke zu eigenartiger Blüthe.

Zugleich ist das Bestreben ersichtlich, die amtliche Statistik aus ihrer reservirten bureaukratischen Haltung heraustreten zu lassen. Man sucht nunmehr die Bevölkerung zu eigener aktiver Mitwirkung bei den wichtigsten statistischen Erhebungen, insbesondere bei den Volkszählungen heranzuziehen. Dabei begnügt man sich nicht damit, den Familienhäuptern die eigenhändige Ausfüllung der Zählungslisten zu überlassen, sondern man sucht auch noch Freiwillige, welchen man das Ehrenamt eines Zählers überträgt.

Um Einheit in die statistischen Erhebungen innerhalb der einzelnen Länder zu bringen, werden fast überall nach dem Vorgange Belgiens die sog. statistischen Centralcommissionen gegründet. Sie sind zusammengesetzt aus den Vertretern der einzelnen Centralstellen, insbesondere der Staatsministerien, sodann aus den Vorständen der statistischen Bureaux und einzelnen zu Beirath berufenen Männern der Wissenschaft.

Zu gleicher Zeit erstreben die internationalen statistischen Congresse eine Vergleichbarkeit der statistischen Erhebungen in den verschiedenen Ländern der civilisirten Welt. Wenn auch dieses letzte Ziel bis jetzt nicht in allen Beziehungen vollständig erreicht ist, so bleibt doch die Förderung, welche die Statistik durch diese Congresse erfahren hat, eine ganz außerordentlich bedeutende. Der erste dieser Congresse fand im Jahre 1853 auf Anregung des Altmeisters Quetelet in Brüssel statt. Seitdem war der internationale statistische Congreß in Paris (1855), Wien (1857), London (1860), Berlin (1863), Florenz (1867), im Haag (1869), in St. Petersburg (1872), in Budapest (1876) versammelt. Charakteristisch für diese Congresse ist die gemeinschaftliche Arbeit der Produzenten und der Consumenten der Statistik. Die Produzenten der Statistik sind die zu diesen Congressen von den einzelnen Regierungen abgesendeten Vertreter der amtlichen Statistik. Neben diesen tagen auf den Congressen die Männer der Wissenschaft, welche sich als Consumenten der Statistik für deren Leistungen interessiren. Unter dem Drucke des letzteren auf den Congressen in der Regel sehr zahlreich vertretenen Elementes zeigen die Beschlüsse der Versammlungen vielfach eine über das Maß des Erreichbaren hinausgehende Reichhaltigkeit der Anforderungen an die amtliche Statistik. Dieser Umstand war einer der Anlässe, welche bei der Versammlung zu Petersburg zur Gründung einer ausschließlich aus Produzenten der Statistik gebildeten permanenten Commission des internationalen statistischen Congresses führten. Dieser Commission ist die Ausarbeitung einer vergleichenden internationalen Statistik und die zu diesem Zwecke mehrfach erforderliche Revision der Congreßbeschlüsse übertragen. Sie ist bisher in Wien (1873), Stockholm (1874) und Budapest (1876) zusammengetreten. Ihre nächste Versammlung soll in Rom (1877) stattfinden.

Als ein weiteres eigenartiges Zeichen des höheren Interesses, welches die amtliche Statistik in neuester Zeit erregt, verdient schließlich die Thatsache Erwähnung, daß die größeren Städte mehr und mehr das Bedürfniß empfinden, besondere communalstatistische Bureaux zu errichten.

So erfreulich der Aufschwung der Statistik gerade in der neuesten Zeit ist, so müssen doch noch viele Vorurtheile beseitigt werden, welche in der Masse des Volkes, und zwar nicht bloß bei den Ungebildeten, der wahrheitsgetreuen Ermittlung der Thatsachen auf dem Gebiete des Gesellschaftslebens entgegenstehen. Möge auch das gegenwärtige Buch dazu beitragen, dem Einen oder dem Anderen eine bessere Meinung von der Statistik beizubringen, als er vielleicht bisher hatte.

II. Abschnitt.

Bevölkerungsstatistisches.

Der vorhergehende Abschnitt war allgemeinen Erörterungen über die Statistik als Mittel zur Erkenntniß der Gesetzmäßigkeit im Gesellschaftsleben gewidmet. Nunmehr ist es nöthig, den einzelnen Ergebnissen der Statistik näher zu treten, welche das thatsächliche Vorhandensein einer solchen „Gesetzmäßigkeit im Gesellschaftsleben" beweisen. Dieß erheischt eine eigenartige Auslese des reichhaltigen Stoffes, welchen die rastlose statistische Arbeit in täglich zunehmender Fülle liefert. Offenbar ist es nicht der Zweck dieses Buches, eine vollständige populäre Statistik zu bieten, sondern die Errungenschaften der Statistik sind dem Leser nur insoweit vorzuführen, als sie einen tieferen Einblick in das regelmäßige Gefüge scheinbar zufälliger Verhältnisse des gesellschaftlichen Lebens gestatten. Nicht von jeder statistischen Zahl läßt sich solches ohne Weiteres behaupten; die Mehrzahl derselben stellt vielmehr nur vereinzelte Bestandtheile vom Abriß des großen Aufbaues der Gesellschaft dar, aus welchen Gesetz und Regel gar nicht oder nur sehr schwach zu erkennen sind. Weitere Studien werden mehr und mehr die tiefere Bedeutung auch solcher vereinzelter Blicke in die rastlos auf und niederwogende Welt der gesellschaftlichen Thatsachen erkennen lassen. Vorerst aber sind solche Nachweise, so werthvoll sie für die Statistik als solche erscheinen, für unseren Zweck minder brauchbar. Glücklicherweise bietet die Statistik auch jetzt schon unbeschadet ihrer großen künftigen Entwicklungsfähigkeit zahlreiche Anhaltspunkte zur Begründung des Satzes, daß das Gesellschaftsleben ähnlich dem Naturleben bei aller Vielgestaltigkeit der concreten Erscheinung einer gewissen Gesetzmäßigkeit unterliegt.

Zu solchem Nachweise eignet sich vor Allem die Bevölkerungsstatistik. Auf sie lenke ich zunächst und vorzugsweise die Aufmerksamkeit des Lesers und zwar aus zwei Gründen.

Von allen Zweigen der Statistik erfreut sich die Bevölkerungsstatistik der größten wissenschaftlichen Durchbildung. Die Arbeit eines Jahrhunderts hat reiches Forschungsmaterial geliefert, welches fast in allen Beziehungen den Vorzug räumlicher und zeitlicher Vergleichbarkeit in weit höherem Maße besitzt als das Ergebniß anderweitiger statistischer Erhebungen.

Außerdem aber erscheint es gerade für das vorliegende Buch, welches im Geleite mannigfaltiger naturwissenschaftlicher Forschung vor den Leser tritt, wohl geeignet, auf die Gesetze der Bevölkerungsstatistik besonderes Gewicht zu legen. Die Beobachtungen, welche zur Erkenntniß dieser Gesetze führen, bilden nämlich den Uebergang zwischen naturwissenschaftlicher und sozialwissenschaftlicher Forschung. Bei der Bevölkerungsstatistik kommt der Mensch zunächst, aber keineswegs ausschließlich, mehr oder minder als Naturprodukt in Betracht. Freilich ist es nicht das isolirte Naturprodukt „Mensch", welches uns dabei interessirt, sondern der Mensch in seiner Vergesellschaftung. Gerade dann aber, wenn nicht die Aeußerung des Menschen in seinen Handlungen, sondern seine Persönlichkeit selbst Gegenstand der Forschung ist, tritt seine Eigenschaft als Naturprodukt recht deutlich in den Vordergrund. Geboren werden ist für den, der geboren wird, immer, und sterben ist für den, der stirbt, in der Regel ein reines Naturereigniß. Dabei ist allerdings dieses Naturereigniß zugleich gesellschaftlich angehaucht und damit eine Thatsache, welche nicht bloß als Naturprozeß, sondern auch für das Gesellschaftsleben von entscheidender Bedeutung ist. Die Massenbeobachtungen der Geburten und Sterbfälle gehören demnach ganz gewiß zum Bereich der Statistik, sie haben aber auch für die Naturwissenschaften ihre gesonderte Bedeutung. Die Absterbe-Ordnung des Menschengeschlechtes nach Racen und Völkerschaften ermitteln, heißt die gesellschaftswissenschaftliche und naturwissenschaftliche Kenntniß vom Menschen erweitern. Daß manches Detail der Beobachtung einen ausschließlich sozialen Charakter trägt, z. B. die Unterscheidung der ehlichen und unehlichen Geburten, ändert nichts an der Thatsache, daß die bevölkerungsstatistischen Untersuchungen mit einem Fuß auf dem Gebiete der Naturwissenschaften stehen.

Charakteristisch für die Bevölkerungsstatistik ist es, daß bei ihr die Massen der menschlichen Individuen selbst das Objekt der Beobachtung bilden. Alle übrigen Zweige der Statistik haben es nur mit der Untersuchung einzelner Handlungen der Menschen und der Erfolge dieser Handlungen zu thun. Bei der Bevölkerungsstatistik aber kommt das Individuum selbst als Atom der Gesellschaft in Betracht.

Die Bevölkerung der ganzen Erde. wie eines einzelnen Landes stellt sich als eine ununterbrochen im Flusse befindliche Masse von Individuen dar. Ohne Unterlaß treten neugeborene Individuen in diese Masse ein und scheiden die Gestorbenen aus ihr aus. Bei der Beobachtung einzelner Bruchtheile der Erdbevölkerung, welche zur Zeit überhaupt als die allein mögliche erscheint, treten weitere Veränderungen im Bevölkerungsstande durch Zuzüge und Wegzüge ein.

Die statistische Erfassung jener Masse von Individuen, welche man Bevölkerung nennt, gestaltet sich hienach verwickelter, als man vielleicht auf den ersten Blick meinen möchte. Um die im Flusse befindliche Masse der Individuen statistisch zu erforschen, wendet die Wissenschaft zwei Operationen an. Erstens wird von Zeit zu Zeit die Gesammtheit der gleichzeitig Lebenden gezählt und zweitens wird ununterbrochen der Abgang und der Zugang von Individuen beobachtet. Die erste Operation liefert die Statistik des **Standes der Bevölkerung**, die zweite jene der **Bewegung der Bevölkerung** oder, wie in neuerer Zeit auch gesagt wird, des Bevölkerungswechsels. Bei der Ermittlung des Standes der Bevölkerung wird ein Augenblicksbild der gesammten Bevölkerung gewonnen, während bei der Bevölkerungsbewegung nur die zugehenden und ausscheidenden Elemente der Bevölkerung, diese aber in ununterbrochener Controle, beobachtet werden.

Die Ermittlung des **Standes der Bevölkerung** ist die nächste Hauptaufgabe der Bevölkerungsstatistik.

Eine bloße Schätzung der Volkszahl eines Landes, selbst wenn sie auf theilweisen numerischen Feststellungen beruht, genügt den Anforderungen der modernen Statistik in keiner Weise. Allerdings mußte man sich früher mit solchen Schätzungen begnügen, welche noch im vorigen Jahrhunderte die Regel bildeten, während im Alterthum, namentlich bei den Römern, die ziffermäßige Ermittlung der Volkszahl eine hohe

Entwicklung gefunden hatte. Heute verlangen die Wissenschaft und das praktische Bedürfniß der Staatsverwaltung die Ermittlung des Standes der Bevölkerung durch eine förmliche Volkszählung und zwar auf Grund namentlicher Aufzeichnung aller einzelnen zu zählenden Personen. Es soll im vollen Sinne des Wortes ein Inventar des Bestandes an Lebenden aufgenommen werden. Geschichtlich interessant ist, daß mit eigentlichen Volkszählungen im großen Style die Vereinigten Staaten von Nordamerika vorangegangen sind, deren Constitution vorschreibt, daß alle zehn Jahre ein allgemeiner Census vorgenommen werde. Die erste nordamerikanische Volkszählung fand demgemäß im Jahre 1790 statt, während die europäische und insbesondere die deutsche Wissenschaft schon längere Zeit vorher sich ohne Erfolg für förmliche administrative Volkszählungen ausgesprochen hatte. In Europa gab übrigens bald nachher die Napoleonische Zeit mächtigen Anstoß zur Förderung der Statistik und des Volkszählungswesens. Volle wissenschaftliche Höhe erlangte letzteres zuerst in der belgischen Volkszählung von 1846, deren Grundsätze vom ersten internationalen statistischen Congresse zu Brüssel (1853) angenommen und empfohlen wurden. In Deutschland war durch die Zollvereinsverträge zwar eine häufige, ja nur zu häufige Wiederholung der Volkszählungen (alle 3 Jahre) sichergestellt; die weitergehenden Anforderungen der Wissenschaft an diese wichtigste der statistischen Operationen fanden aber nur sehr allmälig und unvollständig Beachtung. Erst bei der Volkszählung im Deutschen Reich vom 1. Dezember 1871 ist das erreicht worden, was in Belgien bereits ein Vierteljahrhundert früher zur Durchführung gelangt war.

Es würde zu weit führen, hier in das volle Detail der Technik des Volkszählungswesens einzugehen; einige Punkte von allgemeinerem Interesse dürfen aber doch wohl berührt werden. Wir wollen zu diesem Zwecke versuchen, uns die vier Fragen zu beantworten: Wer, Was, Wie und Wann soll gezählt werden?

„Wer soll gezählt werden“? Diese Frage möchte dem Laien vielleicht überflüssig erscheinen; denn er vermuthet wohl kaum, daß darüber, was die Bevölkerung eines Landes oder eines Ortes ist, irgend ein Zweifel bestehen könne. Und doch ist es bei genauerem Zusehen durchaus nicht so leicht, „die Bevölkerung“ für ein bestimmtes Stück des Erdbodens scharf zu definiren und zu ermitteln. Am einfachsten läge theoretisch die Sache, so widersinnig es auch klingen mag, wenn eine gleichzeitig auf der ganzen Erde vorzunehmende Volkszählung in Frage wäre. In diesem Falle würde die zu ermittelnde Gesammtbevölkerung der Erde die Gesammtheit der in einem bestimmten Momente Lebenden umfassen. Die Definition wäre einfach; der Vollzug der Zählung selbst würde freilich schwer genug, wenn es nun wirklich darauf ankäme, alle die gleichzeitig Lebenden zur Verzeichnung zu bringen und dabei Auslassungen und Doppelzählungen zu vermeiden.

Eine solche einheitliche Zählung der ganzen Erdbevölkerung ist aber bekanntlich zur Zeit und wohl noch auf Jahrhunderte, wenn nicht auf Jahrtausende hinaus überhaupt nicht in Frage. Es handelt sich vielmehr nur um die Ermittlung der Bevölkerung einzelner Länder und Ländergruppen, welche hinwiederum, schon aus technischen Rücksichten des Vollzugs, auf der vorgängigen Feststellung der Bevölkerung für die einzelnen Wohnplätze beruht. Die allgemeine Frage: Was ist Bevölkerung? gestaltet sich hienach um in die Frage: Was ist die Bevölkerung eines Wohnplatzes? Untersucht man diese Frage genauer, so wird man sofort finden, daß sie verschiedenartig beantwortet werden kann. Wird die Bevölkerung eines Ortes ausgedrückt durch die Zahl der Personen, die man zu einer bestimmten Zeit — etwa übernachtend von einem zum andern Tage — trifft, oder besteht sie aus jenen Personen, welche ihren dauernden Wohnsitz dort aufgeschlagen haben, ohne Rücksicht darauf, ob man sie zur Zählungszeit selbst anwesend oder abwesend findet, oder erscheint sie aus jenen Personen zusammengesetzt, welche in bestimmten rechtlichen Beziehungen zum Wohnplatze stehen, welche z. B. dort heimatberechtigt sind? Legt man sich solche Fragen vor, so wird man bald einsehen, daß man im gewöhnlichen Leben mit einigem Leichtsinn von der „Bevölkerung" als etwas Zweifellosem spricht, was sie doch keineswegs ist. Die Statistik lehrt dem gegenüber, daß es überhaupt einen einzigen und ausschließlichen Begriff der Bevölkerung nicht gibt, daß man denselben vielmehr auf verschiedene Weise bestimmen kann, je nachdem man die eine oder andere Art der Beziehungen des Menschen zu Ort und Land ins Auge faßt.

Betrachten wir lediglich die Thatsache der Anwesenheit zur Zählungszeit als entscheidend, so haben wir es mit der faktischen oder ortsanwesenden Bevölkerung zu thun. Wird das dauernde Wohnen an einem Orte als maßgebend angesehen, so ergibt sich der Begriff der Wohnbevölkerung. Wird irgend eine rechtliche Beziehung der Personen zu Ort und Land ihrer Verzeichnung zu Grunde gelegt, so erhält man die rechtliche Bevölkerung. Aus dem scheinbar einfachen Begriff der Bevölkerung entwickelt sich hienach eine ganze Theorie der Bevölkerungscombinationen.

Welche dieser Bevölkerungscombinationen soll nun aber als „die Bevölkerung" schlechthin angesehen werden? Am wenigsten Anspruch darauf möchte die rechtliche Bevölkerung haben, deren geringere Bedeutung für soziale Forschung aller Art auf der Hand liegt. Schwieriger ist die Entscheidung zwischen der faktischen und der Wohnbevölkerung. Unläugbar hat die Wohnbevölkerung für manche Untersuchungen, welche auf Bevölkerungsverhältnisse eingehen, ihren besonderen Werth. Andererseits aber darf man nicht vergessen, daß die Gesammtbevölkerung zu keiner Zeit thatsächlich so auf die einzelnen Wohnplätze vertheilt ist, daß in diesen nur deren Wohnbevölkerung sich vorfände. In der Wirklichkeit wird sich, zumal in größeren Wohnplätzen, immer eine gewisse Zahl nur vorübergehend Anwesender finden, während umgekehrt ein Bruchtheil der Wohnbevölkerung vorübergehend abwesend ist. Diese charakteristische Vertheilung der Bevölkerung kann man statistisch nur erfassen, wenn man die faktische Bevölkerung ermittelt. In dieser findet man, wenn anders die Zählungszeit richtig gewählt ist, als Grundstock einen namhaften, vielfach dem Gesammtbetrag sich nähernden Bruchtheil der Wohnbevölkerung nebst den, die wirklichen Verhältnisse charakterisirenden, Elementen der fluktuirenden Bevölkerung.

Gleichwohl ist es zweifelhaft, ob diese Erwägungen allein dem Begriff der faktischen Bevölkerung jenes Uebergewicht verliehen hätten, welches er heute in der Bevölkerungsstatistik besitzt. Hiezu war vielmehr noch die durch Erfahrungen auf dem Gebiete der statistischen Technik gewonnene Ueberzeugung nöthig, daß die Bevölkerung eines ganzen Landes nur als faktische Bevölkerung mit möglichster Verlässigkeit ermittelt werden könne, daß dagegen der Versuch, irgend eine andere Bevölkerungscombination zu ermitteln, Quelle zahlreicher Auslassungen und Doppelzählungen sei. Dieß schlug im Vereine mit den Forderungen der Theorie und der statistischen Congresse durch. Wenn heute schlechthin von der Bevölkerung eines Landes gesprochen wird, hat man in der Regel dessen faktische Bevölkerung im Sinne. Die Ermittlung anderweitiger Bevölkerungscombinationen, insbesondere der Wohnbevölkerung, ist mehr zu einer lokalstatistischen Bedeutung herabgedrückt. Für einen einzelnen, namentlich kleinen Wohnplatz kann nämlich bei vorübergehender außerordentlicher Bevölkerungsanhäufung, z. B. aus Anlaß eines Eisenbahnbaues, die ausschließliche Ermittlung der faktischen Bevölkerung allerdings ein schiefes Bild der wirklichen Bevölkerungsverhältnisse geben. Hier ist die gleichzeitige Ermittlung der Wohnbevölkerung vollkommen am Platze. Es ist deßhalb ganz geeignet, die faktische Bevölkerung zum Prinzip der Zählung zu machen, daneben aber Fürsorge zu treffen, daß auch die Elemente zur Ermittlung der Wohnbevölkerung gesammelt werden. Zu diesem Zwecke müssen die nur vorübergehend Anwesenden als solche bezeichnet und die vorübergehend Abwesenden besonders aufgeschrieben werden.

Im Uebrigen bietet das Prinzip der faktischen Bevölkerung für den Vollzug die denkbar größte Erleichterung. Es ist in den einzelnen Wohnplätzen und Wohnungen lediglich zu constatiren, wer zur Zählungszeit anwesend war und danach die Aufschreibung der betreffenden Personen vorzunehmen. Als entscheidend bezüglich der Zählungszeit wird zweckmäßig die Thatsache des Uebernachtens angenommen. Für besondere Fälle sind selbstverständlich Sonderbestimmungen zu treffen, namentlich hinsichtlich der zur Zählungszeit beziehungsweise in der Zählungsnacht auf Reisen Befindlichen. Nach den Vorschriften für die Volkszählungen im Deutschen Reich, welche gleichfalls auf dem Prinzip der faktischen Bevölkerung beruhen, sind die Reisenden überhaupt nur dann und da zu zählen, wenn und wo sie am Vormittag nach der Zählungsnacht ankommen, anderenfalls bei der Zählung ganz unberücksichtigt zu lassen.

Von solchen Spezialbestimmungen abgesehen, erscheint die Ermittlung der faktischen Bevölkerung als die verhältnißmäßig einfachste Form der Volkszählung. Der Zähler weiß, daß er alle zur Zählungszeit anwesenden Personen aufzunehmen hat, ohne Rücksicht darauf, ob sie dauernd oder vorübergehend anwesend, ob sie am Zählungsorte oder anderswo heimatberechtigt, ob sie Inländer oder Ausländer u. s. w. sind. Eben so sicher aber weiß er auch, daß er zur faktischen Bevölkerung keinen zur Zählungszeit Abwesenden rechnen darf, möge seine Abwesenheit auch von noch so kurzer Dauer sein und mögen denselben auch mit der Familie, welche der Zähler aufnimmt, die innigsten Beziehungen verbinden.

„Was soll gezählt werden"? Das heißt, welche Individualangaben sollen in die Erhebungsformulare für die einzelnen gezählten Personen aufgenommen werden, damit bei der Bearbeitung des sogenannten statistischen Urmateriales eine Gliederung der Bevölkerung nach bestimmten in Zahlennachweisen darstellbaren Eigenschaften geboten werden könne?

Es ist klar, daß der bloße Nachweis der Gesammtzahl der Einwohner nur eine sehr rohe Kenntniß des Bevölkerungsstandes eines Landes vermittelt. Die moderne Statistik verlangt weit mehr als derartige summarische Aufschlüsse über die „Seelenzahl" eines Landes. Sie will, daß die Volkszählung den Stoff zu einer Volksbeschreibung in Zahlen liefere, und erheischt deßhalb mit Recht die weitere Charakterisirung der einzelnen zur Vergleichung gelangenden „Seelen" durch Angabe gewisser Eigenschaften derselben.

Freilich kann eine Volkszählung — wie bereits in der allgemeinen Einleitung hervorgehoben wurde — niemals alle Individualverschiedenheiten der Gezählten zur Darstellung bringen. In Wahrheit gleicht ja kein Individuum ganz dem andern; sollten also alle thatsächlichen Verschiedenheiten der Individuen zur Verzeichnung und statistischen Darstellung kommen, so würde — ganz abgesehen von der Unausführbarkeit einer solchen Erhebung — die erste Voraussetzung fruchtbarer statistischer Forschung mangeln. Es wäre nämlich nicht möglich, Gruppen gleichartiger, oder, richtiger gesagt, als gleichartig angenommener Individuenmassen zu bilden, was doch zu einem einfachen quantitativen Einblick in die Bevölkerungsverhältnisse unerläßlich ist. Manche für das einzelne Individuum hochwichtige Eigenschaft muß deßhalb bei der Volkszählung ganz unbeachtet bleiben und manche andere Eigenschaften können, wenn sie auch zur Verzeichnung gelangen, nicht in sämmtlichen feinen Nuancirungen der Einzelfälle dargestellt werden.

Untersuchen wir näher, welche Eigenschaften der Individuen sich zur Berücksichtigung bei der Volkszählung nicht eignen, so finden wir, daß dieß entweder solche sind, welche der statistischen Beobachtung überhaupt unzugänglich sind, oder solche, bei welchen diese Beobachtung an sich zwar möglich ist, die Mühe der Feststellung und die Belästigung des Publikums aber in keinem Verhältnisse zu dem Werthe einer solchen Erhebung steht.

Sehen wir uns zunächst nach solchen Eigenschaften der Bevölkerung um, welche überhaupt statistisch nicht festgestellt werden können, so finden wir, daß darunter recht viele gewichtige Unterschiede der Individuen fallen. Wir können bei der Volkszählung nicht fragen: „Sind Sie geistreich oder nicht, und wenn, ja, in welchem Grade"? „Haben Sie Charakterstärke oder nicht"? u. s. w. Gewiß sind die Menschen nach Geist und Gemüth außerordentlich verschieden; aber es fehlen die einfachen, äußerlich erkennbaren Thatsachen, welche eine statistische Feststellung dieser Eigenschaften ermöglichen würden. Nur sehr schüchtern vermag die Volkszählung auf Umwegen sich solchen Fragen zu nähern, wenn sie etwa den Bildungsgrad der Bevölkerung durch die Frage nach den Kenntnissen im Lesen und Schreiben zu ermitteln versucht.

Verschieden von solchen Eigenschaften sind jene, deren Feststellung zwar an sich nicht absolut unmöglich wäre, welche aber gleichwohl aus dem oben angegebenen Grunde zu einer Fragestellung an die gesammte Bevölkerung nicht geeignet erscheinen. Man könnte die Körpergröße und das Gewicht, die Pulsgeschwindigkeit, die Farbe der Augen, der Haare und der Haut für jedes einzelne Individuum bei der Volkszählung ermitteln, oder umfassende Fragen nach den Lebensschicksalen desselben, insbesondere nach dem Bildungsgang und den Erwerbsverhältnissen für jedes einzelne der durchlebten Jahre stellen. Gleichwohl läßt man sich bei der Volkszählung auf solche Fragen nicht ein, nicht etwa deßhalb, weil deren Beantwortung ohne Interesse wäre, wohl aber deßhalb, weil ein Mißverhältniß zwischen der Mühe, den Kosten und wohl auch der Indiscretion der Erhebung einerseits und den zu erhoffenden statistischen Aufschlüssen andererseits vorliegen würde. Im Uebrigen wechselt die Anschauung über die Opportunität solcher Fragen nach Zeit und Ort. Je statistischer ein Zeitalter ist, um so unbedenklicher wird es Manches erfragen, was unter anderen Zeitverhältnissen als unpassend angesehen worden wäre. Wir selbst stellen heute manche Frage, an die man vor einem halben Jahrhundert nicht dachte. Und auch unter den oben beispielsweise angeführten Fragen finden sich einzelne, die wir schon jetzt zwar nicht an die gesammte Bevölkerung, aber doch an Bruchtheile derselben richten, welche in höherem Maße beobachtbar erscheinen. Das Körpermaß der Rekruten wird fast überall, hie und da auch deren Körpergewicht festgestellt. Die Farbe der Augen, der Haare und der Haut ist bei den Schulkindern vor Kurzem auf Anregung der anthropologischen Gesellschaft in verschiedenen deutschen Staaten ermittelt worden. Jedenfalls ist bei dieser zweiten Gruppe der Eigenschaften die Ungeeignetheit ihrer Aufnahme unter die Individualangaben der Volkszählung keine absolute sondern nur eine relative.

An diesen Blick auf die Eigenschaften der Menschen, welche sich zur Feststellung bei der Volkszählung nicht eignen, reiht sich naturgemäß die Erwähnung jener Individualangaben, welche zur wissenschaftlichen Statistik des Bevölkerungszustandes dienlich und mehr oder minder unentbehrlich sind.

Diese Individualangaben beziehen sich theils auf rein natürliche theils auf gesellschaftliche Verschiedenheiten der Mencheneinheit.

Unter den natürlichen Eigenschaften der Individuen, welche für die Bevölkerungsstatistik von Wichtigkeit sind, steht obenan das Geschlecht. Von kaum geringerem wissenschaftlichem Interesse ist die Unterscheidung der Bevölkerung nach dem Alter, und zwar nach einzelnen Altersjahren, bei den Jüngsten wohl auch nach einzelnen Altersmonaten. Eine rein natürliche Thatsache ist ferner für Jeden der Geburtsort, an welchem er das Licht der Welt erblickt. Für seine Eltern war die Wahl dieses Ortes eine soziale Frage, für ihn selbst bildet er einen natürlichen Standort, wie für den Pflanzensamen der Ort, an welchem er keimt. Eine weitere Gruppe bilden die somatologischen Fragen, soweit solche bei einer allgemeinen Volkszählung durchführbar erscheinen. Hieher gehört beispielsweise die Frage nach der Racenverschiedenheit der Gezählten (weiße — farbige Bevölkerung) und nach den geistigen und körperlichen Mängeln (Blinde, Taubstumme, Blödsinnige, Irrsinnige). Die hier erwähnten Eigenschaften haben für die Betheiligten und mittelbar für die gesammte Bevölkerung eine große soziale Bedeutung, ihrem Wesen nach aber sind sie doch natürliche Differenzirungen der Einzelnen, welchen sich diese nicht zu entziehen vermögen. Es gibt Nichts, gegen das wir machtloser wären, als gegen das Geschlecht, das uns für immer und das Alter, welches uns jeweils beschieden ist.

Diesen natürlichen Eigenschaften der Bevölkerung stehen solche gegenüber, welche ihre Entstehung lediglich dem Gesellschaftsleben verdanken. Mit der Anerkennung der Ehe als einer sozialen Einrichtung scheiden sich die Menschen in Ledige, Verheirathete, Verwittwete und Geschiedene. Die

Fixirung religiöser Ideen zu bestimmten Anschauungen und Dogmen einzelner Religionsgenossenschaften bringt eine weitere Unterscheidung der Bevölkerung nach der Confessionsangehörigkeit. Reichgliederig und bedeutungsvoll für die Bevölkerungsstatistik ist die Schichtung der Bevölkerungsklassen nach Beruf und Erwerb. Die Sprachverschiedenheit und die mit ihr innig zusammenhängende Nationalität bilden gleichfalls keinen natürlichen sondern einen erst durch das Gesellschaftsleben der Menschen bedingten Unterschied. Gleiches gilt von den rechtlichen Beziehungen der Einzelnen zu Staat oder Gemeinde (Staatsangehörigkeit, Heimatberechtigung u. s. w.). Endlich verdienen auch die oben bereits erwähnten Versuche, die ersten Grundlagen des Bildungsgrades der Bevölkerung durch die Volkszählung zu ermitteln, hier hervorgehoben zu werden.

Für die Volkszählung bietet sich hienach trotz der Unmöglichkeit, alle realen Verschiedenheiten der Individuen zu erfassen, eine ziemlich reiche Fülle von Fragen nach natürlichen und gesellschaftlichen Eigenschaften der Bevölkerung. Als die für die moderne Bevölkerungsstatistik wichtigsten Fragen möchten zu bezeichnen sein jene, welche sich beziehen auf: Geschlecht, Alter, Civilstand, Geburtsort, Religion, Beruf und Erwerb der Bevölkerung.

„Wie soll gezählt werden"? Die Volkszählung ist eine so großartige, vieltausendfache Beobachtungsthätigkeit erfordernde Operation, daß sie eine sorgfältige und wohldurchdachte Organisation des gesammten Zählungsgeschäftes als unerläßlich erscheinen läßt. Das Detail dieser Organisation fällt mehr als die im Vorstehenden berührten Fragen der statistischen Technik anheim und kann daher hier nicht weiter verfolgt werden. Einige kurze Bemerkungen werden jedoch immerhin gestattet sein.

Vor Allem muß das Land rechtzeitig vor Beginn der Zählung in Zählbezirke von möglichst kleinem Umfange getheilt sein. Ueber die Zugehörigkeit der sämmtlichen und zwar sowohl der dauernden als der vorübergehenden Wohnstätten zu den betreffenden Zählbezirken darf nicht der mindeste Zweifel bestehen.

Sodann kommt es darauf an, für jeden Zählbezirk die geeigneten Kräfte zur Durchführung des Zählungsgeschäftes und der örtlichen Controle der Anschreibungen zu gewinnen. Letztere besorgen die Ortsbehörden oder besonders gebildete Zählungscommissionen. Die Vornahme des Zählungsgeschäftes liegt dem Zähler ob, welcher entweder eine hiezu verpflichtete Amtsperson, ein bezahlter Private oder ein freiwilliger Zähler ist. In Deutschland, wo man von jeher einen übermäßigen Kostenaufwand für die Volkszählung scheute, hat sich ein combinirtes System amtlich verpflichteter und freiwilliger Zähler vorzugsweise entwickelt. Hand in Hand damit geht das Bestreben, das Geschäft der Zähler durch die sogenannte Selbstzählung, d. h. die Ausfüllung der Erhebungsformulare durch die befragten Haushaltungsvorstände selbst, zu vereinfachen. Anderwärts, z. B. in England, bildet die Vornahme der Zählung durch bezahlte Zähler die Regel. Man will übrigens in Deutschland beobachtet haben, daß die Uebernahme des Zählungsgeschäftes durch Freiwillige, welche darin ein Ehrenamt erblicken, in Verbindung mit der Selbstzählung viel zur Förderung des gesammten Volkszählungswesens beigetragen habe.

Weiter gehört zum Vollzug des Zählgeschäftes die Fixirung der Zählungsergebnisse mittelst schriftlicher Aufzeichnung in einem Erhebungsformular. Dieses — die sog. Zählungsliste — kann sich auf die Gesammtheit der in einem Hause befindlichen oder nur auf die zu einer Haushaltung Gehörigen oder endlich jeweils nur auf ein einzelnes Individuum (die sog. Zählkarte) beziehen. Das angemessenste Formular für die Erhebung möchte die Haushaltungsliste sein.

Die Trennung der primitiven Anschreibungen in einzelne Zählkarten wälzt eine Arbeit, welche zur statistisch-technischen Ausnützung der Zählungsergebnisse gehört, auf das Publikum.

Als eine der wesentlichsten Bedingungen richtiger Zählung wird die namentliche Aufschreibung der Gezählten angesehen. In der That ist ohne solche namentliche Verzeichnung der einzelnen Haushaltungsmitglieder weder eine Controle der Zählung, noch überhaupt der richtige Vortrag der für die einzelnen Personen zu machenden Individualangaben denkbar. Wenn auch die Vor- und Familiennamen selbst einer statistischen Ausbeutung nicht unterworfen werden, so ist doch deren Angabe zur vollen Inventaraufnahme der Bevölkerung unerläßlich.

„Wann soll gezählt werden"? Diese Frage zerlegt sich in drei Unterfragen.

Erstens handelt es sich darum, in welchen Zwischenräumen die einzelnen Volkszählungen auf einander folgen sollen. Theoretisch ist klar, daß der Bevölkerungsstand für alle Zwecke statistischer Forschung und Vergleichung um so correcter ermittelt wäre, je öfter die Aufnahmen stattfänden. Würde täglich eine Volkszählung vorgenommen, so könnte der mittlere Bevölkerungsstand, beispielsweise eines Jahres, genau berechnet werden. Praktisch ist aber nicht minder klar, daß so häufige Wiederholungen der Volkszählungen nicht möglich sind. Auch hat sich gezeigt, daß rationelle, allen Anforderungen der Wissenschaft und Verwaltung entsprechende Volkszählungen überhaupt nur bei längeren Zählungsperioden möglich sind. Die Entwicklung des deutschen Volkszählungswesens litt im Zollverein ganz entschieden unter der Bestimmung, daß von drei zu drei Jahren zu zählen war. Zur Zeit ist ein definitiver Entscheid über die Zählungsperioden für die Volkszählungen im deutschen Reich noch nicht getroffen; doch hat die fünfjährige Zählungsperiode die meisten Aussichten. Würden nicht die Bedürfnisse der Verwaltung die fünfjährige Zählungsperiode unterstützen, so möchte selbst eine zehnjährige Periode nach dem Vorgange Englands, Italiens, Oesterreichs, Nordamerikas u. s. w. genügen.

Wenn nun aber statt einer öfter im Jahr sich wiederholenden Aufnahme nur eine nach einer Reihe von Jahren wiederkehrende Volkszählung vorgenommen wird, gewinnt der Volkszählungstag selbst eine erhöhte Bedeutung. Diese Frage nach dem Zählungstag ist die zweite der Unterfragen, in welche sich die oben aufgeworfene allgemeine Frage nach der Zählungszeit spaltet.

Offenbar ist nur ein solcher Zählungstag richtig gewählt, welcher für das ganze Land wie für die einzelnen Wohnplätze den Typus des Bevölkerungsstandes annähernd richtig darstellt. Es darf deßhalb kein Zählungstag in einer Jahreszeit gewählt werden, in welcher vorübergehende Ortsveränderungen der Bevölkerung in ausgedehntem Maße vorkommen. Wer die Bevölkerung einer Universitätsstadt einerseits und eines als Sommerfrische viel benützten Gebirgsdorfes andererseits im Monat August oder September zählen wollte, würde über die Bevölkerungsverhältnisse dieser Wohnplätze sehr falsche Vorstellungen gewinnen. Es muß ein Zählungstag gewählt werden, an welchem die Bevölkerung in Ruhe und fast Jedermann da zu finden ist, wo er sich in der Regel aufhält. Diese Forderung gilt schon dann, wenn die Wohnbevölkerung ermittelt werden will, weil eine große Zahl vorübergehend Anwesender und Abwesender deren correcte Ermittlung wesentlich beeinträchtigt. Noch weit nothwendiger aber ist die sorgfältigste Auswahl des Zählungstages dann, wenn die an demselben ermittelte faktische Bevölkerung als Repräsentant der mittleren Bevölkerungsverhältnisse gelten soll.

Für die mitteleuropäischen Verhältnisse wird der Anfang des Monats Dezember als die hienach zur Vornahme der Zählung geeignetste Zeit betrachtet. Die Volkszählungen im

Deutschen Reiche finden deßhalb am 1. Dezember statt. Bedeutende wissenschaftliche Gründe, insbesondere die Erleichterung des Vergleiches mit der Statistik der Bevölkerungsbewegung, sprechen für den 31. Dezember, an welchem beispielsweise in Oesterreich und Italien gezählt wird. Im Deutschen Reiche wurden, wie schon vorher im Zollverein, die für den Anfang Dezember als Zeit der größten Ruhe der Bevölkerung sprechenden Gründe für die durchschlagenderen angesehen.

Endlich kommt als dritte Unterfrage noch der Zeitraum in Betracht, während dessen das Zählungsgeschäft zu Ende geführt sein soll. Jede Verzögerung des Zählungsgeschäftes erhöht die Gefahr von Doppelzählungen und Auslassungen. Es wird deßhalb überall in den neueren Bestimmungen über die Volkszählungen großes Gewicht darauf gelegt, daß das Zählungsgeschäft so rasch als nur irgend thunlich, und zwar wo möglich an *einem* Tage beendet werde. Dieser Umstand äußert selbstverständlich eine bedeutende Rückwirkung auf die gesammte Organisation des Volkszählungswesens. Er ist es vor Allem, welcher die Bildung möglichst kleiner Zählbezirke und die Gewinnung eines Heeres von Zählern nöthig macht. Daß gleichwohl beim Vollzug die Forderungen der Theorie nicht ganz erfüllt werden können, bedarf kaum der Erwähnung. In tief verschneiten Gebirgsgegenden, in welchen die Gemeinden zum guten Theil aus stundenweit entlegenen Einzelgehöften bestehen, wird die Zählung, auch bei der Ueberweisung von verhältnißmäßig nur wenig Wohnstätten an einen Zähler, nicht an *einem* Dezembertage beendigt werden können.

Es erscheint angemessen, die bevölkerungsstatistischen Studien mit einem Ausblick auf den *Gesammtstand der Erdbevölkerung* zu eröffnen. Leider steht auch heute noch nur der kleinere Theil der Menschen unter der Controle der Statistik, und muß deßhalb die Gesammtbevölkerung der Erde nach wie vor zum größeren Theile durch bloße Schätzung bestimmt werden.

Eine treffliche historische Schilderung der Versuche, die Gesammtbevölkerung der Erde zu schätzen, findet sich in einer neueren Arbeit von Behm und Wagner („Die Bevölkerung der Erde." II. Gotha 1874).

Das große Publikum hat, wie die eben genannten Verfasser erwähnen, der Frage nach der Anzahl der Bewohner der Erde von jeher besonderes Interesse entgegengetragen, obwohl dasselbe bei Vielen kaum über die „sehr natürliche Neugier, die Zahl ihrer Mitmenschen zu kennen", hinausging.

Vor Süßmilch's für die gesammte Bevölkerungsstatistik bahnbrechenden Arbeiten schwankten die Schätzungen der Volkszahl der Erde zwischen 500 und 1000 Millionen. Süßmilch bestimmte um die Mitte des vorigen Jahrhunderts die Erdbevölkerung mittelst seiner für die damalige Zeit wohlbegründeten Schätzungen auf ungefähr 1000 Millionen und beherrschte mit dieser Annahme die zweite Hälfte des vorigen Jahrhunderts fast vollständig; wenigstens gilt dieß von der deutschen geographisch-statistischen Literatur. Nicht mit Unrecht wird hervorgehoben, daß die bequeme Abrundung der Zahl viel dazu beigetragen hat, daß die Annahme einer Erdbevölkerung von 1000 Millionen ungefähr 150 Jahre ihre Herrschaft behauptet hat, nachdem Riccioli dieselbe schon um die Mitte des siebzehnten Jahrhunderts aufgestellt hatte.

In den ersten vier Jahrzehnten des gegenwärtigen Jahrhunderts ging die Schätzung der Erdbevölkerung erheblich unter die Süßmilch'sche Annahme herab. Dieselbe schwankt zwischen 437 Millionen (Volney im Jahre 1804) und 938 Millionen (Hassel im Jahre 1824). Seit den vierziger Jahren dagegen sind weniger als 1135 Millionen (v. Reden im Jahre 1854) von den sachkundigen deutschen Forschern nicht mehr angenommen worden. Für 1873 berechneten Behm und Wagner die Erdbevölkerung auf 1391 Millionen, für die neueste Zeit (1876) auf 1424 Millionen. Dieselben wollen jedoch nicht gerade diese Zahlen als die richtigeren allen anderen vorzuziehenden hinstellen, wohl aber die Ansicht verfechten, daß alle die Schätzungen, welche nur von Hunderten von Millionen sprechen, und selbst die runde Zahl von 1000 Millionen weit hinter der Wahrheit zurückbleiben und man die Bevölkerung der Erde mindestens um ein Drittel höher annehmen müsse.

Auf die einzelnen Erdtheile vertheilt sich die angenommene Gesammtbevölkerung von 1391 beziehungsweise 1424 Millionen in folgender Weise:

	Zahl der Bewohner (1873)	Zahl der Bewohner (1876)
Europa	300 530 000	309 178 300
Asien	798 220 000	824 548 500
Afrika	203 300 000	199 921 600
Amerika	84 542 000	85 519 800
Australien und Polynesien .	4 438 000	4 748 600
Im Ganzen	1 391 030 000	1 423 916 800

Kolb hält in seinem neuesten Handbuch der vergleichenden Statistik (Leipzig 1875) die vorstehenden Zahlen für zu hoch, insbesondere insoweit sie die Bevölkerungsschätzung von Afrika und — wenn auch in geringerem Maße — jene von Asien betreffen, welche durch die mehr oder minder willkürlichen Annahmen für die Volkszahl des chinesischen Reiches vorzugsweise beeinflußt werden. Kolb nimmt für Europa 300, für Asien 750, für Afrika 120, für Amerika 88 und für Australien mit Oceanien 3 Millionen, im Ganzen also nur 1261 Millionen und mit Berücksichtigung der mannigfachen Unsicherheiten in den Schätzungen überhaupt eine Erdbevölkerung von etwa 1250 bis 1300 Millionen an.

Nichts zeigt deutlicher die große Ungenauigkeit unserer

Kenntniß von der Gesammtzahl unserer Mitmenschen als die Thatsache, daß auch noch die neuesten Schätzungen der Erdbevölkerung um mindestens 100 Millionen verschieden sind.

Das Ideal der Forschung, welches in der Durchführung aller bevölkerungsstatistischen Detailuntersuchungen für die gesammten Völkerschaften der Erde besteht, liegt hienach in weitester, kaum jemals erreichbarer Ferne. Sind schon die rohen Schätzungen der gesammten Volkszahl für die der Statistik nicht angehörigen Länder so unverlässig, dann kann selbstverständlich von einer weiteren Schätzung der Bevölkerungsgliederung für die Volkszahl der Erde nach Geschlecht, Alter, Beruf u. s. w. gar keine Rede sein. Alle diese Untersuchungen, aus welchen die tiefere wissenschaftliche Bedeutung der Bevölkerungsstatistik eigentlich erst ersichtlich wird, können nur für Bruchtheile der Erdbevölkerung angestellt werden. Die Riesenhaftigkeit des zu bewältigenden Stoffes und der Mangel einer vollkommen durchgebildeten internationalen Statistik lassen es nicht einmal möglich erscheinen für diese weiteren Einzelfragen der Bevölkerungsstatistik jeweils das Gesammtgebiet der in die statistische Controle einbezogenen Länder zu berücksichtigen.

Nur eine für die Erkenntniß der Bevölkerungsverhältnisse wichtige Vergleichung ist allgemein genug, daß sie nicht bloß für einzelne, statistisch genauer erforschte Länder, sondern in groben Zügen auch für die Erdtheile durchgeführt werden kann. Es handelt sich hier um die sogenannte Bevölkerungsdichtigkeit, d. h. um das Verhältniß der Bevölkerung zu der Fläche, welche sie bewohnt. Ausgedrückt wird die Bevölkerungsdichtigkeit in der Regel durch Reduktion der Bevölkerung auf eine Einheit des Flächenmaßes. Nachdem Schätzungen nicht nur der Volkszahl sondern auch des Flächeninhaltes der einzelnen Erdtheile vorliegen, kann auch deren

Bevölkerungsdichtigkeit bestimmt werden. Dieselbe stellt sich nach den neuesten Berechnungen von Behm und Wagner folgendermaßen:

Erdtheile	Zahl der Bewohner auf 1	
	D. geogr. Quadratmeile	Quadrat-Kilometer
Europa	1719	31,2
Asien	1014	18,4
Afrika	368	6,7
Amerika	114	2,1
Australien und Polynesien .	29	0,5
Im Ganzen	582	10,6

Nehmen wir an, es sei die Ermittlung der Durchschnittsdichtigkeit der Erdbevölkerung zu 582 Bewohner auf die Quadratmeile vollkommen richtig, so bemerken wir doch sogleich, daß wir es in dieser Mittelzahl nur mit einer Abstraktion zu thun haben, welche die großen Verschiedenheiten der wirklichen Vertheilung der Menschen über die Erdoberfläche gänzlich verwischt. Dieß zeigt schon ein Blick auf die Einzelergebnisse für die Erdtheile; denn Europa hat eine mehr als 60fach größere Volksdichtigkeit als Australien. Und doch sind die Dichtigkeitszahlen ganzer Erdtheile selbst wieder nichts Anderes, als solche allgemeine, die thatsächlichen Verhältnisse verhüllende Abstraktionen.

Ein klares Bild der Vertheilung der Menschen über die Erde kann nur bei der Ermittlung der Volksdichtigkeit für thunlichst kleine Gebietsabschnitte gewonnen werden. Erst aus solchen Detailberechnungen kann eine Weltkarte entworfen werden, welche die Zonen der Bevölkerungsdichtigkeit in einer den wirklichen Verhältnissen entsprechenden Weise darstellt. Freilich sind unsere statistischen Kenntnisse noch viel zu mangelhaft, als daß diese Weltkarte für den weitaus größten Theil der festen Erdoberfläche mehr als eine Hypothese sein könnte. Gleichwohl bietet eine mit umsichtiger Benützung aller neueren Forschungen ausgearbeitete Dichtigkeitskarte der Erde, wie sie in der mehrfach erwähnten Arbeit von Behm und Wagner enthalten ist, eine Fülle der Belehrung. Ich würde den Leser ermüden, wollte ich ihm diese Weltkarte im Detail beschreiben; ich beschränke mich deßhalb auf folgende kurze Bemerkungen.

Auf drei Gebieten zeigt sich eine hervorragend starke Volksdichtigkeit, in Central-Europa mit Italien und Großbritannien, in Indien und in China. Beinahe drei Viertel aller Menschen wohnen in Europa, Indien und China, also auf einem Flächenraum, der noch nicht den siebenten Theil der Landoberfläche ausmacht. Wohl zeigen sich auch an einigen anderen Punkten der Erde Ansätze zu stärkerer Bevölkerungsdichtigkeit; aber theils ist die räumliche Erstreckung solcher Gebiete klein, wie z. B. das untere Nilthal, theils ist bei großer geographischer Ausdehnung der Grad der Bevölkerungsdichtigkeit immerhin noch ein mäßiger, wie z. B. im Osten der Vereinigten Staaten von Nordamerika.

Von den drei Hauptgebieten hoher Bevölkerungsdichtigkeit ist das in Europa gelegene der genaueren statistisch-geographischen Untersuchung am zugänglichsten. Es zeigt sich dabei, daß in Europa vier Bezirke von größerer räumlicher Ausdehnung mit besonders erhöhter Volksdichtigkeit unterschieden werden können: Oberitalien, Sachsen, das Rheinthal mit den Niederlanden und Belgien, sodann die englischen Grafschaften zwischen der Themsemündung und Liverpool. Außerdem erscheinen noch, mehr vereinzelt, die Umgebungen von Großstädten in den Zonen dichtester Bevölkerung, z. B. jene von Edinburg, Paris, Florenz, Neapel.

Wissenschaftlich am bedeutendsten ist die genaue geographische Analyse der Bevölkerungsdichtigkeit. Politisch ist daneben aber auch die Ermittlung der Durchschnittsdichtigkeit der verschiedenen Reiche und Staaten von Interesse. Das politische und wirthschaftliche Gewicht eines Staates ist nicht nur durch die Zahl der Menschen sondern auch durch die Art ihres Zusammenlebens bedingt. Man begreift leicht den großen Unterschied, welcher sich ergibt, wenn Tausende in täglichen Verkehr mit einander kommen, oder wenn auf weitem Landstriche sich nur selten eine menschliche Ansiedlung findet. Große Ausdehnung des Bodens bedeutet an sich noch nicht wirthschaftliche und politische Stärke. Es ist möglich, daß latente Kraft darin enthalten ist, wie z. B. in Nordamerika, es ist aber auch möglich, daß die Bodenausdehnung nur ein Hinderniß der Machtstellung ist. Im Allgemeinen darf man sogar annehmen, daß die wirthschaftliche und politische Energie eines Volkes von einer gewissen größeren Dichtigkeit desselben abhängig ist. Wie im Kleinen die Städte das Land an politischer Bedeutung überragen, während sie im Ganzen an Volkszahl gegen dieses erheblich zurückstehen, so geht im Großen der dichter bevölkerte (selbstverständlich nicht der übervölkerte) dem dünner bevölkerten Staate voran.

Das Deutsche Reich hat eine mittlere Dichtigkeit von 79 Einwohnern auf den Quadrat-Kilometer. Dichter bevölkert sind von den europäischen Großstaaten Großbritannien und Irland mit 106 und Italien mit 93 Einwohnern auf den Quadrat-Kilometer. Frankreich hat 68, Oesterreich-Ungarn 61, Spanien 33, die Türkei 28 und Rußland 14 Einwohner auf den Quadrat-Kilometer. Von den einzelnen Staaten des Deutschen Reiches hat abgesehen von den Hansestädten das Königreich

Sachsen mit 184 Einwohnern auf den Quadrat-Kilometer die dichteste Bevölkerung. In der Kreishauptmannschaft Zwickau steigt die Bevölkerungsdichtigkeit sogar auf 223 per Quadrat-Kilometer. Zu den bevölkertsten größeren Gebietstheilen des Reiches gehören der preußische Regierungsbezirk Düsseldorf mit 267 und die hessische Provinz Rheinhessen mit 190 Einwohnern auf den Quadrat-Kilometer. Die dünnste Bevölkerung unter den deutschen Staaten haben die beiden Mecklenburg und zwar Schwerin mit 42, Strelitz mit 33 Einwohnern auf den Quadrat-Kilometer.

Die Ursachen, welche die ungleiche Dichtigkeit der Erdbevölkerung bedingen, sind außerordentlich mannigfaltig. Dieselben lassen sich theils auf rein natürliche theils auf soziale Verhältnisse zurückführen. Nur soweit erstere in Betracht kommen, kann man einigermaßen von Gesetzen der Volksvertheilung über die Erde sprechen. Die sozialen Ursachen dagegen, welche die ungleiche Volksdichtigkeit bedingen, erscheinen selbst nur als die Gesammtwirkung so mannigfaltiger historischer Entwicklung, daß hier eine durchgreifende Gesetzmäßigkeit der Erscheinungen schwer zu ermitteln sein möchte. Jedenfalls würde dieß eine gründliche Durchbildung der historischen Statistik voraussetzen, von welcher bisher nur sehr bescheidene Anfänge bemerkbar sind.

Unter den natürlichen Ursachen, welche die Bevölkerungsdichtigkeit beeinflussen, ist vor Allem die Wärmevertheilung zu erwähnen, welche der Lauf der Erde um die Sonne und die schiefe Stellung der Erdachse bedingen. Hiedurch ist dem Menschen ebenso wie den Pflanzen und Thieren gegen die Pole hin eine Grenze gezogen, welche er auf die Dauer nicht überschreiten kann. Naturgemäß lagert sich zwischen die dichter bevölkerten Breitegrade und die unbevölkerten Polargegenden eine Zone dünner und dünnster Bevölkerung.

Aehnlich wie gegen die Pole hin zieht der Wärmemangel

dem Menschen eine Grenze in Betreff der Erhebung über den Meeresspiegel. Wenn auch einzelne Ansiedlungen in bedeutenden Höhenlagen vorkommen, so gestattet doch selbst in der heißen und warmen Zone das Klima erst in viel geringerer Höhe mit dem Ackerbau eine dichtere Bewohnung. Dagegen bildet eine hohe Temperatur kein Hinderniß dichter Bevölkerung; in manchen Gegenden des heißesten Erdgürtels, in Guinea, am oberen Nil, in Indien, Java, gibt es, wie Behm mit Recht hervorhebt, Landschaften, die zu den bevölkertsten der Erde gehören; nur der Verbreitung der verschiedenen Racen und Nationen setzen hohe Temperaturen Schranken.

Von nicht geringerem Einfluß als die Wärmevertheilung ist der Regen. Für die verschiedenen Landstriche eines einzelnen Landes läßt sich dieß allerdings nicht nachweisen. Betrachtet man aber die Bevölkerungskarte, so erkennt man die Bahnen der trockenen Polarwinde, wie die verschiedene Erwärmung der Erde durch die Sonne und die Rotation sie bedingen. So ist beispielsweise der ganze breite Streifen von Ost-Sibirien durch Mittel-Asien über Persien, Arabien und die Sahara äußerst dünn bevölkert.

Flüsse begünstigen die Verdichtung der Bevölkerung, indem sie den Boden befruchten, fruchtbares Schwemmland absetzen und den Verkehr erleichtern. Auf der Karte von Europa zeichnen sich vor Allem der Rhein, der Po, die Seine, die Rhone und die Themse durch starke Bevölkerung an ihren Ufern aus. Treffend hat Peschel hervorgehoben, daß die Ströme erst dann die Fortschritte in der Gesittung lebhafter befördern, wenn die anwohnenden Völker bereits eine höhere Kulturstufe erreicht haben. Deßhalb läßt sich die Wirkung der Flüsse auf die Volksverdichtung durch die Weltkarte nicht allenthalben nachweisen. Es kommen nämlich vielfach Racen auf niederer Entwicklungsstufe in Betracht, welche die Vortheile großer Flüsse nicht zu benützen verstehen.

Schließlich verdient unter den natürlichen Ursachen erhöhter Volksdichtigkeit noch die Anziehungskraft des Meeres Erwähnung. Theils durch die Nahrungsquelle, welche es in der Fischerei bietet, theils — und zwar in erhöhtem Maße — durch die Erleichterung des Handels und Verkehrs gibt das Meer vielfach Anlaß zu einer dichten Bewohnung seiner Küsten. Doch ist auch hier wie bei den Flüssen die Erreichung eines höheren Kulturzustandes und insbesondere der Aufschwung zu auswärtigem Handel Voraussetzung für den volksverdichtenden Einfluß des Meeres.

Innerhalb der großen Marksteine, welche den Stufen der Bevölkerungsdichtigkeit durch die Natur gesetzt sind, bedingt die mannigfaltige Entwicklung der sozialen Verhältnisse eine sehr ungleiche thatsächliche Vertheilung der Bevölkerungsdichtigkeit. Die gesammte Kulturentwicklung eines Landes und seiner einzelnen Gebietstheile erscheint hier von Einfluß, und es kann deßhalb — wie oben bereits bemerkt wurde — ein einfaches soziales Gesetz der Bevölkerungsdichtigkeit nicht aufgestellt werden. Doch ist immerhin klar, daß die wirthschaftlichen Verhältnisse hier vor Allem den Ausschlag geben. Unter gleichem Himmelsstriche wird der Boden eine um so dichtere Bevölkerung ernähren können, je fruchtbarer er ist. Deßhalb ist beispielsweise in Südbayern das Donauthal viel dichter bevölkert als die vor den Alpen sich hinziehende Hochebene. Auch der beste Boden ermöglicht jedoch nur bei intensiver Benützung eine dichte Bevölkerung. Die Jäger und Nomaden stellen auch für die fruchtbarsten Landstriche nur eine sehr dünne Bevölkerung dar. Erst im Ackerbau beginnt deren Verdichtung, welche bei ganz oder nahezu gartenmäßigem Betrieb eine sehr hohe Stufe erreicht. Immer aber bleibt die verschiedene Fruchtbarkeit des Bodens nur *einer* der ökonomischen Faktoren, welche die Bevölkerungsdichtigkeit beeinflussen. Ihm reiht sich als kaum minder bedeutend die Entwicklung von Gewerbe und Handel an. Der minder fruchtbare Bezirk kann bei intensiver, namentlich für die Ausfuhr arbeitender Gewerbthätigkeit an Bevölkerungsdichtigkeit die Landstriche mit dem ertragsfähigsten Boden weit übertreffen. Darum findet sich beispielsweise in dem mit wenig ertragreichem Boden ausgestatteten Oberfranken eine dichtere Bevölkerung als auf den üppigen Fluren Niederbayerns. Am deutlichsten aber wird der Einfluß dieses Faktors bei der colossalen Dichtigkeit der Bevölkerung, welche uns in den Weltstädten und deren näherer Umgebung entgegentritt.

So wichtig aber auch diese wirthschaftlichen Bedingungen der Bevölkerungsdichtigkeit sind, so erscheinen sie doch keineswegs als die allein maßgebenden. Vor Allem ist weiter noch der Entwicklung des privaten und öffentlichen Rechtes zu gedenken. Die freie Theilbarkeit von Grund und Boden ermöglicht beispielsweise eine weit dichtere Bevölkerung als das System der geschlossenen Güter. Gleiches gilt von der Freiheit der Verehlichung und des Gewerbetriebes.

Endlich sind noch alle jene weiteren Kulturzustände von Einfluß, welche weder als wirthschaftliche noch als rechtliche Nothwendigkeiten erscheinen, gleichwohl aber das ganze Volksleben beherrschen. Herkommen und Volkssitte sind gerade hierin oft mächtiger als Recht und Gesetz. Die weiten Landstriche, in welchen das sog. Zweikindersystem herrscht, entbehren der Tendenz zur Volksvermehrung. Im Laufe der Zeit wird in solchen Bezirken die Bevölkerungsdichtigkeit bei sonst gleichen Verhältnissen gegenüber jenen Bezirken sinken, in welchen man von dem genannten System Nichts weiß. Aber auch abgesehen von solchen Einzelheiten scheint die Neigung zu mehr dichtem oder zu mehr vereinzeltem Leben geradezu eine Eigenthümlichkeit der Nationen und Stämme zu sein. Diese ursprünglichen Tendenzen werden dann weiterhin durch die ganze geschichtliche Entwicklung der Völker mannigfaltig beeinflußt. Durch Kriege und unglückliche innere Politik kann eine ursprünglich zur Verdichtung neigende Bevölkerung weit zurückgeschleudert werden, während dauernder Friede mit günstiger wirthschaftlicher Entwicklung auch bei dem ursprünglich weniger dazu geneigten Volksstamm eine andauernde und namhafte Mehrung der Bevölkerungsdichtigkeit veranlassen kann.

Bei der Ermittlung der Bevölkerungsdichtigkeit wird einfach eine Vergleichung der Bewohnerzahl und der Fläche eines gegebenen Gebietsabschnittes vorgenommen. Wie sich im Einzelnen diese Bewohnerzahl auf die verschiedenen Arten der Wohnplätze, auf Städte, Dörfer, Weiler und Einzelhöfe vertheilt, bleibt dabei grundsätzlich unbeachtet. Es enthält ja die Ermittlung der Bevölkerungsdichtigkeit gewissermaßen die Fiktion einer ganz gleichartigen Zerstreuung der Bewohner über die Fläche, während doch thatsächlich diese Zerstreuung von sehr verschiedener Art sein kann. Es ist möglich, daß die Mehrheit der Bevölkerung oder doch ein ansehnlicher Theil derselben in größeren Städten, der Rest auf dem Lande und auch hier vielleicht wieder die Mehrzahl in größeren geschlossenen Dörfern wohnt. Es kann aber auch umgekehrt das Zusammenwohnen in stark bevölkerten Wohnplätzen die Ausnahme und die Zerstreuung der Bevölkerung in zahlreiche Weiler und Einzelhöfe die Regel bilden.

Es leuchtet ein, daß neben der Ermittlung der allgemeinen Bevölkerungsdichtigkeit die statistische Feststellung auch der hier berührten Verhältnisse von großem Interesse ist. Wir wollen dieselben gegenüber dem Begriff der Dichtigkeit als Anhäufungsverhältniß (Agglomeration) der Bevölkerung bezeichnen. Statistisch wird das Anhäufungsverhältniß dargestellt durch den Nachweis über die Vertheilung der Bevölkerung auf die verschiedenen Kategorieen der Wohnplätze unter besonderer Berücksichtigung der Größe ihrer Bewohnerzahl.

Leider fehlt es an durchgreifenden Detailnachweisen dieser Art noch in der Bevölkerungsstatistik fast aller Länder. Und doch wären dieselben von größter Wichtigkeit, weil sie der zahlenmäßige Ausdruck für die verschiedenen Grade der gesellschaftlichen Reibung sind, welche die Art des Zusammenlebens der Menschen hervorbringt. Man begreift leicht, wie verschieden diese soziale Reibung ist, je nachdem die Mehrheit der Bevölkerung in abgelegenen Weilern und Einzelhöfen oder in wohlbevölkerten Städten, Märkten und Dörfern wohnt.

Vollständig ist der statistische Nachweis des Anhäufungsverhältnisses der Bevölkerung dann, wenn die Vertheilung der letzteren auf die einzelnen Kategorieen der Wohnplätze mit detaillirter Unterscheidung der Volkszahl derselben dargelegt ist.

In Ermanglung so weitgreifender Nachweise über die Agglomeration der Bevölkerung bieten anderweitige statistische Verhältnisse einigen Ersatz.

Hier kommt vor Allem die einfache Gegenüberstellung der Zahl der Wohnplätze und der Gesammtbevölkerung in Betracht. Je kleiner sich dabei die Durchschnittsbewohnung eines Wohnplatzes herausstellt, um so geringer ist der Agglomerationsgrad der Bevölkerung, und umgekehrt. Nach der jüngsten Volkszählung von 1875 beträgt die Durchschnittszahl der Einwohner einer Ortschaft im Königreich Bayern 110, in der Pfalz dagegen 336 und in Niederbayern nur 52, in drei Amtsbezirken des letztgenannten Kreises sogar nur 26. Solche Zahlen geben in kürzester Form einen trefflichen

Ausdruck des durchschnittlichen Charakters der Bevölkerungsanhäufung in einem Lande und dessen einzelnen Gebietstheilen.

Ein weiterer Behelf liegt in der Bildung weniger Hauptgruppen der Wohnplätze und dem Nachweise der auf diese treffenden Bevölkerungsantheile. Am meisten gebraucht und dem großen Publikum am verständlichsten ist der allgemeine Gegensatz von Stadt und Land. So einfach derselbe zu sein scheint, so schwierig gestaltet er sich doch, zumal bei internationaler Vergleichung, für die exakte statistische Forschung. Der statistische Congreß hat sich deßhalb genöthigt gesehen, eine statistische Städtebevölkerung in dem Sinne zu schaffen, daß einfach die Bevölkerung der Wohnplätze von mehr als 2000 Einwohnern als städtische Bevölkerung betrachtet wird. Das kaiserliche statistische Amt in Berlin hat die Ergebnisse der Volkszählung von 1871 in dieser Weise bearbeitet und gefunden, daß danach im gesammten Reiche die städtische Bevölkerung 32 Proz. der Gesammtbevölkerung beträgt. Im Lübeckischen, Bremischen und Hamburgischen Staat steigt der Antheil der städtischen Bevölkerung auf 76 bis 90 Proz.; im Königreich Sachsen beträgt er noch 49 Proz., in Preußen nur mehr 31 Proz., in Württemberg 27 Proz. und in Bayern 23 Proz. In Ermanglung weiterer Detailnachweise geben auch diese Zahlen schätzenswerthe Einblicke in den allgemeinsten Charakter der Bevölkerungsagglomeration.

Als hier einschlägige Detailnachweise können, wenigstens nach den allgemeinen deutschen Verhältnissen, jene angesehen werden, welche die Vertheilung der Bevölkerung auf die politischen Gemeinden mit Rücksicht auf deren Bewohnerzahl bieten. Zwar erscheint hiebei, da vielfach mehrere Wohnplätze zu einer politischen Gemeinde zusammengezogen sind, die Bevölkerung gehäufter zu wohnen, als dieß thatsächlich der Fall ist. Allein für geographische Detailvergleichungen sind die Zahlen immerhin werthvoll, ganz abgesehen von der speziellen Bedeutung, welche dieselbe für die richtige Beurtheilung der Gemeindeverhältnisse eines Landes haben. In diesem Sinne ist es beispielsweise sicher von Interesse zu wissen, daß in Bayern nicht weniger als 31 Proz. der Bevölkerung in Gemeinden mit 500 Einwohnern und darunter, dagegen in Gemeinden mit 10 000 Einwohnern und darüber nur 13 Proz. der Bevölkerung wohnen. Ohne Detailkenntniß der Vertheilung der Bevölkerung auf die Wohnplätze und Gemeinden läuft man Gefahr, den Bruchtheil der Bevölkerung, welcher ohne nennenswerthe soziale Reibung in kleinen Ortschaften lebt, zu unterschätzen.

Die Studien über das Anhäufungsverhältniß der Bevölkerung gewinnen ein erhöhtes Interesse, wenn sie mit geschichtlichen Rückblicken verbunden werden. Diese führen nämlich auf die in der neueren Zeit allenthalben bemerkbare Anziehungskraft der größeren Städte und insbesondere der eigentlichen Großstädte. Dadurch hat sich im Laufe der letzten Jahrzehnte das städtische Element unter der Gesammtbevölkerung absolut und relativ nicht unerheblich vermehrt. Wie allgemein diese Strömung ist und wie sehr sich dieselbe nicht etwa bloß bei den rasch anwachsenden Großstädten (London, Berlin) geltend macht, zeigt die bayerische Statistik. In den bayerischen Städten mit mehr als 500 Familien wohnten im Jahre 1840 nur 18,0 Proz., im Jahre 1867 dagegen 22,1 Proz., in den übrigen Wohnplätzen mit mehr als 500 Familien 2,9, bezw. 3,2 Proz., und auf dem platten Lande im Jahre 1840 noch 79,1 Proz., im Jahre 1867 dagegen 74,7 Proz. der Bevölkerung. Noch deutlicher tritt die Anziehungskraft der Städte hervor, wenn man untersucht, wie sich die gesammte Bevölkerungszunahme von 1840 bis 1867 auf die angegebenen Kategorieen der Wohnplätze vertheilt Man findet diese in den Städten mit mehr als 500 Familien zu 36 Proz., in den übrigen größeren Orten zu 19 Proz. und auf dem platten Lande nur zu 4 Proz.

Dieser Anziehungskraft der Städte werden wir bei den weiteren bevölkerungsstatistischen Untersuchungen wiederholt begegnen. Sie scheint mit den Gesetzen unserer gegenwärtigen Kulturentwicklung in inniger Beziehung zu stehen.

Wenden wir uns zur Betrachtung des inneren Gefüges der Bevölkerung, so tritt uns unter deren statistisch erfaßbaren Verschiedenheiten vor Allem das Geschlechtsverhältniß entgegen.

Ob ein Knabe oder ein Mädchen geboren wird, scheint im Einzelnen so zufällig zu sein, daß — ohne Massenbeobachtung der Geburten — eine unregelmäßige Zusammensetzung der Bevölkerung nach dem Geschlecht, ein nach Zeit und Ort namhaft verschiedenes Ueberwiegen bald der männlichen bald der weiblichen Bevölkerung sich geradezu als wahrscheinlich darstellt. Erst die Statistik hat gezeigt, daß das Streben der Natur im Großen und Ganzen auf das Gleichgewicht der Geschlechter gerichtet ist. Sie hat zugleich weiter gezeigt, auf welchem sinnreichen Wege die Natur dieses annähernde Gleichgewicht erreicht. Ununterbrochen werden nach langjähriger Beobachtung in den der statistischen Controle unterworfenen Ländern mehr Knaben als Mädchen (etwa 106 zu 100) geboren; ebenso ununterbrochen aber ist die Sterblichkeit der Knaben schon vor, und insbesondere in den ersten Jahren nach der Geburt größer als die der Mädchen, so daß gerade in den gesellschaftlich und sittlich zumeist entscheidenden Jahren in der Regel ein ziemliches Gleichgewicht der Geschlechter hergestellt ist. Im weiteren Verlaufe des Lebens wird dann allerdings die Manneskraft etwas rascher verbraucht als die Frauenkraft und es verbleibt deßhalb in vielen Ländern bei Berücksichtigung der Gesammtbevölkerung einiger Ueberschuß der Personen weiblichen Geschlechtes.

Wenn die Unterscheidung der gesammten Erdbevölkerung nach dem Geschlecht bekannt wäre, würde sich dieser Weiberüberschuß, wie er allerdings für Europa feststeht, wahrscheinlich als sehr mäßig darstellen. Nach den neuesten, namentlich durch die erste allgemeine Volkszählung in Indien erweiterten Beobachtungen hat es sogar den Anschein, als überwögen im Ganzen unter der Erdbevölkerung die Männer. Das Geschlechtsverhältniß ist für ungefähr 610 Millionen Menschen ermittelt, wovon auf Europa 300, Amerika 61, Afrika 7, Asien 240, Australien 2 Millionen treffen. Einen Weiberüberschuß hat nur Europa (1021 Frauen auf 1000 Männer), während in Amerika 980, in Afrika 975, in Asien 943, in Australien 817 Weiber, und im Ganzen unter jenen 600 Millionen der Erdbevölkerung 985 Weiber auf 1000 Männer treffen. Doch ist zu bedenken, daß wahrscheinlich in den nichtchristlichen namentlich aber den muhamedanischen Ländern die Registrirung der Frauen unvollständiger als jene der Männer ist. Ein erheblicher Weiberüberschuß aber scheint für die Erdbevölkerung im Ganzen nicht zu bestehen.

Wie die in einzelnen Ländern vorhandenen namhafteren Weiberüberschüsse zum großen Theile durch Männerüberschüsse in anderen ausgeglichen werden, zeigt sich deutlich, wenn man die Geschlechtsverhältnisse der europäischen und der amerikanischen Bevölkerungen vergleicht, welche vorzugsweise in Wanderbeziehungen stehen. Nach den neuesten Volkszählungen treffen auf 1000 männliche Personen in Großbritannien und Irland 1043, in Oesterreich 1041, im Deutschen Reich 1037 Personen weiblichen Geschlechts. Im Gegensatze hiezu zeigt die Bevölkerung der Vereinigten Staaten von Nordamerika einen Ueberschuß der männlichen Bevölkerung. Auf 1000 männliche trafen dort im Jahre 1860 955 und im Jahre 1870: 978, bei der weißen Bevölkerung insbesondere 972 weibliche Personen. Ein bekannter französischer Statistiker (Maurice Block) ist, nebenbei bemerkt, boshaft genug, durchblicken zu lassen, wie der Grund der berühmten nordamerikanischen Frauenverehrung ursprünglich in diesem der Damenwelt günstigen Verhältnisse der Nachfrage und des Angebotes zu suchen sei.

Man erkennt in diesen Verhältnissen sofort die Wirkungen der Ein- und Auswanderung. Länder mit andauernder starker Mehrauswanderung, wie z. B. Deutschland, haben Männermangel, Länder mit starker Mehreinwanderung dagegen Frauenmangel. Dieß rührt, wie leicht begreiflich, davon her, daß unter den Wandernden das männliche Geschlecht nicht unerheblich stärker als das weibliche vertreten ist.

Gleichwohl genügt für Europa und namentlich für Deutschland die Auswanderung allein noch nicht zur Erklärung des Weiberüberschusses, und es fragt sich daher, welchen weiteren Ursachen diese gegenüber dem Knabenüberschusse bei den Geburten auffallende Thatsache zuzuschreiben ist. Einigen Anhalt zu einer solchen Erklärung bieten statistische Detailstudien über die geographische Vertheilung des Weiberüberschusses in den Ländern, welche einen derartigen Ueberschuß überhaupt haben. Dabei ist es im Gegensatz zur sonstigen Anwendung der geographischen Methode zweckmäßig, wenn die zur Vergleichung benützten Gebietsabschnitte nicht zu klein gewählt werden, damit lokale gewissermaßen künstliche Anhäufungen der Angehörigen eines Geschlechtes, z. B. Garnisonen, in den Vergleichszahlen verschwinden. Solchen Bedingungen correcter wissenschaftlicher Vergleichung dürften die größeren deutschen Staaten entsprechen. Die deutschen Verhältnisse für die vorliegende Frage aber überhaupt näher in Betracht zu ziehen, erscheint umsomehr veranlaßt, als das Deutsche Reich, wie wir oben sahen, zu den Ländern mit im Ganzen nicht unbedeutendem Weiberüberschuß gehört.

Untersuchen wir nun die deutschen Volkszählungsergebnisse

von 1871 für den vorliegenden Zweck, so finden wir, daß — abgesehen von einzelnen Kleinstaaten — Württemberg und Bayern den relativ größten Ueberschuß weiblicher Bevölkerung haben. Auf 1000 Personen männlichen Geschlechts treffen solche weiblichen Geschlechts in Württemberg 1076 und in Bayern 1053, dagegen beispielsweise in Preußen nur 1029 und in Hessen 1022. Man könnte nun glauben, dieser größere Weiberüberschuß Süddeutschlands rühre lediglich von der bedeutenden Auswanderung her. Ganz gewiß hat diese ihren großen Theil daran; der Kenner der süddeutschen Bevölkerungsstatistik wird aber sofort noch einen weiteren entscheidenden Grund anführen, nämlich die ganz außerordentliche Kindersterblichkeit, welche leider in einem weitausgedehnten geographisch scharf begrenzten Landstriche von Süddeutschland herrscht. Würde diese hohe Kindersterblichkeit beide Geschlechter gleich stark bedrohen, dann könnte sie einen Einfluß auf die Geschlechtsvertheilung der Gesammtbevölkerung nicht äußern. Diese Voraussetzung trifft aber nicht zu. Ueberall sind die Knaben im zarten Alter mehr gefährdet als die Mädchen, und da, wo die Kindersterblichkeit sehr groß ist, kann die größere Sterblichkeit der Knaben so anschwellen, daß schon in den jüngsten Altersklassen der bei der Geburt vorhandene Knabenüberschuß sich in einen Mädchenüberschuß verwandelt. So liegen beispielsweise die Verhältnisse in Bayern. Obwohl auch hier dauernd mehr Knaben als Mädchen geboren werden, ergab die Volkszählung von 1871 für die Gesammtzahl der in den fünf ersten Lebensjahren stehenden 575041 Kinder 284251 Knaben und 290790 Mädchen, also einen Ueberschuß der letzteren von 23 auf tausend Knaben. Wo die Kindersterblichkeit geringer ist, zeigen die jüngeren Altersklassen noch einen Ueberschuß der Knaben. Nach der Volkszählung von 1871 trafen im ersten Lebensjahrfünft in Preußen auf 1612085 Knaben 1589115 Mädchen, also auf 1000 Knaben 986 Mädchen und n Norwegen nach der Zählung von 1865: 117026 Knaben auf 113435 Mädchen oder 1000 Knaben auf 969 Mädchen.

Die größere Lebensbedrohung, welche die Natur dem Knaben als böses Geschenk in die Wiege legt, begleitet ihn fast durch sein ganzes Leben, wie sich weiter unten aus der Vergleichung des Altersaufbaues der männlichen und weiblichen Bevölkerung ergeben wird. Abgesehen von der in ihrer tödtlichen Wirkung vielfach überschätzten Gefahr, welche die Entbindung dem Weibe bereitet, erscheint der Mann nach der ganzen Art und Entwicklung seines Lebens bedrohter als das Weib. Er neigt in jeder Beziehung zu intensiverem Verbrauche der Lebenskraft. Die harte Arbeit des Friedens wie des Krieges bringt ihm weit größere Anstrengungen und Gefahren wie dem Weibe. Der größeren Summe physischer Kraft, welche er durchschnittlich besitzt, steht keineswegs eine entsprechend größere Widerstandskraft gegen die mannigfaltigen Lebensbedrohungen zur Seite, welche ihn umgeben. Dabei darf man nicht etwa bloß an die einzelnen rasch tödtenden Vorgänge, wie z. B. die Verunglückungen im Gewerbebetriebe denken, denen der Mann weit mehr ausgesetzt ist, als das Weib, sondern auch an den langsamen Verzehr der Lebenskraft im Sturm und Drang des Lebens. Recht belehrend ist in dieser Hinsicht die Criminalstatistik. Niemand wird bezweifeln, daß der Weg des Verbrechens auch dem leiblichen Wohle nachtheilig ist, und wollte er dieß, so wäre er durch einen einfachen Hinweis auf die Sterblichkeitsziffer der Galeere und des Zuchthauses belehrt. Wenn nun aber von Tag zu Tag das männliche Geschlecht einen etwa fünffach größeren Betrag zu den Verbrechern stellt als das weibliche, und wenn wir auch darin nur einen dafür aber statistisch gut erfaßbaren Ausdruck des vielfachen Anlasses zu rascherem Verbrauch der männlichen Lebenskraft erblicken, so werden wir uns nicht wundern dürfen, wenn uns die Statistik weiter lehrt, daß wir uns nicht irren, wenn wir in den Straßen unserer Städte mehr alte Weiber als alte Männer zu sehen glauben.

Einiger Ueberschuß der weiblichen Bevölkerung erscheint hienach wohl erklärlich. Glücklicherweise zeigt der Befund der Thatsachen, daß dieser Ueberschuß auch bei dem Zusammentreffen aller ungünstigen Verhältnisse, insbesondere bei der Mitwirkung starker Kindersterblichkeit und Auswanderung kein beunruhigender ist. Auch dann noch erscheint das große Gesetz der Tendenz zum Gleichgewicht der Geschlechter genügend gewahrt, zumal da die innige dauernde Geschlechtsgemeinschaft der Ehe erfahrungsgemäß auch bei voller Verehlichungsfreiheit von einem jenen Ueberschuß weit übertreffenden Bruchtheil der Bevölkerung nicht als Bedürfniß empfunden wird. Der geringe Weiberüberschuß, welcher überdieß nur für einen Bruchtheil der Erdbevölkerung verbleibt, kann hienach auch nicht als Waffe gegen die Monogamie benützt werden. Hätten wir zwei- oder dreitausend Weiber auf tausend Männer oder umgekehrt, und würde sich insbesondere dieses Verhältniß bei den für das Geschlechtsleben bedeutsamen Altersklassen ergeben, dann läge die Sache allerdings anders.

Schließlich darf ich übrigens nicht unterlassen darauf aufmerksam zu machen, daß abgesehen von dem Einflusse, welchen Wanderungen, Kindersterblichkeit und erhöhte Lebensbedrohung des Mannes auf die Geschlechtsvertheilung der Bevölkerung äußern, auch der Race und Nationalität als solcher ein bestimmter Einfluß nicht abzusprechen sein dürfte. Die Statistik hat noch einen zu kleinen Theil der Welt erobert, als daß hierüber schon eine abgerundete Theorie aufgestellt werden könnte. Was bis jetzt vorliegt, ist nur ein Bruchstück, aber es leitet doch mit Nothwendigkeit auf die hier ausgesprochene Vermuthung. Ich erinnere an die oben für Asien mitgetheilten Zahlen. Auch für Europa fällt auf, daß die romanischen Völker, insbesondere Frankreich und Italien, keinen oder nur geringen Weiberüberschuß haben. Und wollte man dieß ausschließlich aus deren Abneigung gegen Auswanderung erklären, was — mindestens für Italien — nicht genügen würde, so bleibt immer noch Griechenland als ein Räthsel, da dort bei wiederholten Volkszählungen ein bedeutender Männerüberschuß, zuletzt im Jahre 1870 1000 männliche auf 933 weibliche Personen gefunden wurden.

Sehr belehrend sind in dieser Beziehung die Ermittlungen über die geographische Vertheilung des Geschlechtsverhältnisses im Königreich Ungarn, also in einem Lande, welches durch die starke Vertretung verschiedener Nationalitäten für die vorliegende Frage ein besonders geeignetes Untersuchungsobjekt bildet. Nach Keleti's Untersuchungen stellt sich heraus*), daß das größte Gleichgewicht der Geschlechter in den zumeist von Magyaren bewohnten Landestheilen besteht. Im Westen und Norden des Landes, wo hauptsächlich Deutsche und Slovaken wohnen, hebt sich allmälig das Uebergewicht des weiblichen Geschlechts, während gegen Nordosten, Osten und Süden, also in den von Ruthenen, Rumänen, Serben und Kroaten bewohnten Landestheilen das weibliche Geschlecht eben so entschieden abnimmt. Auch die ungarische Statistik bestätigt hienach die anderweitig constatirte Thatsache, daß im Allgemeinen der Weiberüberschuß von Central-Europa (Deutschland) aus nach Süden und Osten mehr und mehr abnimmt, so zwar daß in den östlichen und südlichen Theilen Europas sogar ein Männerüberschuß vorliegt.

Daß wir es jedoch abgesehen von dem besonderen Verhalten einzelner Racen und Stämme bei der Tendenz zum Gleichgewicht der Geschlechter in der That mit einem stetig

*) Man vergl. Schwicker, Statistik des Königreichs Ungarn. Stuttgart 1877. S. 128.

waltenden Naturgesetze zu thun haben, zeigt ein historischer Rückblick auf die Gestaltung der Geschlechtsverhältnisse einer Bevölkerung, welche von Zeit zu Zeit durch verheerende Kriege eine acute Störung dieser Verhältnisse erfahren hat, im Uebrigen aber weder eine auffällige Kindersterblichkeit noch eine bedeutende Auswanderung zeigt. Eine solche Bevölkerung ist die französische. Um die Gestaltung der Geschlechtsverhältnisse derselben von 1806 bis 1872 übersichtlich darzustellen, bitte ich folgende Tabelle hier einschalten zu dürfen.

Jahre	In Frankreich betrug an der Gesammtbevölkerung der Prozentantheil des		Differenz
	männlichen Geschlechts	weiblichen Geschlechts	
1806	49,17	50,83	1,66
1821	48,57	51,43	2,86
1831	48,97	51,03	2,06
1841	49,38	50,62	1,24
1851	49,73	50,27	0,54
1861	49,87	50,13	0.26
1866	49,95	50,05	0,10
1872	49,81	50,19	0,38

Man sieht, wie im Jahre 1821, also wenige Jahre nach der langen Kriegszeit der Ueberschuß des weiblichen Geschlechts sein Maximum erreicht hat, welches jedoch in Anbetracht der damaligen außerordentlichen Verhältnisse keineswegs als sonderlich hoch erscheint, denn es beträgt 1059 Weiber auf 1000 Männer. Von jenem Zeitpunkt an zeigt sich bis zum Jahre 1866 eine ständige, wenn auch durch den Krieg in der Krim und Italien ein wenig aufgehaltene Abnahme des Weiberüberschusses, so zwar daß im Jahre 1866 fast ein vollständiges Gleichgewicht der Geschlechter erreicht war. Hiebei ist noch zu beachten, daß unter der Zählung von 1866 nicht die gesammte Armee begriffen war. Man sieht deutlich, wie die Natur bemüht war, die durch außerordentliche Verhältnisse eingetretene, wenn auch im Ganzen nicht bedeutende, Störung im Geschlechtsverhältnisse der Bevölkerung zu beseitigen. Der Erfolg dieses Heilprozesses war ein so constanter, daß bis zur Gegenwart der ehemalige Ueberschuß des weiblichen Geschlechts wahrscheinlich einem solchen des männlichen Geschlechtes Platz gemacht hätte, wenn nicht in Folge des Krieges von 1870/71 ein Rückschlag eingetreten wäre. Daß derselbe im Vergleiche mit 1866 nicht bedeutender ist, als aus obigen Zahlen hervorgeht, findet abgesehen von der Territorialveränderung Frankreichs wohl hauptsächlich darin seine Erklärung, daß die seit 1821 beobachtete Zunahme des Antheiles der männlichen Bevölkerung auch noch von 1866 bis zum jüngsten Kriege fortdauerte, und daß demgemäß eine Vergleichung der Geschlechtsverhältnisse der französischen Bevölkerung unmittelbar vor dem Krieg von 1870 mit dem Ergebnisse der Zählung von 1872 eine größere Differenz zeigen würde, als zwischen 1866 und 1872 besteht.

In jedem Falle bilden die obigen Zahlenreihen einen schönen Nachweis der Thatsache, daß acute Störungen des Geschlechtsverhältnisses im Laufe der Zeit beseitigt werden, und daß dieß — wie leicht begreiflich — um so deutlicher hervortritt, je mehr die betreffende Bevölkerung nach ihren allgemeinen Geburts- und Sterblichkeitsverhältnissen sowie nach ihrem geringen Wanderdrang zu vollem Gleichgewicht der Geschlechter neigt.

Nächst der Zusammensetzung der Bevölkerung nach dem Geschlecht ist der Aufbau derselben nach Altersklassen von besonderem Interesse. Das Urmaterial für diesen Zweig bevölkerungsstatistischer Forschung wird bei den modernen Volkszählungen durch Aufschreibung des Alters oder Geburtsjahres jeder einzelnen gezählten Person gewonnen. Würde in einem gegebenen Lande Jahr aus Jahr ein die gleiche Zahl von Kindern geboren, würde Niemand ein- und auswandern und würden alle Menschen ohne Ausnahme das gleiche Alter,

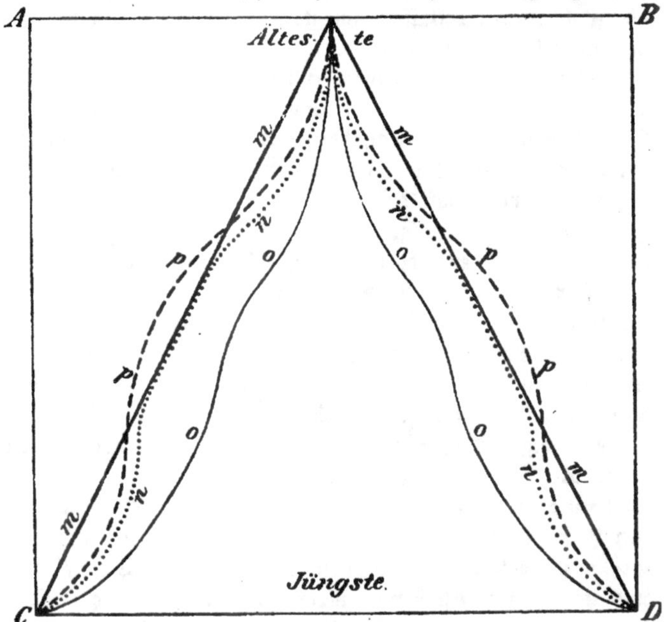

Figur 12.

beispielsweise das 100ste Lebensjahr erreichen, so wäre der Altersaufbau der Bevölkerung sehr einfach. Alle Altersklassen wären gleich stark vertreten. Das Rechteck ABCD würde in diesem Falle die Altersklassenzusammensetzung der Bevölkerung veranschaulichen. (Vgl. Figur 12.)

Daß die wirkliche Alterszusammensetzung der Bevölkerung von einer solchen gleich starken Vertretung der einzelnen Altersklassen weit entfernt ist, weiß man freilich schon weit länger, als man überhaupt Altersstatistiken der Bevölkerung macht. Der die Generationen von Jahr zu Jahr vermindernde Einfluß des Todes liegt zu klar vor Jedermanns Auge, als daß nicht der den Kinderschuhen Entwachsene bereits wüßte, daß die jüngsten Altersklassen am stärksten, die ältesten dagegen am schwächsten vertreten sind.

Mit diesem allgemeinen Bilde des Altersaufbaues der Bevölkerung endet aber auch zugleich das Wissen des Laien. Was darüber hinaus liegt, der exakte Nachweis des Antheils der einzelnen Altersklassen am Gesammtstande der Bevölkerung, ist die Errungenschaft der Statistik.

Fassen wir zunächst, ohne auf positive Zählungsergebnisse einzugehen, die verschiedenen Möglichkeiten ins Auge.

Der einfachste Fall wäre offenbar dann gegeben, wenn die Abnahme in der Vertretung ganz gleichmäßig wäre, also etwa 100 Einjährige, 99 Zweijährige, 98 Dreijährige und so weiter bis zu e i n e m Hundertjährigen gefunden würden. Diese roheste schematische Darstellung des Altersaufbaues ist in dem obigen Diagramme durch die mit m bezeichneten Linien angedeutet. Wer jedoch die Sterblichkeitsverhältnisse der Generationen kennt, der weiß sofort, daß die Abnahme von den Jungen zu den Alten nicht so regelmäßig vor sich geht. Er weiß, daß die Sterblichkeit in den ersten Lebensjahren und im höheren Alter viel stärker ist, als in der dazwischen liegenden Lebenszeit. Er weiß ferner, daß bei zunehmender Geburtenmenge die Vertretung der älteren Leute, welche aus minder starken Geburtscontingenten herrühren, eine weitere Abschwächung erleiden muß. Er wird deßhalb als normale Alterszusammensetzung einer in mäßiger Zunahme begriffenen Bevölkerung etwa den durch die mit n bezeichneten Curven ausgedrückten Altersaufbau finden, der sich beispielsweise für die bayerische Bevölkerung (bei schematischer Abrundung) ergeben hat. Tritt als weiteres Element zu steigender Geburtenzahl eine namhafte Mehrauswanderung hinzu, dann erleiden nicht nur die höheren, sondern auch schon die mittleren Altersklassen eine bedeutende Abminderung, und es findet sich ein ungewöhnlich starkes Contingent junger Leute, wie es im obigen Diagramm durch die Curven o dargestellt ist. Eine solche eigenthümliche Altersklassenzusammensetzung zeigt beispielsweise die kinderreiche und wanderungslustige pfälzische Bevölkerung. Umgekehrt kann in Ländern oder Landestheilen, welche lange Zeit hindurch eine mäßige Geburtenfrequenz und ziemlich stetige Geburtenzahl bei fast gänzlichem Mangel an Wandertrieb hatten, eine so starke Anhäufung von Personen im mittleren Alter vorliegen, daß der Altersaufbau einer solchen Bevölkerung durch die Curven p darzustellen wäre. Aehnliche Verhältnisse ergeben sich in Bayern bei dem Regierungsbezirk Niederbayern.

Nach diesem allgemeinen Ueberblicke der charakteristischen Züge des Altersaufbaues der Bevölkerung ist es wohl am Platze, den Leser mit dem statistischen Materiale, welches die Altersermittlung bei der Volkszählung liefert, etwas näher vertraut zu machen.

Die tabellarischen Nachweise über die Altersverhältnisse einer Bevölkerung, in welchen die einzelnen Geburts- oder Altersjahre unterschieden werden, sind der Natur der Sache nach vielgliederig und zahlenreich. Eine Reihe absoluter Zahlen mit etwa hundert Gliedern ist hier das nächste Ergebniß der statistischen Thatsachengruppirung.

Die Bekanntgabe solcher Reihen von absoluten Zahlen ist die erste Aufgabe des amtlichen Statistikers. Sie stellen den objektiven noch keinem wissenschaftlichen Reagens unterworfenen Thatsachenbefund dar. Zugleich sind sie eine unentbehrliche Grundlage weiterer statistischer Untersuchungen. Wenn z. B. Contingente von Lebenden mit Contingenten von Geborenen, aus denen sie herrühren, oder mit Contingenten von Gestorbenen, welche allmälig aus ihnen ausscheiden, verglichen werden sollen, muß man die absolute Zahl der jeder Altersklasse Angehörigen kennen.

Das statistische Bild des Altersaufbaues der Bevölkerung vermag aber wohl Niemand in den vielgliederigen Reihen absoluter Zahlen zu erblicken. Der objektive Zahlenbefund entbehrt seiner Reichhaltigkeit wegen in gewissem Sinne der wissenschaftlichen Beherrschbarkeit. Um diese anzubahnen, bedarf man vor Allem der relativen Zahlen, welche den verhältnißmäßigen Antheil der einzelnen Glieder der Reihe an der Summe derselben in einem unserer Vorstellung leicht zugänglichen Ausdrucke wiedergeben.

In solchen Fällen, in welchen die Reihen nur aus wenigen Gliedern bestehen, erweist sich die Entwicklung der relativen Zahlen zur Vermittlung der wissenschaftlichen Beherrschbarkeit des statistischen Stoffes als genügend. Bei vielgliederigen Reihen liegt ein weiterer richtiger Schritt in der Zusammenziehung mehrerer Einzelglieder der Reihen zu Gruppen. Die Einzelerkenntniß der Thatsachen ist dabei allerdings abgeschwächt, aber dafür die wissenschaftliche Beherrschbarkeit des Stoffes erleichtert. Das Höchste endlich leistet in letzterer Beziehung der Durchschnitt, welcher einen einzigen Ausdruck an Stelle der vielgliederigen Zahlenergebnisse setzt. Dieser Vorzug des Durchschnittes ist freilich auch, wie bereits in der allgemeinen Einleitung dargelegt wurde, dessen Schwäche, indem er mittelst einer künstlichen Abstraktion die thatsächlich verschiedenen Glieder der Reihe nivellirt. Der Durchschnitt kann deßhalb die Reihe niemals ersetzen, er kann nur dazu dienen ihre Erkenntniß einzuleiten, wobei die Gruppenbildung als methodisches Mittelglied zwischen Durchschnitt und vollständige Reihe sich einschiebt.

Wir beginnen deßhalb hier die Untersuchungen über die Altersverhältnisse der Bevölkerung mit dem Durchschnittsalter der Lebenden, während das, was bei der statistisch-technischen Bearbeitung des Zählungsmateriales sich als das nächste Resultat ergibt, nämlich das Detail der Altersstatistik nach einzelnen Lebensjahren zuletzt zur Sprache kommen soll.

Zur Ermittlung des Durchschnittsalters der Lebenden ist als Ausgangspunkt der weiteren Berechnungen vor Allem eine Uebersicht der von der gesammten Bevölkerung bis zum Zählungstage durchlebten Jahre erforderlich. Diese Uebersicht hat aber zugleich ein selbständiges Interesse; es wird deßhalb gestattet sein derselben einige Worte zu widmen. Allerdings dient die Kenntniß der Gesammtsumme der von allen einzelnen Individuen einer gegebenen Bevölkerung bis zu dem Augenblick der Zählung durchlebten Jahre kaum zu mehr als zur Befriedigung einer an großen Zahlen sich erfreuenden Neugier. Welche andere Bedeutung hat es, wenn ich hier dem geneigten Leser beispielsweise die Thatsache vorführe, daß die bei der bayerischen Zählung von 1871 ermittelte Bevölkerung von rund 4 860 000 Personen im Ganzen bis zu dem Zählungstage etwas mehr als 142 Millionen Jahre Lebenszeit hinter sich hatte?

Die Berechnung der durchlebten Jahre gewinnt aber sofort größeres Interesse, wenn dieselbe für die einzelnen Altersklassen vorgeführt wird. Dann kann man nämlich ersehen, mit welcher Summe von Lebenserfahrung — im weitesten Sinne des Wortes — die einzelnen Altersklassen einer Bevölkerung auftreten. Diese „Summe der Lebenserfahrung“ ist das Produkt aus dem Alter und der Stärke (Personenzahl) der verschiedenen Contingente Lebender. Im Einzelnen hat der Greis die größte individuelle Lebenserfahrung; im Ganzen muß die Greisenwelt gegen jüngere Generationen zurücktreten, deren kürzere individuelle Lebenszeit durch die größere Zahl der Zugehörigen ausgeglichen und überwogen wird. Es fragt sich aber nun weiter, bei welcher Altersklasse diese Summe der Lebenserfahrung culminirt. Die Kinder sind zwar zahlreich aber noch zu kurzlebig, die Greise zwar langlebig aber zu spärlich vorhanden. Die Culmination muß also auf die mittleren Altersklassen treffen. Nach meinen zweimaligen Berechnungen für die bayerische Bevölkerung auf Grund der Volkszählungen von 1867 und 1871 habe ich gefunden, daß die fragliche Culmination ungefähr auf das 50ste Lebensjahr traf; die jüngeren Altersklassen hatten zwar größere Mitgliederzahlen aber zu kurze durchlebte Zeit, die höheren Altersgruppen dagegen waren zu arm an Mitgliedern, um in der „Summe" der Lebenserfahrung mit den ungefähr Fünfzigjährigen zu concurriren.

Bei dieser Untersuchung leuchtet weiter ein, daß es durchaus nicht nothwendig ist, die Berechnung der Summe von Lebenserfahrung nur in dem weitesten Sinne anzustellen, daß alle vom Augenblick der Geburt an durchlebte Zeit in Betracht gezogen wird. Je nach dem Zwecke der Untersuchung erweist sich vielmehr die Berechnung erst von einem späteren Zeitpunkt des Lebens an als zweckmäßig. Hieher gehört die Ermittlung jener gewissermaßen potenzirten Lebenserfahrung, welche erst von der beginnenden wirthschaftlichen Produktionsfähigkeit der Individuen, also etwa vom 16ten Lebensjahre an, datirt wird. Sieht man nur auf diese vom Beginn der produktiven Lebensjahre an gerechnete Summe von Lebenserfahrung, so verschiebt sich natürlich die Culmination in ein höheres Alter. Meine Berechnungen für Bayern haben ergeben, daß in diesem Falle die um das 60ste Lebensjahr gelagerten Altersklassen die höchste Summe potenzirter Lebenserfahrung in sich vereinigen.

Um dem Leser ein Bild von dem allmäligen Anwachsen der Summe der Lebenserfahrung mit dem Alter und deren schließlichem Erlöschen im höheren und höchsten Alter zu geben, füge ich einige Zahlen bei, welche hierüber im Zusammenzug nach fünfjährigen Altersklassen für die bayerische Bevölkerung nach der Ermittlung vom 1. Dezember 1871 Aufschluß geben.

Altersgruppen	Zahl der von den Angehörigen der nebenbezeichneten Altersgruppen im Ganzen bis zum Zählungstag durchlebten Jahre.	
	Bei Berücksichtigung sämmtlicher durchlebter Jahre	Bei Berücksichtigung nur der vom 16ten Lebensjahre an durchlebten Jahre
1tes bis 5tes Lebensjahr	1 412 680	—
6 „ 10 „ „ „	3 656 010	—
11 „ 15 „ „ „	5 607 840	—
16 „ 20 „ „ „	7 239 298	1 019 788
21 „ 25 „ „ „	9 043 660	2 998 585
26 „ 30 „ „ „	10 415 913	4 733 118
31 „ 35 „ „ „	11 170 600	6 006 520
36 „ 40 „ „ „	11 994 972	7 188 447
41 „ 45 „ „ „	12 158 942	7 865 042
46 „ 50 „ „ „	12 849 847	8 788 242
51 „ 55 „ „ „	13 474 658	9 614 888
56 „ 60 „ „ „	12 177 818	8 996 318
61 „ 65 „ „ „	11 838 708	8 989 368
66 „ 70 „ „ „	8 743 723	6 797 693
71 „ 75 „ „ „	5 918 256	4 686 756
76 „ 80 „ „ „	2 905 840	2 340 940
81 „ 85 „ „ „	1 217 544	994 884
86 „ 90 „ „ „	379 688	314 138
91 „ 95 „ „ „	69 739	58 309
96 „ 100 „ „ „	4 929,5	4164,5
102tes „ „	101,5	86,5
Im Ganzen	142 280 767	81 397 287

Mit dem Vorrücken der Generationen werden hienach in Bayern trotz der inzwischen ununterbrochen stattfindenden Todesfälle bis zum 25sten Lebensjahre von Jahrfünft zu Jahrfünft rund zwei Millionen an durchlebter Zeit gewonnen. Von da ab wird der Gewinn in gleicher Frist mäßiger und zählt nur mehr nach Hunderttausenden von Jahren. In der zweiten Hälfte der sechziger Jahre erlangt die Vernichtung durchlebter Zeit durch den Tod die Oberhand und zwar sogleich in energischer Weise. Fortan übersteigt der Verlust an Lebenserfahrung durch den Tod den Gewinn an solcher auf Seite der Fortlebenden in rascher Progression, bis überhaupt im höchsten Greisenalter nur noch kleine Summen durchlebter Zeit und zuletzt, kurz nach der Schwelle des hundertsten Jahres überhaupt gar keine „lebenden" Jahre mehr aufzufinden sind.

Stellt man diese Untersuchungen für beide Geschlechter gesondert an, so findet man wegen der stärkeren Besetzung der höheren Altersklassen bei den Weibern ein namhaftes Uebergewicht durchlebter weiblicher Lebenszeit im höheren Alter. Für Bayern ergab sich beispielsweise aus der Erhebung von 1871, daß die 51—55 jährigen Weiber mehr als 7 Millionen durchlebter Jahre aufzuweisen hatten, während die Männer gleichen Alters nur ein Gesammtleben von nicht einmal 6½ Millionen Jahren darstellen.

Hat man die Gesammtzahl der von der Bevölkerung bis zum Zählungsmoment durchlebten Jahre ermittelt, so gelangt man durch Weiterführung der Berechnung zur Feststellung des Durchschnittsalters der Lebenden, indem man nämlich die Summe der durchlebten Jahre durch die Zahl der Lebenden dividirt. Wenn man diese Berechnung für die Bevölkerung desselben Landes nach Ablauf einiger Jahre wiederholt, ergibt sich nur eine sehr geringe Aenderung des Resultates. So stellte sich z. B. das Durchschnittsalter der bayerischen

Bevölkerung nach der Zählung von 1867 auf 29,30, nach jener von 1871 auf 29,26 Jahre. So klein die Differenz der beiden Zahlen an sich schon ist, so würde sie sich doch noch geringer herausgestellt haben, wenn nicht gerade bald nach 1867 in Folge der Einführung der Verehlichungsfreiheit in Bayern eine sehr bedeutende Geburtenmehrung eingetreten wäre, welche die jüngsten Altersklassen im Vergleiche mit den höheren erheblich verstärkte.

Diese Thatsache allein würde genügen, um eine Warnung vor Ueberschätzung des inneren Werthes der Berechnungen über das Durchschnittsalter der Lebenden zu begründen. Noch tiefer aber sinkt dieser Werth, wenn man sich vergegenwärtigt, was denn überhaupt auf die Größe des Durchschnittsalters der Lebenden Einfluß äußert.

Ein starker Bestand der jüngeren Altersklassen hat ein niedriges, umgekehrt eine starke Vertretung der höheren Altersklassen ein hohes Durchschnittsalter der Lebenden zur Folge. Die verhältnißmäßig geringe Vertretung der höheren Altersklassen kann allerdings von ungünstigeren Mortalitätsverhältnissen der Erwachsenen herrühren, aber ebensogut auch von ganz anderen Umständen, nämlich von der Auswanderung und von der Geburtenzunahme, insbesondere wenn letztere mit geringer Kindersterblichkeit verbunden ist.

In welchem Maße jede einzelne von diesen höchst verschiedenartigen Ursachen wirkt, ist aus der bloßen Durchschnittszahl des Alters der Lebenden in keiner Weise zu ersehen. Es kann die wahre Vitalität der Generationen sich fortdauernd günstiger gestalten und gleichwohl das Durchschnittsalter der Lebenden kleiner werden; es braucht nur eine bedeutende Zunahme der Geburten einzutreten. Umgekehrt kann das Durchschnittsalter der Lebenden bei dauernder Verschlechterung der Mortalitätsverhältnisse steigen. Man denke sich das Menschengeschlecht im Aussterben begriffen, dezimirt von Epidemieen bei spärlichen und vielleicht ganz aufhörenden Geburten, so würde doch bei dieser düstersten Form des Bevölkerungsganges das Durchschnittsalter der Lebenden nicht fallen sondern steigen müssen.

Dem Leser wird hienach klar genug sein, daß nichts irriger wäre, als aus der Größe des Durchschnittsalters der Lebenden in verschiedenen Ländern und Provinzen auf entsprechende Unterschiede in der Lebens- und Sterbenswahrscheinlichkeit der Bevölkerungen zu schließen. Ich habe beispielsweise gefunden, daß die Pfalz ein fast um 4 Jahre niedrigeres Durchschnittsalter der Lebenden hat als Südbayern. Davon sind aber nicht etwa ungünstigere Mortalitätsverhältnisse der Pfalz die Ursache; denn die pfälzische Absterbeordnung stellt sich weit günstiger als die südbayerische; die ganze so bedeutende Differenz ist vielmehr in der Hauptsache durch die große frühere Auswanderung und die geringe Kindersterblichkeit der Pfalz gegenüber der unbedeutenden Auswanderung und hohen Kindersterblichkeit in Südbayern veranlaßt. Aehnlich liegen die Verhältnisse bei einer Vergleichung von Preußen und Bayern. Preußen hat im gegenwärtigen Jahrhundert bei einer im Ganzen mäßigen Auswanderung und geringeren Kindersterblichkeit eine relativ größere Volksvermehrung durch Ueberschuß der Geburten über die Sterbfälle gehabt als Bayern. Daher kommt es, daß der mittlere Bayer ein um zwei bis drei Jahre höheres Durchschnittsalter aufzuweisen hat als der mittlere Preuße. Für das gesammte Deutsche Reich ergab sich nach der Zählung von 1871 ein Durchschnittsalter der Bevölkerung von etwas mehr als 27 Jahren.

Das „Durchschnittsalter der Lebenden" ist hienach nur ein ganz allgemeiner Ausdruck für den augenblicklichen Befund der Altersklassenzusammensetzung der Bevölkerung, welcher zwar gerade seiner Kürze wegen nicht ohne Interesse, für alle weiteren Folgerungen aber nur mit höchster Vorsicht zu verwerthen ist, weil er über die Art und die Ursachen der Würfelung der einzelnen Alterscontingente gar keinen Aufschluß gibt.

Der richtige Einblick in die Altersverhältnisse des Volkes kann nur durch die Analyse des Aufbaues der Altersklassen gefunden werden. Bei einer methodischen Behandlung der Altersstatistik wäre aber der Sprung vom Durchschnittsalter zu den einzelnen Lebensjahren der Bevölkerung zu groß; es empfiehlt sich deßhalb zunächst gewissermaßen auf einer Zwischenstation Halt zu machen, nämlich bei der Unterscheidung von Altersgruppen, in welchen mehrere einzelne Altersklassen zusammengefaßt werden.

Wenn wir je fünf Lebensjahre in eine Altersgruppe zusammenziehen, so gibt eine Zahlenreihe von ungefähr 20 Gliedern das Bild des Altersaufbaues der Bevölkerung, welches zwar wegen dieser Zusammenfassung von Lebensjahrfünften nicht das volle Detail der Altersstatistik dafür aber den Vorzug bietet, daß manche kleine Unrichtigkeiten der Altersangaben hiebei überhaupt nicht zur Geltung kommen, sondern sich innerhalb der Gruppen ausgleichen.

Wenn wir die Bevölkerung des gesammten Deutschen Reiches nach der Zählung von 1871 in dieser Weise nach Altersgruppen zerlegen, gewinnen wir folgendes Gesammtbild des Alteraufbaues der deutschen Bevölkerung.

Ergebniß der Volkszählung im Deutschen Reich vom 1. Dezbr. 1871.

Altersgruppen	Zahl der auf die einzelnen Altersgruppen treffenden Personen	Setzt man die Gesammtzahl der Personen, deren Alter ermittelt ist, = 100, so trifft auf die einzelnen Altersklassen folgender Antheil
101tes Lebensjahr u. darüber	496	0,001
96stes bis 100stes Lebensjahr	1 523	0,004
91 „ „ 95 „ „ „	7 367	0,02
86 „ „ 90 „ „ „	32 480	0,08
81 „ „ 85 „ „ „	107 839	0,26
76 „ „ 80 „ „ „	276 304	0,67
71 „ „ 75 „ „ „	584 406	1,42
66 „ „ 70 „ „ „	880 097	2,15
61 „ „ 65 „ „ „	1 259 242	3,07
56 „ „ 60 „ „ „	1 494 859	3,64
51 „ „ 55 „ „ „	1 938 006	4,72
46 „ „ 50 „ „ „	2 129 143	5,19
41 „ „ 45 „ „ „	2 246 319	5,48
36 „ „ 40 „ „ „	2 581 053	6,29
31 „ „ 35 „ „ „	2 891 090	7,05
26 „ „ 30 „ „ „	3 216 247	7,84
21 „ „ 25 „ „ „	3 547 114	8,65
16 „ „ 20 „ „ „	3 745 751	9,13
11 „ „ 15 „ „ „	4 270 570	10,41
6 „ „ 10 „ „ „	4 625 672	11,27
1 „ „ 5 „ „ „	5 192 715	12,66
Zusammen	41 028 293	100
Außerdem Alter nicht ermittelt	30 487	—

Die vorstehenden Zahlenreihen geben dem Leser die concrete Veranschaulichung der am Eingange der Bemerkungen über die Altersstatistik gegebenen idealen Constructionen des Alteraufbaues der Bevölkerung. Schon die Vergleichung der einzelnen Glieder der Zahlenreihen unter einander läßt ersehen, daß die deutsche Bevölkerung auf einer ausgiebigen Basis von Kindern und jungen Leuten nach dem Alter aufgebaut ist. Noch deutlicher wird dieß, wenn man den Altersaufbau der französischen Bevölkerung damit vergleicht. Ich will den Leser nicht durch Vorführung langer Zahlenreihen ermüden, sondern nur in Hauptzügen den Unterschied des Altersaufbaues der deutschen und französischen Bevölkerung berühren. Nach den oben mitgetheilten Zahlen macht bei der deutschen Bevölkerung der jugendliche, durch die 25 ersten Lebensjahre dargestellte, Nachwuchs nicht weniger als 52 Proz. der Gesammtbevölkerung aus, in Frankreich dagegen nur 44 Proz., und zwar in der Art, daß

auf	das	erste	Lebensjahrfünft		9,29	Proz.
„	„	zweite	„	„	9,06	„
„	„	dritte	„	„	8,71	„
„	„	vierte	„	„	8,45	„
„	„	fünfte	„	„	8,79	„

treffen. Dieses Mißverhältniß des jugendlichen Nachwuchses bereitet den Franzosen in neuester Zeit nicht mit Unrecht bange Sorgen über die muthmaßliche künftige Machtstellung ihres Vaterlandes.

Noch weit stärker als im Deutschen Reiche ist der jugendliche Nachwuchs verhältnißmäßig in den Vereinigten Staaten von Nordamerika; dort machen nach dem Census von 1870 bei den Weißen die 25 ersten Altersklassen 59 Proz. der Gesammtbevölkerung aus.

In den einzelnen Ländern des Deutschen Reiches ist übrigens der Altersaufbau der Bevölkerung keineswegs ein gleichartiger. Man ersieht dieß sofort, wenn man beispielsweise die Altersverhältnisse der preußischen und der bayerischen Bevölkerung nach den Ergebnissen der Zählung von 1871 vergleicht. Es beträgt nämlich der Prozentantheil

	in Preußen	in Bayern
der 1—25 Jährigen	53,38	47,98
„ 26—50 „	31,54	32,92
„ 51—75 „	14,08	17,92
„ über 75 „	1,00	1,18

In Preußen machen demnach die 25 ersten Altersklassen mehr, in Bayern dagegen weniger als die Hälfte der Bevölkerung aus. Außer dem jugendlichen Nachwuchs verdient jedoch auch der Bestand an älteren Leuten Beachtung, welcher in Bayern nicht unerheblich größer ist. Zieht man nämlich die Grenze bei den 60 Jährigen, so findet man, daß im 61sten Jahre und darüber in Bayern 9,45 Proz., in Preußen nur 7,06 Proz. der Bevölkerung standen. In Bayern steht hienach fast schon der zehnte, in Preußen kaum der vierzehnte Mensch in einem höheren als dem 60sten Lebensjahre. Geographisch-statistische Detailstudien über die Greisenhäufigkeit in den einzelnen Landstrichen Bayerns haben in mir die Ueberzeugung begründet, daß die in den Gebirgsgegenden Bayerns und zwar sowohl in den Alpen wie im bayerischen Walde in ganz ungewöhnlich starker Weise auftretende Anzahl alter und sehr alter Leute einer wirklichen größeren Langlebigkeit der Generationen in jenen Landstrichen zuzuschreiben ist.

Im Uebrigen aber darf man durchaus nicht ohne Weiteres den Altersaufbau der Bevölkerung in der Art als Maßstab ihrer Leblichkeit (Vitalität) betrachten, daß man annähme, es drücke eine geringe Vertretung der höheren Altersklassen eine geringe Lebenskraft der Generationen und umgekehrt eine starke Besetzung derselben eine besondere Lebenszähigkeit der Bevölkerung aus. Dieß wäre nur richtig, wenn es sich um eine stationäre Bevölkerung mit gleichbleibenden Geburts- und Sterblichkeitsverhältnissen ohne Ein- und Auswanderung handeln würde. Eine solche Bevölkerung existirt aber nicht; es erscheint vielmehr die Stärke der Besetzung der einzelnen Altersklassen ähnlich wie das Durchschnittsalter der Lebenden durch mancherlei Umstände veranlaßt, welche mit der Leblichkeit der Generationen Nichts zu thun haben, vor Allem durch die bloße Thatsache der Geburtenhäufigkeit. Nehmen die Geburten zu, so werden die jüngsten Altersklassen alsbald stärker besetzt, ohne daß hieraus an sich irgend eine Aenderung in der Vitalität der Generationen hervorginge. Auch hier müssen daher voreilige dem weniger Kundigen leicht sich aufdrängende Schlußfolgerungen zurückgewiesen werden.

Bisher war nur von dem Altersaufbau der Bevölkerung im Ganzen, ohne Unterscheidung der Geschlechter die Rede. Berücksichtigt man letztere, so findet man als constante Erscheinung eine etwas stärkere Vertretung der höheren Altersklassen bei dem weiblichen Geschlecht. Für Bayern habe ich beispielsweise nach dem Ergebnisse der Zählung von 1871 gefunden, daß auf die Zeit vom 51sten bis zum 70sten Lebensjahre bei den Männern 15,97 Proz., bei den Weibern dagegen 16,47 Proz. treffen. Die stärkere Vertretung des weiblichen Geschlechts unter den Lebenden der höheren Altersklassen berechtigt, wenn auch nicht unbedingt, so doch mit großer Wahrscheinlichkeit zu der Annahme einer günstigeren Leblichkeit des weiblichen Geschlechts.

Im Ganzen stellt sich bekanntlich für die Mehrzahl der europäischen Länder trotz der etwas größeren Häufigkeit der Knabengeburten ein Ueberschuß der weiblichen Bevölkerung über die männliche heraus. Es ist von Interesse, das Zahlenverhältniß der beiden Geschlechter nun auch weiter nach

Altersstufen zu untersuchen. Man war bisher allgemein der Ansicht, daß der thatsächliche Weiberüberschuß sich erst nach Ablauf von ungefähr zwei Lebensjahrzenten herausstelle. Noch Alex. von Oettingen konnte in seiner vortrefflichen Moralstatistik*) im Anschlusse an die Untersuchungen von Wappäus bemerken, daß in den früheren Entwicklungsstufen (bis zum 20. Lebensjahr) „bekanntlich immer" das männliche Geschlecht überwiege.

In meinen Untersuchungen über das Geschlechtsverhältniß der bayerischen und württembergischen Bevölkerung nach Altersstufen**) habe ich eine sehr beachtenswerthe Ausnahme von dieser Regel festgestellt. Für einen großen, namentlich auf Bayern und Württemberg treffenden Landstrich von Süddeutschland ergibt sich nämlich die überraschende Thatsache, daß der ganze Mehrvorrath an Knaben, welchen die Geburten nach einem allgemeinen Naturgesetz fortdauernd liefern, schon während des ersten Lebensjahres der Kinder mehr als aufgezehrt wird, so daß in diesem Landstriche der Ueberschuß des weiblichen Geschlechtes schon für den Bestand an Kindern im ersten Lebensjahre hervortritt. Für das ganze erste Lebensjahrfünft gestaltet sich dieses Verhältniß nach der Volkszählung von 1871 in der Art, daß auf 100 lebende Knaben in Bayern schon 102,3 Mädchen und in Württemberg sogar 103,5 Mädchen treffen. Die Ursache dieses Mißverhältnisses liegt darin, daß die verhängnißvolle Kindersterblichkeit Süddeutschlands, welche in einem großen

*) II. Aufl. Erlangen 1874. S. 53. Anm.

**) Die bayerische Bevölkerung nach Geschlecht, Alter und Civilstand auf Grund der Volkszählung von 1871 mit vergleichenden Rückblicken auf die Altersstatistik von 1867, mit 3 Kartogrammen und 1 Diagramm, bearbeitet von Dr. G. Mayr. XXXI. Heft der Beiträge zur Statistik des Königreichs Bayern. München 1875.

geographisch scharf begrenzten Landstriche auftritt, und welche ich später noch eingehender besprechen werde, nicht nur überhaupt außerordentlich hoch, sondern auch ganz besonders knabenmörderisch ist. Die Mehrauswanderung des männlichen Geschlechts und der raschere Verbrauch des männlichen Lebens im Kampf ums Dasein bewirken dann für die höheren Altersstufen einen noch weit größeren Ueberschuß des weiblichen Geschlechts, welcher sich beispielsweise in Bayern vom 50sten Lebensjahre an im Verhältniß von ungefähr 108 Weibern auf 100 Männer und in den höchsten Altersstufen — vom 80sten Lebensjahre an — in einem solchen von reichlich 116 Weibern auf 100 Männer ausspricht.

Das im Vorstehenden gebotene Zahlenmaterial über den Altersaufbau der Bevölkerung wird genügen, um den Rahmen der Gesetzmäßigkeit ungefähr zu veranschaulichen, innerhalb dessen derselbe thatsächlich sich bewegt. Um schließlich dem Leser noch die Gelegenheit zu geben mit einem kurzen Blicke die Unterschiede im Altersaufbau von drei in dieser Hinsicht sehr von einander abweichenden Bevölkerungen zu erkennen, füge ich folgendes Diagramm der Altersverhältnisse der Bevölkerung des Deutschen Reiches (punktirte Linie), der Vereinigten Staaten von Nordamerika (gebrochene Linie), und von Frankreich (einfache Linie) bei. (Fig. 13.)

Aus diesem Diagramm, in welchem die verschiedene absolute Größe der Volkszahl außer Acht gelassen und nur der verhältnißmäßige Antheil der einzelnen Altersstufen am Gesammtstand der Bevölkerung dargestellt ist, ersieht der Leser sofort, wie in Frankreich ein Defizit an Jungen und ein Ueberschuß an Alten, in Nordamerika aber das Gegentheil vorliegt, während die deutsche Bevölkerung in ihrem Altersaufbau ungefähr die Mitte hält. Interessant ist der zwischen das 30ste und 40ste Lebensjahr treffende Kreuzungspunkt der drei Linien, welcher eine Altersklasse bezeichnet, die in den drei Reichen trotz der im Uebrigen bedeutenden Abweichungen im Altersaufbau einen ungefähr gleichen Antheil am Gesammtstand der Bevölkerung nachweist.

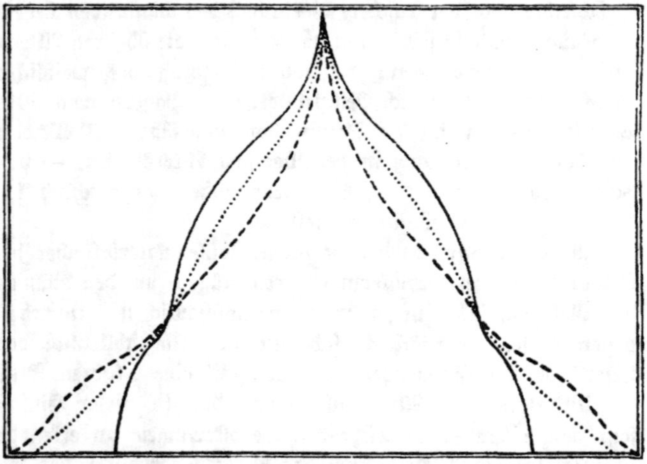

Figur 13.

Wäre hier der Ort den Altersaufbau der Bevölkerung noch weiter im geographischen Detail zu verfolgen, so könnte noch manches beachtenswerthe Ergebniß verzeichnet werden, da gerade in der jüngsten Zeit die altersstatistischen Ermittlungen bei den Volkszählungen allenthalben bedeutende Fortschritte gemacht haben. Ich müßte aber befürchten die Geduld des Lesers über Gebühr in Anspruch zu nehmen und will deßhalb nur noch auf den Unterschied im Altersaufbau der städtischen und der ländlichen Bevölkerung aufmerksam machen, da er an sich sehr bedeutend und für statistische Schlußfolgerungen mannigfaltiger Art sehr wichtig ist, keineswegs aber immer genügend beachtet wird.

Die städtische Bevölkerung zeigt eine anomale Zusammensetzung nach Altersklassen. Bei ihr sind die einzelnen Altersklassen von der jüngsten bis zur ältesten nicht in allmäliger Bestandsabnahme übereinandergelagert. Die produktivsten Jahre des menschlichen Lebens treten vielmehr bei ihr mit so starker Besetzung hervor, daß sie die jugendlichen Altersklassen weit überragen. Andererseits ist dagegen das höhere Lebensalter in den Städten wieder schwächer vertreten als auf dem Lande.

Zerlegt man die bayerische Bevölkerung in der Art in zwei Gruppen, daß man einerseits sämmtliche Gemeinden mit einem Hauptorte von mehr als 2000 Einwohnern unter dem Begriffe der *agglomerirten* Bevölkerung und andererseits sämmtliche übrige Gemeinden als *plattes Land* zusammenfaßt, so findet man Folgendes. Auf dem platten Lande sind stärker als bei der agglomerirten Bevölkerung vertreten die drei ersten Lebensjahrfünfte und die höheren Altersklassen vom 46sten Lebensjahre an. Unter der ländlichen Bevölkerung macht die Jugend bis zum 15ten Lebensjahre fast ein Drittel (32,42 Proz.) unter der agglomerirten Bevölkerung dagegen wenig mehr als ein Viertel (27,34 Proz.) aus. Die älteren, d. h. die mehr als 45 Jahre alten Leute betragen auf dem Lande 25,3 Proz., bei der agglomerirten Bevölkerung nur 22,0 Proz. Dagegen machen die arbeitskräftigsten Altersklassen vom vierten bis zum neunten Jahrfünfte bei der agglomerirten Bevölkerung nahezu die Hälfte des ganzen Menschenbestandes (49,76 Proz.), auf dem platten Lande dagegen nur wenig über zwei Fünftel (42,30 Proz.) aus. Dieser Gegensatz verschärft sich noch, wenn man die kleineren Städte unberücksichtigt läßt und nur die größeren, in Bayern beispielsweise die sog. unmittelbaren Städte in Betracht zieht; man findet dann nämlich den Antheil der Altersklassen vom 16ten bis zum 45sten Lebensjahre zu 52,4 Proz. der Gesammtbevölkerung. Hierin gewinnt die allbekannte Anziehungskraft, welche die Städte auf die arbeitsfähigsten Altersklassen üben, einen deutlichen statistischen Ausdruck. Zugleich wird hiedurch ein wesentlicher sozialer Unterschied zwischen Stadt und Land beleuchtet. Das Land ist vorzugsweise das Reservoir der Kinder und Greise, in den Städten dagegen sind die produktiven Lebensalter in dichter Besetzung zusammengedrängt. Dieß ist nicht nur für die Bevölkerungsstatistik als solche sondern auch für die Moralstatistik von Wichtigkeit. Während nämlich die menschliche Gesellschaft in ihrer Gesammtheit ohne Rücksicht auf das Alter durch die Verbrechen bedroht, belästigt und beschädigt wird, erscheinen jene Klassen, aus welchen überhaupt Verbrecher hervorgehen können, nur als ein Bruchtheil der Gesammtbevölkerung. Für die Abgrenzung dieser Gruppe der criminalfähigen Bevölkerung ist aber vorzugsweise das Alter entscheidend, was auch seinen Ausdruck in speziellen Bestimmungen der Strafgesetze findet. Allein auch abgesehen von der Abgrenzung der criminalfähigen und der criminalunfähigen Bevölkerung ist noch weiterhin der Altersaufbau der Bevölkerung für die auf die Strafstatistik zu gründenden Schlußfolgerungen von höchster Wichtigkeit, weil der Hang zum Verbrechen in seiner Stärke und Richtung innig mit den Altersverhältnissen zusammenhängt. Wo jene Altersklassen der Bevölkerung, welche vorzugsweise zum Verbrechen neigen, stärker vertreten sind, werden bei im Uebrigen gleicher Moralität der Bevölkerung auch mehr Verbrechen vorkommen müssen. In dieser Lage befinden sich die Städte, welche in Gefahr sind zu ungünstig gegenüber dem Lande beurtheilt zu werden, während doch die geringere Verbrechenzahl des letzteren vielfach nur dem verhältnißmäßigen Mangel an Personen zuzuschreiben ist, welche nach ihrem Alter besonders zu Verbrechern geeignet sind. Daß es sich hiebei nicht etwa um bloße Spitzfindigkeiten handelt, zeigt die von mir nachgewiesene Thatsache, daß die nach dem

Alter in voller Criminalfähigkeit Stehenden nach der Zählung von 1871 in dem bayerischen Bezirksgerichtssprengel Kaiserslautern nur 55,5 Proz., in dem ausschließend städtischen Bezirksgerichtssprengel München l. J. dagegen 74,3 Proz. der Bevölkerung ausmachten. Es ist klar, daß man die Moralität der Bevölkerung dieser beiden Gerichtssprengel nicht einfach durch Vergleichung der begangenen Reate mit der Gesammtbevölkerung messen darf, wenn die voll Criminalfähigen in dem einen Falle wenig mehr als die Hälfte, in dem anderen dagegen drei Viertel der Gesammtbevölkerung ausmachen.

Dieser kurze vorläufige Ausblick auf die Criminalstatistik zeigt die Wichtigkeit der Altersunterscheidung der Bevölkerung sowohl im Ganzen wie insbesondere nach Stadt und Land. Zu des Lesers Beruhigung sei hier noch beigefügt, daß die aus der bayerischen Bevölkerungsstatistik gewählten Beispiele recht gute Typen des Altersaufbaues der städtischen Bevölkerung bilden.

Untersucht man nämlich zur Vergleichung den Altersaufbau der Bevölkerung von Berlin und des Hamburgischen Staates, so findet man sehr ähnliche Verhältnisse. Die 15 jüngsten Altersklassen machen in den unmittelbaren Städten Bayerns 24,86 Proz., in Berlin 27,18 Proz., in Hamburg 28,09 Proz. aus; die Altersklassen vom 16ten bis zum 50sten Jahre sind in den genannten Städten Bayerns mit 57,97 Proz., in Berlin mit 62,10 Proz., in Hamburg mit 56,70 Proz. vertreten; die höheren Alterklassen endlich vom 51sten Lebensjahre an erscheinen in den bayerischen Städten noch mit 17,17 Proz., in Berlin nur mit 10,72 Proz., in Hamburg mit 15,21 Proz. In dem geringen Bestand an Kindern und dem großen Vorrath an alten Leuten, welchen die bayerischen Städte zeigen, kommt der charakteristische Altersaufbau der bayerischen Bevölkerung überhaupt zum Ausdruck. In dem vorzugsweise wichtigen Punkte dagegen, nämlich in der starken

Vertretung der produktiven Altersklassen erscheinen die bayerischen Städte ganz entschieden als Typen des Altersaufbaues größerer Städte; denn das Zahlenergebniß, welches sich für dieselben herausstellt, hält die Mitte zwischen jenem für Berlin und Hamburg. Ich darf dem Leser deßhalb zum Abschluß dieser Bemerkungen ein Diagramm des Altersaufbaues der Bevölkerung der unmittelbaren Städte Bayerns vorführen, welches er sich als ungefähren Ausdruck des Altersaufbaues der städtischen Bevölkerung überhaupt einprägen mag.

Altersaufbau der Bevölkerung in den unmittelbaren Städten Bayerns.

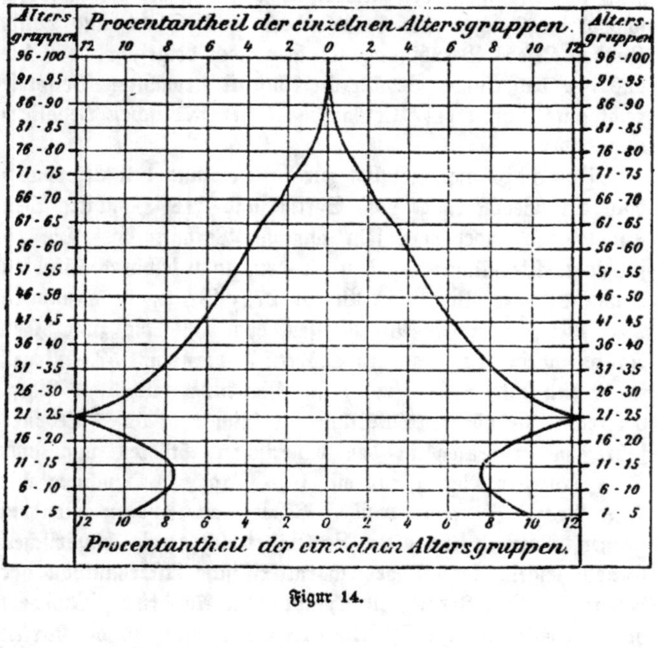

Figur 14.

Ein Blick auf das vorstehende Diagramm läßt sofort die höchst eigenartige Zusammensetzung der städtischen Bevölkerung nach dem Alter ersehen. Auf der Basis einer mäßigen Kinderzahl ergibt sich eine mächtige Anschwellung des Menschenbestandes ungefähr vom 16ten Lebensjahre an, welche sich allmälig nach den höheren Altersstufen hin verliert. Wer den Verlauf dieser Curve aufmerksam beobachtet, kann keinen Zweifel darüber haben, daß ein solcher Altersaufbau der gleichzeitig Lebenden nur bei starker Zuwanderung von Außen möglich ist. Die weiteren Untersuchungen werden dieß als eine Eigenthümlichkeit der städtischen Bevölkerung nachweisen.

Bei der bisherigen Betrachtung des Altersaufbaues der Bevölkerung wurden zur Vereinfachung des Ueberblickes immer nur Alters g r u p p e n, welche mehrere einzelne Altersjahre nmfassen, in Berücksichtigung gezogen. Den strengen wissenschaftlichen Anforderungen entspricht die Altersstatistik der Lebenden aber nur dann, wenn die e i n z e l n e n Lebensjahre der Gezählten unterschieden werden. Die Vielgliedrigkeit des einschlägigen Zahlenmateriales läßt dasselbe jedoch ungeeignet erscheinen, es hier in Beispielen dem Leser vorzuführen. In der That kann der aus den größeren Altersgruppen gegebene Nachweis des Altersaufbaues der Bevölkerung für den Zweck der vorliegenden Schrift als vollkommen genügend angesehen werden. Das volle Detail der Zahlennachweise für die einzelnen Geburtsjahre bildet recht eigentlich urkundliches Material, welches in den statistischen Bureaux hergestellt und in den Quellenwerken der amtlichen Statistik aufbewahrt werden muß, einmal um daraus die einfacheren bisher in einigen Beispielen dem Leser vorgeführten Uebersichten abzuleiten, und außerdem noch, um weiteren wissenschaftlichen Untersuchungen als Grundlage zu dienen. Vor diesen hundertgliederigen Zahlenreihen empfindet der Laie eine ihm kaum zu verargende

Scheu; diese feinere Zahlenarbeit wird deßhalb wohl für immer im ausschließlichen Besitz und Genuß der eigentlichen Statistiker vom Fach verbleiben.

Gleichwohl möchte ich zwei eigenthümliche Erscheinungen nicht unerwähnt lassen, welche mit der Unterscheidung des Alters nach einzelnen Lebensjahren im Zusammenhang stehen.

Ueberall ist bei der Unterscheidung der einzelnen Lebensjahre die Erfahrung gemacht worden, daß bei den Altersangaben weniger aus Bosheit als vielmehr aus Trägheit und Unwissenheit die runden Kalenderjahre der Geburt und die runden Altersjahre, d. h. jene, welche mit 0 endigen, in den statistischen Uebersichten zu stark besetzt erscheinen. Hat z. B. irgendwo im Jahre 1867 eine Volkszählung stattgefunden, so wird man in der daraus hergestellten Altersstatistik gewahr, daß die Geburtsjahre 1857, 1847, 1837 u. s. w., sodann 1860, 1850, 1840 u. s. w. ein namhaft größeres Contingent zeigen als die unmittelbar vorhergehenden und nachfolgenden Geburtsjahre. Höchst auffällig ist bei den Volkszählungen in der gegenwärtigen Zeit die Zusammendrängung der Angaben auf das Geburtsjahr 1800 und die Abneigung der Bevölkerung gegen Angaben von Geburtsjahren, die nicht auf 18 . . sondern auf 17 . . lauten. Diese Ungenauigkeit der Angaben wird durch Vergleichung mit den nächstliegenden Alterscontingenten selbst statistisch erfaßbar und die Größe dieser excessiven Besetzung der runden Jahre, welche mit dem höheren Alter zunimmt, kann in gewissem Sinne geradezu als Prüfstein der Genauigkeit der Altersangaben benützt werden.

Eine weitere Bemerkung, welche ich hier anschließen will, bezieht sich auf die Altersangaben für die ältesten Leute, insbesondere solche, die ein A l t e r v o n h u n d e r t J a h r e n und mehr nachweisen.

Es ist eine ganz natürliche und berechtigte Neugierde, zu erfahren, wie groß die Zahl der Personen ist, welche in einer gegebenen Bevölkerung ein ungewöhnlich hohes Alter erreicht haben. Auch der Laie, welchem im Uebrigen die altersstatistischen Tabellen wenig Interesse erwecken, blickt, wenn er nicht gerade lebensüberdrüssig ist, fast sorgenvoll auf die Ruinen der Contingente weit zurückliegender Geburtsjahre und findet selbst in einer winzigen Zahl Hundertjähriger noch eine gewisse Beruhigung, deren effektive Begründung durch die Wahrscheinlichkeit sich allerdings viel geringer herausstellen dürfte, als er selbst vermuthet.

In den Altersstatistiken verschiedener Länder wird auch thatsächlich auf den Nachweis der hundert und mehr Jahre alten Leute ein besonderes Gewicht gelegt, so z. B. in den Bearbeitungen der englischen Altersstatistik. Nach meinen Erfahrungen kann ich aber leider diesem Abschnitte der Altersstatistik nur unter der Voraussetzung einen Werth beimessen, daß eine besondere amtliche Prüfung aller ungewöhnlich hohen Altersangaben stattgefunden habe. Eine solche aber scheint, so weit dieß wenigstens aus den einschlägigen Bearbeitungen ersichtlich ist, fast nirgends systematisch durchgeführt worden zu sein. Ist dieß richtig, dann ist die Behauptung nicht zu hart, daß man es bisher bei den sog. Statistiken der Hundertjährigen eigentlich nur mit einer Statistik von Gedächtniß- und Schreibfehlern zu thun gehabt habe. Man lasse sich durch die von Zeit zu Zeit auftauchenden und namentlich auch in die Tagespresse übergehenden Angaben über eine größere Zahl in irgend einem Lande vorgefundener Hundertjähriger nicht täuschen. Nur in äußerst seltenen Fällen überschreitet der Mensch wirklich das hundertste Jahr und Mancher, der für einen Hundertjährigen gilt und sich wohl auch selbst dafür ausgibt, ist doch erst ein Neunziger. Um Gewißheit zu haben, ließ ich nach der bayerischen Volkszählung von 1871 für alle mehr als 90 Jahre alten Personen das Alter noch besonders nachträglich amtlich constatiren. Nach den ursprünglichen Angaben in den Volkszählungslisten sollten im Ganzen 37 Personen mehr als 100 Jahre alt sein. Die amtliche Constatirung des Alters der betreffenden Personen aber ergab, daß nur eine einzige (eine Wittwe) wirklich über hundert Jahre alt war.

Auch die über 90 Jahre alten Personen bilden in ihrer Gesammtheit nur mehr eine verschwindend kleine Minorität der Bevölkerung. Wenn man den Altersaufbau der Bevölkerung diagraphisch nach einzelnen Altersjahren darstellt, so findet man, daß sich die Alterscurven beider Geschlechter zuletzt in scharfer Spitze zu den höchsten Altersklassen erheben. Diese schlank emporsteigende Spitze der Aeltesten gleicht einem festen Gestein, welches dem Verwitterungsprozesse lange widerstehend den Kamm eines Gebirgszuges krönt.

In den bisherigen Untersuchungen über die Bevölkerungsverhältnisse sind nur solche Eigenschaften der Individuen in Betracht gezogen, welche als natürliche zu bezeichnen sind, und bei welchen insbesondere dem eigenen Willen der Personen kein Einfluß zusteht. Sein Geschlecht und sein Alter mit allen dazu gehörigen Folgen muß jeder Einzelne unweigerlich von der Natur annehmen. Dagegen soll nunmehr in der nächsten Untersuchung zum erstenmale ein sozialer Unterschied der Individuen berücksichtigt werden, bei welchem überdieß der persönliche Wille eine bedeutende Rolle spielt. Hier ragt also gewissermaßen schon ein Stück Moralstatistik in die demologischen Untersuchungen herein. Daß gleichwohl hier der geeignete Platz für diese Betrachtung ist, erhellt daraus, daß es sich um soziale Verhältnisse handelt, welche zu dem soeben besprochenen Alter der Bevölkerung in unmittelbaren Beziehungen stehen. Es soll nämlich die Bevölkerung nach dem Civilstand untersucht, d. h. es soll dargelegt werden, wie sich die Gesammtbevölkerung auf die Ledigen, Verheiratheten, Verwittweten und Geschiedenen vertheilt.

Diese ganze Untersuchung aber ist von sehr zweifelhaftem Werthe, wenn sie nicht in unmittelbarem Zusammenhange mit der Analyse der Altersermittlungen angestellt wird. Es leuchtet nämlich sofort ein, daß beispielsweise das Verhältniß der Verheiratheten zu der Gesammtbevölkerung gar keinen klaren Einblick in die thatsächliche Ausdehnung der Heirathsfrequenz und Ehelosigkeit geben kann, weil die bloße Thatsache der verschiedenen Größe des bei der vorwürfigen Frage ganz unbetheiligten Kinderbestandes gleichwohl auf die gefundenen Verhältnißzahlen von Einfluß ist.

Ich will deßhalb den Leser mit der in statistischen Handbüchern üblichen Vergleichung der Ledigen, Verheiratheten und Verwittweten mit der Gesammtbevölkerung ganz verschonen und ihn lieber sofort auf die interessanten Ergebnisse aufmerksam machen, zu welchen eine gründliche Combination der Alters- und Civilstandsverhältnisse der Bevölkerung führt. Gründlich aber kann man diese Combination nur dann nennen, wenn sie für alle einzelnen Altersjahre durchgeführt ist. In diesem Falle aber geben die einschlägigen Zahlenreihen für die nach dem Alter unterschiedenen Ledigen, Verheiratheten, Verwittweten und Geschiedenen in der That in großen einfachen Zügen das Bild der Entwicklung der menschlichen Geschicke von der Geburt bis zum Tode sowie insbesondere der Veränderungen, welche das Schließen und Lösen der Ehen bewirkt. Allerdings zeigt dieses Bild nicht in ganz strengem Sinne die Lebensentwicklung einer Generation, wie sie sich im menschlichen Lebensrahmen von ungefähr einem Jahrhundert gestaltet, sondern es führt als Durchschnitt durch die Gesammtheit der lebenden Generationen jede derselben auf einer anderen Entwicklungsstufe vor. Vollkommen correct ist deßhalb das Bild nur, insofern das relative Verhalten der einzelnen Generationen nach dem Civilstand untersucht, nicht aber, insofern die Bestandsabnahme von Generation zu Generation selbst betrachtet wird. Vollkommen richtig wäre das Bild für eine in den letzten Jahren vorgenommene Zählung auch in diesem Falle nur dann, wenn die Geburten und die Mortalität seit einem Jahrhundert gleichgeblieben und keine Wanderungen stattgefunden hätten.

Leider enthalten die statistischen Quellenwerke nicht immer die genaue Combination von Alter und Civilstand für alle einzelnen Lebensjahre. Ich kann deßhalb auch dem Leser zur Veranschaulichung hier nicht die gesammte deutsche Bevölkerung vorführen, und beschränke mich deßhalb auf die bayerische Bevölkerung. Wie es mit den Veränderungen der Mortalität in Bayern seit einem Jahrhundert steht, ist uns nicht bekannt; dagegen wissen wir, daß die Geburten namentlich in der letzten Zeit stark zugenommen haben und daß im laufenden Jahrhundert eine nicht unerhebliche Mehrauswanderung aus Bayern stattgefunden hat. Die nothwendige Folge ist, daß die Bestandsabnahme der Generationen in der Altersstatistik von Jahr zu Jahr ungünstiger erscheint, als sie nach der wirklichen Vitalität der einzelnen Generationen selbst sein sollte, weil sie im vorliegenden Falle nicht bloß durch den Tod, sondern auch durch den Wegzug und durch die im Laufe der Zeit eingetretene Geburtenzunahme veranlaßt erscheint.

Behalten wir also diesen Umstand wohl im Auge und schreiten wir nunmehr zur Betrachtung des „Bildes" der menschlichen Geschicke, dessen Störung schließlich gerade bei den als Beispiel gewählten bayerischen Volkszählungsergebnissen von 1871 doch durch den Umstand minder bedenklich erscheint, daß im Großen und Ganzen die Zunahme der bayerischen Bevölkerung nur eine mäßige war.

Das Bild selbst ist in Kürze Folgendes. Als „ledig" kommt der Mensch zur Welt. In dieser Civilstandsqualität erscheinen in Bayern die ersten Jahrescontingente mit ungefähr 120 000 Personen vertreten. Nach dem Ablauf von drei Jahrfünften, innerhalb deren der Tod mit den ursprünglichen Beständen an Geborenen schon einigermaßen aufgeräumt hat, beginnt allmälig die Doppelwirkung des Sterbens und Heirathens in der sich erheblich mehrenden Abnahme der Ledigen. Im 30sten Lebensjahre finden wir 35 745 Ledige, 41 369 Verheirathete, 670 Verwittwete, 63 Geschiedene. Mit diesem Lebensjahre überwiegen die Verheiratheten; nach der bayerischen Volkszählung von 1867, welche noch vor die Einführung der Verehlichungsfreiheit fiel, hatten die Verheiratheten um ein Jahr später die Majorität erlangt. Die Lücken, welche Tod und Scheidung im weiteren Verlauf des Lebens unter den Verheiratheten veranlassen, werden während geraumer Zeit durch weitere Heirathen mehr als ersetzt. Mit dem 37sten Lebensjahre ist ein Bestand von fast 50 000 Verheiratheten (49 533) erreicht. Allmälig aber beginnt die Lösung der Ehen durch den Tod einen stärkeren Einfluß zu äußern, und mit dem 71sten Lebensjahre gewinnen gerade wie nach der Statistik von 1867 die Verwittweten die Oberhand. Wir finden in diesem Lebensjahre einen Bestand von 4340 Ledigen, 8744 Verheiratheten, 9817 Verwittweten und 47 Geschiedenen. Inzwischen aber hat, wie schon aus den zuletzt angegebenen Zahlen ersichtlich ist, der Tod nicht aufgehört, den Bestand an Ledigen, Verheiratheten und Verwittweten sowie auch an Geschiedenen, welche gewissermaßen wie aus der normalen Bahn geworfen erscheinen, ununterbrochen zu verkürzen, bis zuletzt im höchsten Lebensalter nur mehr einzelne Ruinen der einen wie der anderen Civilstandskategorie verbleiben.

Es ist gerade, als wenn die Masse der Menschen quer über ein Sieb mit verschiedenen Abtheilungen, welche die Civilstandskategorieen darstellen, dahingeschüttet würde. Durch eine der Oeffnungen des Siebes muß Jeder einmal fallen.

Fraglich ist nur, wie lange er, ohne zu fallen, über diese Oeffnungen weggleitet, und in welcher Abtheilung ihn sein Schicksal erreicht. Von wesentlichem Einflusse hierauf ist der Umstand, daß die Oeffnungen des Siebes nicht überall gleich groß und insbesondere am Anfang und Ende der Richtung, in welcher sich die Aufschüttung bewegt, größer sind, als in der Mitte.

So zeigt sich das Bild der menschlichen Geschicke in den allgemeinsten Zügen und insbesondere bei Nichtberücksichtigung des Geschlechtsunterschiedes der Bevölkerung. Zieht man letzteren in Betracht, so zeigt sich — mindestens für die bayerische Bevölkerung — nur ein mäßiger Unterschied in der Zeit des Ueberganges der Majorität von den Ledigen auf die Verheiratheten; diese trifft nämlich bei den Männern auf das 31ste, bei den Frauen dagegen schon auf das 29ste Lebensjahr. Größer dagegen ist die Verschiebung bei dem weiteren in das Greisenalter fallenden Uebergang der Majorität von den Verheiratheten auf die Verwittweten. Dieser Wendepunkt trifft nämlich bei den Frauen auf das 66ste, bei den Männern erst auf das 75ste Lebensjahr. Die hauptsächliche Ursache dieses bedeutenden Unterschiedes liegt darin, daß die Frauen überhaupt viel häufiger und in jüngeren Jahren verwittween als die Männer, weil sie durchschnittlich jünger als ihre Ehemänner, überdieß aber auch gerade im höheren Alter überhaupt lebenskräftiger sind als die Männer. Außerdem hat auch die häufigere Wiederverehlichung selbst älterer Männer einigen, wenn auch untergeordneten Einfluß.

Wenn man statt einzelner Jahre je volle Lebensjahrzehnte wählt, um die Abnahme des Bestandes der Altersklassen und zugleich den Uebertritt der Personen in die verschiedenen Civilstandskategorieen zu vergleichen, so verliert das statistische Bild zwar bedeutend an Schärfe, wird aber dafür weit übersichtlicher und insbesondere zu einfacher auch dem Laien verständlicher diagraphischer Darstellung wohl geeignet. Ich will deßhalb letztere auch hier an einem Beispiele für die Gesammtbevölkerung des Deutschen Reiches nach der Zählung von 1871 und zwar mit Unterscheidung der Geschlechter vorführen.

Was zunächst die männliche Bevölkerung des Deutschen Reiches betrifft, so ist deren Altersaufbau nach Lebensjahrzehnten mit Unterscheidung des Civilstandes durch folgendes Diagramm veranschaulicht.

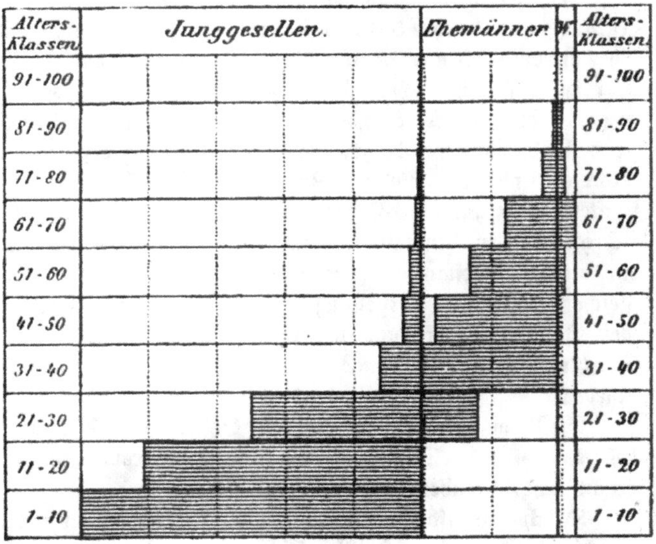

Figur 15.

W bedeutet hier: Verwittwete und Geschiedene; eine gesonderte Darstellung der Geschiedenen ist bei den hier gegebenen Raumverhältnissen wegen der geringen Zahl der Geschiedenen nicht möglich.

Das vorstehende Diagramm spricht für sich selbst so deutlich, daß zu dessen Erläuterung nur wenige Bemerkungen nöthig sind. Die schraffirten Flächen drücken die Vertretung der männlichen Bevölkerung des Deutschen Reichs auf den einzelnen Altersstufen und in den verschiedenen Abtheilungen des Civilstandes aus. Ein von je zwei punktirten und zwei ausgezogenen geraden Linien eingefaßtes Rechteck entspricht, sofern es ganz mit Schraffur überdeckt ist, einer Million männlicher Personen. Als Basis erscheint das erste Lebensjahrzehnt mit 4 915 085 Knaben; im dritten Jahrzehnt machen sich die Ehemänner schon stark bemerkbar, um sofort im darauffolgenden vierten Jahrzehnt mit dem Maximum von 2 037 347 gegenüber nur mehr 594 728 Junggesellen aufzutreten. Die Ehemänner bleiben alsdann in der Majorität, bis sie im neunten Jahrzehnt von den Wittwern (39 286) abgelöst werden; die absolut höchste Zahl der Wittwer fällt jedoch schon in das siebente Jahrzehnt (222 457). Die geschiedenen Männer sind der absoluten Zahl nach am zahlreichsten im fünften Jahrzehnt (6 513) verzeichnet. Im Allgemeinen zeigt sich hienach bei den mittleren und höheren Altersklassen nur ein mäßiger Bestand an Hagestolzen; die Vorführung der gleichen graphischen Darstellung für Bayern würde eine relativ weit stärkere Verbreitung der Schraffur in der Abtheilung für Junggesellen auch noch in den höheren Lebensstufen ergeben.

Stellt man nach dem gleichen System ein Diagramm des Alters und Civilstandes der deutschen Frauen her, so ergibt sich Folgendes. (Vgl. Figur 16.)

Die charakteristischen Unterschiede im Lebenslauf der beiden Geschlechter treten bei einer Vergleichung der beiden Diagramme, Fig. 15 und 16, deutlich hervor. Insbesondere ist daraus zu ersehen, in welchem Maße die Frauen früher als die Männer in den Ehestand gelangen und in wie bedeutend stärkerem Maße sie aber andererseits auch unter den Verwittweten vertreten sind. Die Maximalzahlen für die deutsche weibliche

Bevölkerung nach Altersgruppen und Civilstand sind folgende: 4 903 302 Mädchen im ersten Lebensjahrzehnt, 2 125 297 Ehefrauen im vierten Lebensjahrzehnt, 497 002 Wittwen im siebenten Lebensjahrzehnt und 12 576 geschiedene Frauen im fünften Lebensjahrzehnt. Der Unterschied in der Verwittweung der Frauen gegenüber jener der Männer macht sich auch darin geltend, daß bei ihnen die Verwittweten gegenüber den Verheiratheten nicht erst im neunten sondern schon im siebenten Lebensjahrzehnt die Oberhand gewinnen.

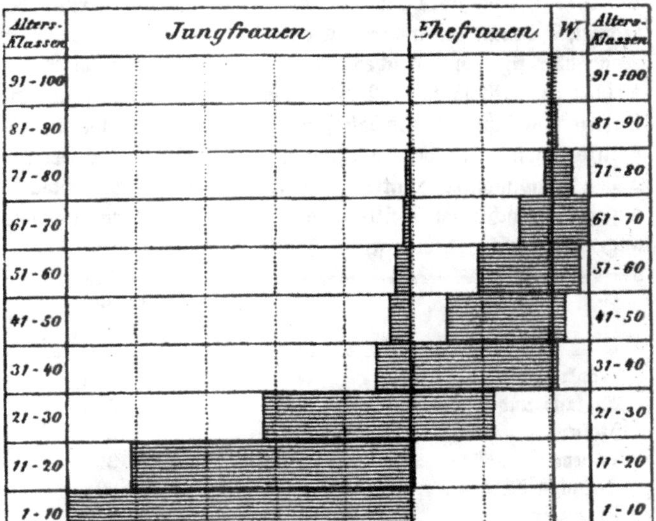

Figur 16.

Bisher ist lediglich die nach Altersklassen abgestufte Combination von Alter und Civilstand in Betracht gezogen worden. Zweifellos ist diese Betrachtungsweise die vorzugsweise berechtigte. Gleichwohl ist nicht zu läugnen, daß es für die Zwecke internationaler Vergleichung und für detailgeographische

Studien innerhalb eines gegebenen Landes gewisse Vorzüge bietet, einen einfacheren Ausdruck zur Charakterisirung der Civilstandsverhältnisse der Bevölkerung zu benützen.

Eine Vergleichung der Ledigen oder der Verheiratheten mit der Gesammtbevölkerung erfüllt diesen Zweck aus bereits angegebenen Gründen nicht. Brauchbarer erscheint das Resultat, wenn man den Bruchtheil an Ledigen für die Gesammtbevölkerung mit Ausschluß des Kinderbestandes ermittelt. Wenn man in diesem Sinne den Prozentantheil der Ledigen an der im 16ten Lebensjahre und darüber stehenden Bevölkerung berechnet, hat man ein annäherndes Maß der in einem bestimmten Augenblick fixirten faktischen Ehelosigkeit unter der im Allgemeinen heirathsfähigen Bevölkerung, wobei allerdings die Grenze nach Unten tiefstmöglich gezogen ist. Die Schwankungsgrenze scheint für den so ermittelten Bruchtheil der Ledigen in den Gesammtdurchschnitten der einzelnen europäischen Staaten ungefähr zwischen ein Drittel und der Hälfte zu liegen, wie aus folgenden Zahlen hervorgeht.

Länder	Prozentantheil der Ledigen unter den im 16ten Lebensjahr und darüber Stehenden
Frankreich	33,1
England und Wales	37,2
Italien	37,5
Dänemark	39,3
Deutsches Reich	39,9
Norwegen	40,8
Schweden	41,2
Niederlande	41,5
Portugal	43,6
Schweiz	44,3
Belgien	44,9
Irland	45,0
Island	48,7

Bei der weiteren Analyse des Gesammtdurchschnittes für das Deutsche Reich stellt sich heraus, daß im Allgemeinen der Norden unter der mehr als 15 jährigen Bevölkerung weniger Ledige aufzuweisen hat, als der Süden. Preußen erscheint mit 39,1, Sachsen sogar nur mit 37 Proz.; dagegen finden wir in Württemberg 40,7 und in Bayern 44,6 Proz. Ledige. Wie sehr übrigens auch diese Berechnung des Bruchtheiles der Ledigen unter der mehr als 15 Jahre alten Bevölkerung durch den weiteren Aufbau der Altersklassen vom 16ten Lebensjahre an in störender Weise beeinflußt wird, zeigt die sicherlich manchem Leser auffällige Thatsache, daß Frankreich einen so außerordentlich geringen Bestand an Ledigen aufzuweisen hat. Wenn auch die französische Bevölkerung weniger aus Mangel an Heirathen als aus Nachlaß der Geburten im Bevölkerungszuwachs zurückbleibt, so muß doch auffallen, daß dort unter den mehr als 15 Jahre alten Personen die Ledigen seltener als in einem anderen hierauf statistisch untersuchten Lande Europa's sind. Wenn jedoch der Leser sich den ihm oben in vergleichendem Diagramm vorgeführten Altersaufbau der französischen Bevölkerung vergegenwärtigen will, wird ihm alsbald klar werden, daß die für Frankreich constatirte ungewöhnlich starke Vertretung der höheren Altersklassen auch für das vorwürfige Verhältniß entscheidend wird; denn je stärker die höheren Altersklassen vertreten sind, um so seltener müssen die Ledigen werden, da die Wahrscheinlichkeit ledig zu sein und zu bleiben mit dem Alter ständig abnimmt.

Hienach kann überhaupt die Ermittlung des Antheiles der Ledigen unter der Gesammtzahl der ungefähr im heirathsfähigen Alter stehenden Personen noch keineswegs einen Einblick in die Größe des definitiven freiwilligen oder unfreiwilligen Verzichtes auf die Eheschließung gewähren. Da die jüngeren zur Zählungszeit noch unverheiratheten Personen in späterem Alter noch vielfach zur Ehe schreiten, und so weit es sich insbesondere um die jüngsten dieser Klassen handelt, überhaupt erst anfangen zu heirathen, so kann ein annähernd richtiges Bild des definitiven Verzichtes auf die Eheschließung nur dann gewonnen werden, wenn man ausschließlich den Prozentantheil der Ledigen für das höhere Lebensalter, etwa vom 51sten Lebensjahr an ermittelt. Zwar heirathen nicht bloß Männer sondern auch Frauen noch in höherem Alter; aber derartige Fälle sind sozial- und moralstatistisch ganz anders zu beurtheilen, als die Masse der Eheschließungen, und im Großen und Ganzen nicht zahlreich. Man darf also wohl bei dem Alter von 50 Jahren die Abrechnung machen; wer bis dahin nicht geheirathet hat, wird nicht unrichtig behandelt, wenn er den überhaupt nicht zur Ehe Gelangten gleich geachtet wird. Würde man diese Abrechnung uoch weiter hinaus verschieben, so bekäme man zu kleine Grundzahlen der Vergleichung und außerdem einen viel bedenklicheren aus den Differenzen der Sterblichkeit der Ledigen und der Verheiratheten erwachsenden Fehler.

Stellt man die in solcher Weise begründete Frage nach dem Bruchtheil der Ledigen unter den mehr als 50 Jahre alten Personen für die einzelnen europäischen Länder, so kommt man zu sehr interessanten Ergebnissen. Man findet, daß in Sachsen die geringste, in Bayern die größte Ehelosigkeit nachgewiesen ist. Von den Leuten, welche überhaupt das fünfzigste Lebensjahr überschritten haben, waren in Sachsen nur 6,4 Proz., in Bayern dagegen nicht weniger als 19,2 Proz. im ledigen Zustande verblieben.

Die Reihenfolge der einzelnen Länder ist bei Berücksichtigung nicht nur des Deutschen Reiches im Ganzen, sondern auch der größeren deutschen Bundesstaaten folgende.

Länder	Prozentantheil der Ledigen unter den im 51sten Lebensjahr und darüber Stehenden	Länder	Prozentantheil der Ledigen unter den im 51sten Lebensjahr und darüber Stehenden
Sachsen	6,4	Württemberg . . .	11,8
Dänemark	8,0	Niederlande . . .	12,2
Preußen	8,4	Elsaß-Lothringen .	13,4
Norwegen	8,9	Irland	14,4
Hessen	9,5	Island	15,9
Schweden	9,9	Baden	15,9
England und Wales	9,9	Belgien	16,3
Frankreich	10,3	Schweiz	18,1
Deutsches Reich . .	10,6	Portugal	18,1
Italien	11,5	Bayern	19,2

Diese Reihenfolge der Länder nach der Häufigkeit der Ledigen unter den älteren Leuten gibt viel Stoff zum Nachdenken. Man irrt wohl nicht, wenn man annimmt, daß die Vertretung der Ledigen unter den älteren Leuten mit mehr als einem Zehntel auf soziale Mißstände hindeutet. Außerdem fällt auf, daß die katholischen Länder unter diesem Gesichtspunkte erheblich ungünstiger erscheinen als die protestantischen. Doch liegt für den unvorsichtigen Beurtheiler die Gefahr nahe, daß er der Confession einen zu bedeutenden Einfluß beimißt und ihr auch Wirkungen zuschreibt, die auf ganz andere Ursachen, insbesondere auf die Stammessitten und die Gesetzgebung zurückzuführen sind. Eine vortreffliche Versuchstation bildet in dieser Hinsicht das Königreich Bayern. Im Gebiet diesseits des Rheins bestanden bedeutende Beschränkungen der Verehlichung bis zum Jahre 1868, während in der Pfalz seit der französischen Revolution Verehlichungsfreiheit blieb. Selbstverständlich konnte die auch im übrigen Bayern im Jahre 1868 eingeführte Verehlichungsfreiheit nur einen geringen Einfluß auf die älteren Leute äußern. Die Volkszählung von 1871 spiegelt deßhalb in ihren hieher gehörigen Ergebnissen noch ganz die Wirkungen des früheren Systemes der Gesetzgebung und Verwaltung. In der That zeigt der Regierungsbezirk der Pfalz nur 8,2 Ledige unter 100 mehr als 50 Jahre alten Personen, und zwar in einem Amtsbezirke (Kaiserslautern) nur 6,6 Proz. Dagegen steigt die Ehelosigkeit unter den älteren Leuten in Ober- und Niederbayern, wo die Beschränkungen der Ansässigmachung ehedem am schärfsten gehandhabt wurden, bis auf 23 und 26 Proz. Das ungünstigste Verhältniß zeigen die Bezirksämter Viechtach und Wegscheid im bayerischen Wald, von deren über 50 Jahre alten Bevölkerung nicht weniger als 39 Proz. als ledig nachgewiesen sind.

Der Leser bedarf keines weiteren Commentars, um den gewaltigen sozialen Unterschied zu begreifen, welcher zwischen zwei Landstrichen besteht, von welchen der eine nur 6—7 Proz., der andere dagegen nahezu 40 Proz. der über 50 Jahre alten Bevölkerung als nicht zur Ehe gelangt nachweist. Hier eröffnet sich noch ein nachträglicher statistischer Blick in ein Stück vergangener sozialpolitischer Engherzigkeit, deren Spuren bei jeder weiteren Volkszählung mehr und mehr vergehen werden.

Bei den zuletzt durchgeführten Betrachtungsweisen hat nur der Gegensatz einerseits der Ledigen und andererseits der Verheiratheten und verheirathet Gewesenen Berücksichtigung gefunden. Die thatsächlich in der Ehe Lebenden sind hiebei mit den Verwittweten und Geschiedenen gewissermaßen als gleichwerthig behandelt worden.

Will man eine besondere Studie über die thatsächliche Verbreitung des ehlichen Zusammenlebens im mittleren Lebensalter anstellen, also für eine Zeit, in welcher die große Mehrzahl der Ehen geschlossen, eine bedeutende Abminderung der Verheiratheten aber durch die Lösung der Ehen und insbesondere den Tod des einen Ehegatten noch nicht eingetreten ist, so empfiehlt sich eine Ermittlung des Prozentantheiles der Verheiratheten etwa für die Altersklasse der im 41sten bis 50sten Lebensjahre Stehenden.

Eine internationale Vergleichung der hieraus ersichtlichen Intensität des thatsächlichen ehlichen Zusammenlebens zur Zeit dessen weitester Verbreitung ergibt folgendes Resultat.

Länder	Prozentantheil der Verheiratheten unter den 41—50-Jährigen	Länder	Prozentantheil der Verheiratheten unter den 41—50-Jährigen
Sachsen	84,0	Frankreich	77,5
Dänemark	82,9	Italien	76,9
Preußen	81,9	Elsaß-Lothringen .	74,9
Norwegen	80,8	Bayern	74,5
Deutsches Reich . .	80,3	Baden	73,9
Hessen	80,0	Belgien	73,0
England und Wales	79,2	Irland	71,6
Schweden	78,5	Schweiz	69,6
Niederlande . . .	77,9	Portugal	69,1
Württemberg . . .	77,8	Island	67,5

Im Allgemeinen bildet die vorstehende Tabelle das Gegenstück zu der oben zuletzt mitgetheilten; denn da, wo zwischen 40 und 50 Jahren ein sehr großer Bruchtheil der Personen verheirathet ist, wird man nur wenig Ledige im Alter von mehr als 50 Jahren finden und umgekehrt. Bei näherer Betrachtung sind jedoch immerhin einige Variationen beider Zahlenreihen zu beobachten, welche auf den Einfluß frühzeitigeren oder späteren Heirathens zurückgeführt werden müssen. Wo nämlich im Allgemeinen spät geheirathet wird, gibt es bei gleicher Zahl von Ledigen im höheren Alter weniger Verwittwete, also mehr noch thatsächlich in der Ehe

Lebende im Alter von 41 bis 50 Jahren. Darum erscheint Bayern hier nicht an letzter Stelle, sondern geht im Bruchtheil der Verheiratheten unter den Angehörigen der angegebenen Altersklasse mehreren Ländern vor. Im Ganzen ist übrigens aus der obigen Zahlenreihe zu entnehmen, daß die Sättigung der Altersklasse vom 41sten bis 50sten Lebensjahre mit Verheiratheten ungefähr zwischen zwei Drittel und reichlich vier Fünftel (84 Proz.) schwankt. So stellt sich wenigstens die Sache im Durchschnitt ganzer Länder. Detailgeographische Studien würden noch manche beachtenswerthe Unterschiede ergeben; so habe ich beispielsweise gefunden, daß in den bayerischen Alpen diese Sättigung der 41 bis 50 Jahre alten Bevölkerung mit Verheiratheten außerordentlich tief herabsinkt; sie beträgt z. B. in den Gebirgsbezirken Tölz und Berchtesgaden nur 54 bis 55 Prozent.

Zu den Unterschieden der Individuen, welche nicht durch die Natur sondern ausschließlich durch das Gesellschaftsleben hervorgerufen sind, ist die Religionsangehörigkeit zu rechnen.

Die Statistik ist nicht im Stande direkt die wahre Religiösität der Bevölkerung zu ermitteln und zwar selbst dann nicht, wenn die Ergebnisse der spezifisch kirchlichen Statistik über Kirchenbesuch, Empfang der Sakramente, Taufen, Trauungen und kirchliche Beerdigungen mit in Betracht gezogen werden. Auch bei der zur allgemeinen Bevölkerungsstatistik gehörigen Confessionsunterscheidung kommt die Ermittlung der größeren oder geringeren Gläubigkeit der Einzelnen nicht in Frage. Wir erfahren nur, wie groß die Zahl der den einzelnen Confessionen durch Geburt oder freie Wahl Angehörigen ist. Dabei wissen wir Alle selbst ohne statistische Beobachtung recht gut, ein wie verschwindend kleiner Bruchtheil in ruhigen Zeiten ohne hervorragende religiöse Bewegung der freien Wahl angehört, und daß unter solchen Verhältnissen im Großen und Ganzen fast ausschließlich die Geburt über die gesellschaftlich und sittlich gewiß außerordentlich bedeutsame Confessionsangehörigkeit entscheidet. Keine Seite unseres Gesellschaftslebens, insbesondere in seiner jetzigen freieren Entwicklung ist so sehr von einem äußerlich gegebenen Momente beherrscht wie unsere Confessionsangehörigkeit. Wohl wird der Sohn des Bauern oft wieder ein Bauer und der Sohn des Schuhmachers wieder ein Schuhmacher; aber unendlich häufiger wird doch auch der Sohn des Bauern ein Handwerker, ein Beamter, ein Gelehrter, als der Sohn des Katholiken ein Protestant oder jener des Protestanten ein Katholik wird.

Und doch wird Niemand die Bedeutung der Confessionsangehörigkeit unterschätzen. Was seiner Entstehung nach dem Einzelnen zunächst nur von Außen gegeben ist, wird im Fortgange der Lebensentwicklung und in der Familiengemeinschaft in der Regel mehr und mehr verinnerlicht, so daß er sich die ursprüngliche Entstehung seiner concreten Confessionsstellung kaum mehr zum Bewußtsein bringt und es wohl gar als einen Frevel ansieht, wenn er in objektiver Weise daran erinnert und bei diesem Anlasse zu toleranter Gesinnung ermahnt wird. Dadurch entsteht in den Massen, namentlich der ländlichen Bevölkerung, jenes Vertrauen auf die Religion und jene feste Ueberzeugung von der ausschließenden Richtigkeit der eigenen Confession, welche in der Sicherung frommen Sinnes und sittlichen Lebenswandels eben so schöne als in der Entartung zu religiösem Fanatismus häßliche Folgen erzeugen.

Die in ruhigen Zeiten gleichbleibende Confessionsvertheilung der Bevölkerung ist als ein fast selbstverständliches, nichtsdestoweniger aber wohl beachtenswerthes sozialstatistisches Ergebniß anzusehen. Hiedurch wird nämlich in sehr intensiver Weise ersichtlich, wie für eine gesellschaftlich sehr wichtige Stellung der Individuen zunächst nicht der eigene, sondern ein fremder Wille maßgebend ist. Im weiteren Verlauf der Lebensentwicklung des Einzelnen kann allerdings eine Reaktion gegen jenen „fremden" Willen eintreten, und eine solche macht sich auch in der That bei den Convertiten und Jenen, welche sich als „confessionslos" erklären, geltend. Aber das sind in den „ruhigen Zeiten", welche hier zunächst vorausgesetzt sind, doch nur Ausnahmen. Im Allgemeinen wird der eigene Wille im Verlaufe des Lebensganges dem ursprünglich fremden Impuls homogen oder er reagirt wenigstens nicht gegen denselben und dessen äußerliche Folgen. Wir begegnen daher hier einem Vorgange, welcher einigermaßen an die interessantesten moralstatistischen Probleme erinnert, welche später zu erörtern sind, nämlich an jene Vorgänge, bei welchen die Willensrichtung der Individuen durch constante oder variable äußere Verhältnisse imperativ beeinflußt erscheint.

Wie außerordentlich gering in der That selbst während eines längeren Zeitraumes die Aenderungen in der Confessionsvertheilung der Bevölkerung sind, sobald die Gesammtergebnisse für ein ganzes, wenn auch an sich nur mittelgroßes Land in Betracht gezogen werden, zeigen folgende der bayerischen Statistik entnommene Zahlen über den Antheil der Katholiken und der Protestanten an der Gesammtbevölkerung nach dem Ergebnisse der vier Volkszählungen von 1840, 1852, 1867 und 1871.

Jahre	Von je 100 Personen der bayerischen Bevölkerung wurden ermittelt als	
	Katholiken	Protestanten
1840	71,08	27,45
1852	71,10	27,54
1867	71,33	27,54
1871	71,23	27,61

Die Veränderungen in der Vertheilung der bayerischen Bevölkerung auf die katholische und die protestantische Confession sind hienach innerhalb eines Zeitraumes von mehr als zwei Jahrzehnten sehr unbedeutend gewesen.

So constant hienach in religiös minder bewegten Zeiten die Confessionszugehörigkeit der Bevölkerung erscheint, so wissen wir doch Alle aus der Geschichte recht gut, daß unter besonderen Verhältnissen innerhalb kurzer Zeit sehr bedeutende Aenderungen eintreten können, sei es, daß es sich um die Verbreitung neuer Religionen wie des Christenthums oder des Islams oder um Reformationen handle. Exacte statistische Beobachtungen über die weltgeschichtlich bedeutendsten Aenderungen dieser Art liegen allerdings nicht vor; bei der Wiederkehr ähnlicher Ereignisse in der Zukunft wird sich die Statistik dieses interessanten Forschungsgebietes zweifellos bemächtigen. Immerhin liegen jedoch aus der neueren und neuesten Zeit schon manche statistische Erhebungen vor, welche einen Einblick in beachtenswerthe Symptome veränderter religiöser Grundanschauungen ergeben. Hieher gehören die bei den neueren und neuesten Volkszählungen sich mehrenden Fälle, in welchen die Volkszählungslisten eine Verweigerung der Angabe der Confession oder die direkte Erklärung der Confessionslosigkeit der Individuen enthalten. Je mehr sich die Trennung von Staat und Kirche thatsächlich vollzieht,

12*

um so häufiger müssen solche Fälle eintreten. Einzelne Spuren hievon lassen sich bereits in den Ergebnissen der deutschen Volkszählung von 1871 nachweisen. Für das ganze Deutsche Reich sind nämlich allerdings nur 16980 Personen nachgewiesen, für welche die Angabe der Religion fehlt; davon aber treffen auf die Stadt Berlin nicht weniger als 3854 und auf Hamburg sogar 7689 Personen!

Eine weitere in sozialer Beziehung sehr beachtenswerthe Thatsache liegt in der durch den modernen Verkehr und die Freizügigkeit mehr und mehr zunehmenden lokalen Mischung der Confessionen. Am meisten ist dieß bei den großen städtischen Wohnplätzen der Fall, welche überall ihren ehedem nicht selten durch lange Zeit bewahrten glaubenseinheitlichen Charakter verlieren. Sie sind hiedurch zugleich vorzugsweise zu Pflanzstätten der Toleranz berufen. Diese Erfahrung ist eine so allgemeine, mit der später noch näher zu erörternden weitgreifenden Anziehungskraft der größeren Städte zusammenhängende, daß ein Detailnachweis durch positive Zahlenangaben hier gar nicht nöthig erscheint. Es sei deßhalb hier nur noch bemerkt, daß gerade von dieser *lokalen* Mischung der Confessionen ein weiterer für die Verbreitung der Toleranz hochwichtiger Umstand, nämlich die Häufigkeit der *gemischten* Ehen wesentlich abhängt, wovon an anderer Stelle noch weiter die Rede sein wird.

Die *Art* der Mischung der Confessionen in den einzelnen Ländern und Bezirken ist gesellschaftlich und politisch von großer Bedeutung. Durchschlagend ist namentlich der Einfluß, welchen die Art dieser Mischung mit Rücksicht darauf äußert, ob die einzelnen Wohnplätze und Gemeinden bei einer im Ganzen gemischten Landes- oder Bezirksbevölkerung ihrerseits selbst eine confessionell gemischte Bevölkerung haben, oder nach Confessionen getrennt im lokalen Bevölkerungsstande mehr oder minder glaubenseinheitlich sich darstellen. Daraus ergibt sich für die Bevölkerungsstatistik die Nothwendigkeit, den Nachweis der Confessionsangehörigkeit im vollen Detail für die einzelnen Gemeinden zu liefern. Als Typen der verschiedenartigen Mischungsverhältnisse können beispielsweise die bayerische Pfalz und die fränkischen Regierungsbezirke betrachtet werden. In der Pfalz macht sich die Mischung innerhalb der Gemeindebevölkerung viel stärker geltend als in Franken, darum hat auch die Pfalz seit lange eine große Zahl von gemischten Ehen aufzuweisen.

Obwohl das vorliegende Werk durchaus nicht beansprucht eine allgemeine populäre Statistik zu sein, sondern nur jene statistischen Thatsachen ins Licht zu setzen hat, welche als Nachweis der Gesetzmäßigkeit im Gesellschaftsleben dienen können, wird der Leser doch eine kurze Schlußbemerkung über die ungefähre Vertheilung der Gesammtbevölkerung von Europa nach der Confession gestatten. Man darf annehmen, daß von der europäischen Bevölkerung in runder Zahl angehören: 148 Millionen der katholischen, 72 Millionen der protestantischen, 70 Millionen der griechischen Confession. Außerdem sind etwa 5 Millionen Israeliten und 6½ Millionen Mohamedaner in Europa vorhanden. Zu den glaubenseinheitlichsten Ländern gehören von den katholischen Spanien und Portugal (99,9 Proz.), von den protestantischen Schweden und Norwegen (99,9 Proz.) und von den griechischen Serbien und Griechenland (99,1, bezw. 99,2 Proz.). Die Bevölkerung des Deutschen Reiches besteht zu etwas über ein Drittel (36,2 Proz., aus Katholiken, zu etwas unter zwei Drittel (62,3 Proz.) aus Protestanten; die Israeliten machen 1¼ Proz. aus. Zu den glaubenseinheitlichsten protestantischen Bezirken in Deutschland gehören verschiedene kleinere Fürstenthümer (Sachsen-Altenburg, Reuß ä. und j. Linie, Schwarzburg-Rudolstadt), in welchen die protestantische Bevölkerung mehr als 99½ Proz.

ausmacht. Den Gegensatz bildet der bayerische Regierungsbezirk Niederbayern mit 99,3 Proz. Katholiken.

In der Wahl des **Berufes** ist der Mensch, wie bereits im vorhergehenden Abschnitt erwähnt wurde, minder beschränkt als in der Bestimmung seiner Confessionszugehörigkeit. Mindestens gilt Solches für jene Berufszugehörigkeit, bei welcher der Einzelne als selbst im Berufe thätig erscheint. Man kann diese Art der Berufszugehörigkeit als die aktive (selbstthätige) bezeichnen und ihr die passive Berufszugehörigkeit gegenüberstellen, welche die Gesammtheit der Personen umfaßt, die indirekt einen bestimmten Beruf als Nahrungsquelle haben, ohne in diesem selbst thätig zu sein. Am einfachsten ist der letztere Fall bei den noch erwerbsunfähigen Kindern gegeben, welche vom Erwerb der Eltern leben, ohne selbst zu diesem beizutragen. Nicht so unbedingt klar erscheint die Einreihung der Dienstboten zu persönlicher Dienstleistung nach Berufsgruppen, da einerseits diese Dienstleistung selbst als gesonderter Berufszweig betrachtet, andererseits aber auch die Zutheilung der persönlichen Dienstboten zu den Berufsgruppen der Dienstherrn gerechtfertigt werden kann, insofern nämlich durch die Berufsstatistik eine Vertheilung der Gesammtbevölkerung nach Gruppen der Nahrungsquellen versucht wird.

In der That dürfte es als das, in der Neuzeit auch als solches anerkannte, richtige Ziel der Berufsstatistik zu betrachten sein, diese Vertheilung der gesammten Bevölkerung nach einzelnen Gruppen der Nahrungsquellen nachzuweisen, und dabei zugleich im Einzelnen zu zeigen, wie die Gesammtheit der zu einer solchen Gruppe verwiesenen Personen sich ihrerseits wieder in Selbstthätige, in Dienstboten und in sonstige Angehörige gliedert. Für die Selbstthätigen, d. h. die aktiv dem betreffenden Berufe Angehörigen ist sodann noch der weitere Nachweis nöthig, ob sie als Selbständige oder als Gehilfen erscheinen. Es unterliegt keinem Zweifel, daß eine in diesem Sinne für das Detail der Berufszweige durchgeführte Unterscheidung die interessantesten ökonomischen und sozialen Aufschlüsse liefern müßte. Wir wüßten dann, wie in den einzelnen Berufszweigen die Betheiligung der Selbständigen und Gehilfen, der Umfang der Dienstbotenhaltung und der Fürsorge für erwerbsunthätige Kinder und sonstige Familienangehörige sich gestaltet.

Leider aber ist dieses Ideal der Berufsstatistik zur Zeit noch nicht erreicht, obwohl nicht zu verkennen ist, daß überhaupt erst die Forschungen der jüngsten Zeit Klarheit in das Wesen und die Ziele der Berufsstatistik gebracht und damit die Hoffnungen auf deren allmälige Ausbildung begründet haben. Freilich stehen derselben gewaltige Hindernisse entgegen, wie sie bei keinem der bisher erwähnten Zweige der Bevölkerungsstatistik auch nur annähernd vorhanden sind. Hieher gehört die Vielgliedrigkeit und Verschwommenheit der einzelnen Berufszweige, insbesondere die mögliche Mehrheit und der Wechsel derselben im Laufe der Zeit. Die Kategorieen des Geschlechtes, Alters, Civilstandes und auch der Confession heben sich für die Zwecke der Statistik scharf von einander ab. Man ist nicht gleichzeitig Mann und Weib, oder ledig und verheirathet, oder dreißig und vierzig Jahre alt, wohl aber kann man gleichzeitig Landwirth und Fischer, Metzger und Wirth, Fuhrmann und Krämer u. s. w. sein. Namentlich seit der neuerlich allgemein eingeführten Gewerbefreiheit besteht gar keine Grenze der Combination der verschiedenartigsten Berufszweige. Fast möchte den verzweifelnden Statistiker ein heimliches Sehnen nach indischem Kastenwesen erfüllen, das ihm für die Berufseingliederung der Bevölkerung die so erwünschten festen Anhaltspunkte böte. Dazu kommen noch die weiteren Schwierigkeiten, welche sich aus der Behandlung der in der Berufsvorbereitung und im Uebergang zu eigener besonderer Berufsthätigkeit Befindlichen ergeben. Des Schuhmachers Kinder, welche die Volksschule besuchen, wird man unbedenklich unter die Berufsgruppe der „Schuhmacherei" als ihr passiv Zugehörige einreihen; wenn aber des Schuhmachers Söhne absolvirte Juristen und Mediziner sind, die zwar im Augenblick noch keinen eigenen Erwerb haben, aber ihn demnächst zu erlangen im Begriff sind, dann mag man wohl einiges Bedenken tragen sie wie jene Schulkinder ohne Sang und Klang in der Berufsstatistik bei der Schuhmacherei einzureihen. Sodann gibt es wieder namhafte Berufszweige, bei welchen die im Allgemeinen volkswirthschaftlich so bedeutsame Unterscheidung der Selbständigen und der Gehilfen nicht recht passen will. Man denke nur an die Bediensteten des Staates und der Gemeinde; je nach der logischen Construction, welche man gelten läßt, wird man dazu kommen, sie als Selbständige oder als Gehilfen zu behandeln.

Das Gesagte wird genügen, um dem Leser ein annäherndes Bild von den außerordentlichen Schwierigkeiten zu gewähren, welchen die Berufsstatistik, d. h. der Nachweis über die Vertheilung der gesammten Bevölkerung nach den einzelnen Berufen als Nahrungsquellen, begegnet. Nicht zu verwechseln mit einer derartigen allgemeinen Berufsstatistik, von welcher hier im Kapitel von der Bevölkerungsstatistik überhaupt ausschließlich gehandelt wird, ist die Gewerbestatistik, oder der Nachweis über die Art, Zahl und nähere Beschaffenheit der einzelnen industriellen Betriebe insbesondere auch über die Verwendung von Menschen und Naturkräften in denselben. Bei der Gewerbestatistik bildet der Betrieb, bei der Berufsstatistik das menschliche Individuum die statistische Beobachtungseinheit.

Schon die Durchführung einer vollständigen Berufsstatistik

für ein einzelnes Land bietet tausendfältige Zweifelsfälle, welche jedoch immerhin bei centralisirter Bearbeitung in einem statistischen Bureau — die für diesen Zweig der Statistik unerläßlich ist — nach gleichen Grundsätzen entschieden werden können und demgemäß auf die Vergleichbarkeit der Schlußergebnisse minder störend einwirken. Sobald aber ein Versuch zu einer internationalen Berufsstatistik gemacht wird, scheitert derselbe alsbald an der höchst verschiedenartigen Behandlung jener einzelnen Zweifelsfälle in den verschiedenen Ländern. Mußte doch sogar das Statistische Amt des Deutschen Reiches zugeben, daß der sehr bescheidene nur auf einige Haupt-Berufsgruppen erstreckte Versuch einer allgemeinen Berufsstatistik der deutschen Bevölkerung auf Grund der Volkszählungsergebnisse von 1871 als mißlungen anzusehen ist.

Ich erfülle deßhalb nur eine Pflicht statistischer Ehrlichkeit, wenn ich es unterlasse dem Leser unvergleichbare Zahlenergebnisse einer angeblich internationalen Berufsstatistik vorzuführen. Dagegen darf ich vielleicht dessen Aufmerksamkeit für kurze Zeit in Anspruch nehmen, wenn ich ihn etwas tiefer in die Fragen einführe, welche in den Resultaten der Berufsstatistik als solchen auf Gesetzmäßigkeiten im Gesellschaftsleben hindeuten und wenn ich dabei weniger zu eigentlichem Beweise als zu praktischer Beleuchtung der theoretischen Aufstellungen einige bescheidene Beispiele aus der unter meiner Leitung thunlichst gleichartig bearbeiteten bayerischen Berufsstatistik von 1871 wähle.

Zur näheren Betrachtung der „Gesetzmäßigkeit im Berufsleben der Bevölkerung" muß ich zu den obigen einleitenden Bemerkungen zurückkehren. Ich habe dort hervorgehoben, daß zwar nicht für die passive aber doch für die aktive Berufszugehörigkeit eine gewisse größere Wahlfreiheit des Individuums bestehe. Thatsächlich erscheint jedoch auch diese durch constante oder variable äußere Verhältnisse mehr oder minder „imperativ beeinflußt" — um einen früher gebrauchten Ausdruck zu wiederholen — oder im früheren praktischen Beispiele gesprochen: trotz aller theoretischen Wahlfreiheit wird doch in der Regel der Sohn des Bauern ein Bauer und jener des Gewerbtreibenden wieder ein Gewerbtreibender werden. Was aber immer auch an individuellen Ausnahmen hievon sich verwirklichen möge, für die Massen der Bevölkerung im Ganzen erscheint die Wahlfreiheit noch viel eingeengter; denn in dieser Hinsicht bestimmen die natürlichen Verhältnisse in Verbindung mit der wirthschaftsgeschichtlichen Entwicklung eines Landes mit zwingender Gewalt die Vertheilung der Gesammtmenge der Individuen auf die einzelnen Berufsgruppen, und wo etwa vorübergehend ein Ueberschuß oder ein Mangel besteht, übt das wenn auch langsam so doch sicher wirkende Verhältniß von Angebot und Nachfrage alsbald seinen ausgleichenden Einfluß. Es müssen großartige Veränderungen im Wirthschaftsleben der Völker eintreten, bis diese imperative Vertheilung der Bevölkerung nach Berufsklassen eine merkliche Aenderung erfährt, und selbst dann noch wird sich durch Jahrzehnte und Jahrhunderte die durch die ältere Wirthschaftsgeschichte und die natürlichen Produktionsverhältnisse eines Landes oder Bezirkes gewissermaßen prädestinirte Berufsvertheilung der Bevölkerung erkennen lassen. Was von Alters her ein vorwiegend ackerbautreibender Landstrich war, wird niemals plötzlich in einen Industriebezirk verwandelt werden, und noch weniger wird der umgekehrte Fall eintreten. So trägt jedes Land und jeder Bezirk gewissermaßen einen vorbestimmten Typus der Berufsverhältnisse; die Menschen, die von Jahr zu Jahr aktiv in die Produktion und in die verschiedenen Berufsthätigkeiten neu einrücken, glauben frei zu wählen und thun es vielleicht zum Theil auch wirklich im Widerspruch mit ihrer engeren Familiengeschichte; im Großen und Ganzen aber erfüllen sie doch nur die durch die äußeren Verhältnisse vorbestimmte Aufgabe, jeder Berufsgruppe die erforderliche Gesammtmasse an Personen zuzuführen, sei diese nun individuell wie immer ausgefüllt und möge dabei nur der eigene oder auch der fremde Nachwuchs herangezogen sein.

Ein absolutes Gesetz des Antheiles der einzelnen Berufsgruppen am Gesammtstand der Bevölkerung gibt es nicht. Je nach dem Grade der Culturentwicklung und der natürlichen Anlage von Volk und Land schwankt der Antheil dieser Gruppen sowie deren Zahl und Gliederung. Je primitiver das ganze Leben der Bevölkerung, wie z. B. bei einem Naturvolk oder einem Nomadenvolk ist, um so einfacher gestaltet sich die Berufsvertheilung und deren Statistik. Im weiteren Fortschritte der Culturentwicklung wird überall neben der Berufsgruppe der Forst- und Landwirthschaft die Gruppe der Industrie, des Handels und Verkehrs eine zunehmende Bedeutung erlangen.

Leider kann die deutsche Berufsstatistik von 1871, wie bereits erwähnt, keinen Anspruch auf volles Vertrauen erheben; immerhin aber mag hier doch die Thatsache Erwähnung finden, daß von der Bevölkerung des Deutschen Reichs (mit Ausschluß von Mecklenburg-Strelitz und Elsaß-Lothringen) nicht weniger als 32,8 Proz. in der Berufsgruppe: „Bergbau- und Hüttenwesen, Industrie und Bauwesen" und 9,0 Proz. in der Berufsgruppe „Handel und Verkehr", in beiden Berufsgruppen zusammen also ungefähr zwei Fünftel der Bevölkerung (41,8 Proz.) nachgewiesen sind.

Als Beispiel territorialer Unterschiede innerhalb eines beschränkteren, dafür aber hinsichtlich der Berufsstatistik thunlichst gleichartig bearbeiteten Erhebungsgebietes dürfen hier vielleicht die Ergebnisse für die einzelnen bayerischen Regierungsbezirke nach der Volkszählung von 1871 angeführt werden.

Was zunächst die Hauptgruppe der L a n d w i r t h s c h a f t (mit Einschluß von Viehzucht, Weinbau, Gärtnerei, Forstwirthschaft, Jagd und Fischerei) betrifft, so ergab sich, daß dieser Berufsgruppe als Hauptnahrungsquelle zuzutheilen waren von der gesammten Bevölkerung Bayerns 40,75 Proz. und zwar

in Mittelfranken	34,17	Proz.
„ der Pfalz	35,61	„
„ Oberfranken	36,43	„
„ Oberbayern	40,20	„
„ der Oberpfalz	42,22	„
„ Schwaben	43,20	„
„ Unterfranken	44,47	„
„ Niederbayern	50,59	„

Im Durchschnitte der bayerischen Regierungsbezirke schwankt hienach der Bruchtheil der Personen allen Alters, als deren Haupt-Nahrungsquelle direkt oder indirekt die Landwirthschaft erscheint, ungefähr zwischen einem Drittel und der Hälfte vom Gesammtstand der Bevölkerung. Würde man eine spezielle landwirthschaftliche Statistik erheben, so würde sich der Bruchtheil der überhaupt aus Landwirthschaftsbetrieb Einkommen beziehenden Personen überall größer herausstellen, weil dann auch jene, namentlich auf dem Lande zahlreichen, Gewerbtreibenden in Betracht kommen, welche nebenbei Landwirthschaft betreiben.

Selbstverständlich zeigen die einzelnen Regierungsbezirke in der Vertretung der von Industrie, Handel und Verkehr direkt oder indirekt lebenden Bevölkerung ungefähr eine der obigen entgegengesetzte Reihenfolge. Während nämlich für das Königreich im Ganzen dieser zweitbedeutendsten Berufsgruppe 37,68 Proz. der Bevölkerung zufallen, finden sich im Einzelnen

bei Niederbayern	29,00	Proz.
„ Unterfranken	34,04	„
„ der Oberpfalz	35,00	„

bei Oberbayern	. . . .	36,13 Proz.
„ Schwaben	. . . . . .	38,60 „
„ der Pfalz	. . . . .	41,12 „
„ Oberfranken	. . . .	44,04 „
„ Mittelfranken	. . . .	45,04 „

Nach der deutschen Berufsstatistik von 1871 ergaben sich als die drei Bezirke mit höchster Vertretung der Nahrungsquelle „Industrie, Handel und Verkehr“ der Bremische Staat (76,8 Proz.), der sächsische Regierungsbezirk Zwickau (74,2 Proz.) und Berlin (70,2 Proz.). An entgegengesetzter Stelle, d. h. mit der geringsten Vertretung der Industrie, des Handels und des Verkehrs als Nahrungsquelle der Bevölkerung erscheinen die drei preußischen Regierungsbezirke Köslin (22,9 Proz.), Marienwerder (21,3 Proz.) und Gumbinnen (18,2 Proz.).

Im Vorstehenden hat der Leser allerdings nur recht bescheidene Bruchstücke von berufsstatistischen Notizen. Immerhin aber gewähren sie ihm einigen Einblick in den breiten Rahmen, innerhalb dessen die Berufsvertheilung der Bevölkerung auf die beiden Hauptgruppen geographisch schwankt, wobei noch weiter zu beachten ist, daß die schon hier ersichtlichen Gegensätze sich noch bedeutend verschärfen, wenn zu kleineren räumlichen Beobachtungseinheiten herabgegangen und insbesondere der Gegensatz von Stadt und Land beachtet wird. Noch ist die Berufsstatistik nicht so entwickelt, daß sie in internationalem Ueberblicke die Grenzen der Berufsvertheilung der Bevölkerung auch nur nach Hauptgruppen sicher zu bezeichnen gestattet. Von der weiteren Entwicklung dieses Zweiges der Statistik darf aber solches wohl erwartet werden, und wenn einmal die betreffenden Nachweise allgemein und in verlässiger Weise ermittelt sind, wird das, was jetzt nur erst als Versuch und Bruchstück erscheint, einen der interessantesten Einblicke in die nach Zeit und Ort variable Gesetzmäßigkeit im Berufsleben der Menschen eröffnen.

Inzwischen bietet auch jetzt schon das weitere Detailstudium der Berufsstatistik noch manches Beachtenswerthe. Ich will dem Leser nicht zumuthen mir etwa in die vielhundertfache Gliederung der einzelnen Berufsarten zu folgen, obwohl auch dieß nicht ohne Interesse wäre. Ich will ihn vielmehr nur bitten, noch einen Augenblick bei jenen Aufschlüssen zu verweilen, welche die Ermittlung der Stellung der Einzelnen innerhalb der Berufsgruppe, der sie im Allgemeinen angehören, bietet. Es soll mit anderen Worten noch kurz berührt und an Beispielen der bayerischen Berufsstatistik von 1871 erläutert werden, wie sich nach der sozialen und ökonomischen Stellung im Beruf der Antheil der Selbstthätigen, und zwar sowohl der Selbständigen als der Gehilfen, und sodann weiter der zugehörigen Dienstboten und der übrigen nicht selbst im Beruf erwerbsthätigen Angehörigen gestaltet.

Wenn man nach der bayerischen Erhebung von 1871 sämmtliche Berufsgruppen zusammenfaßt, so findet man, daß die gesammte Bevölkerung sich folgendermaßen auf die verschiedenen Arten der Stellung im Beruf vertheilt. Nicht ganz drei Zehntel der Bevölkerung, nämlich 29 Proz., gehören zu der Gruppe der „Selbständigen in Besitz, Beruf und Erwerb". Hiebei sind auch zahlreiche Personen ohne Berufsausübung im engeren Sinne, wie Privatiers, Rentiers, Pensionäre hieher gerechnet, so daß die Gruppe der eigentlich berufsthätigen und zugleich selbständigen d. h. nicht im Gehilfenverhältnisse stehenden Personen kaum auf ein Viertel der Bevölkerung zu veranschlagen ist. Die in den verschiedenen Berufszweigen als Gehilfen und Arbeiter aller Art thätigen Personen machen ungefähr ein weiteres Viertel der Bevölkerung (26 Proz.) aus. Dabei sind die landwirthschaftlichen Dienstboten als die technischen Gehilfen der Landwirthschaft hieher gerechnet. Die Dienstboten zu persönlicher Dienstleistung betragen nur 2 Proz. der Bevölkerung und drängen sich vorzugsweise in den Städten zusammen. Schließlich verbleibt noch die Gruppe der nicht im Berufe thätigen Angehörigen aller Art, welche dem Bestande nach am stärksten, nämlich mit 43 Proz. vertreten sind. Der Löwenantheil hievon trifft auf die heranwachsende Generation der Kinder und jungen Leute, außerdem reihen sich aus allen Altersklassen Arbeitsunfähige aller Art und aus den höheren Altersklassen zahlreiche Invaliden der Arbeit an, welche es nicht zu voller wirthschaftlicher Selbständigkeit gebracht haben. Es ist hienach eine gewaltige Masse noch unproduktiver, oder überhaupt für immer unproduktiver oder endlich wieder unproduktiv gewordener Personen, welche durch die in den Berufen aller Art thätigen Personen zu erhalten sind. Fast trifft auf jeden Selbstthätigen eine unthätige Person zur Ernährung und Lebenspflege. In Wahrheit mag dieser ökonomische Ballast, der freilich im Lichte der Liebe und des Familienlebens nicht als solcher erscheint, noch weit bedeutender sein; denn unter die Gehilfen und Arbeiter sind bei einer solchen allgemeinen Berufsstatistik gar manche Familienglieder gerechnet, deren Arbeitswerth die Kosten ihres Unterhaltes nicht deckt.

Selbstverständlich ist auf die relative Größe der unproduktiven Menschenmasse, welche die Berufsthätigen zu ernähren haben, der relative Bestand an jugendlichen Altersklassen vom größten Einflusse. Eine Bevölkerung, welche einen Altersaufbau, wie die französische hat, kämpft deßhalb mit geringeren Beschwerden als eine solche, welche wie die deutsche nach dem Alter zusammengesetzt ist. Dagegen hat aber die erstere eine weit geringere Aussicht auf Steigerung der Machtfülle der Zukunft. Ein Volk wie das deutsche erkauft recht eigentlich um die Noth des Augenblicks die günstigeren Aussichten der Zukunft.

Die Vertheilung der Berufsangehörigen nach den verschiedenen Arten der Stellung im Beruf erleidet wesentliche Aenderungen, wenn an Stelle der Gesammtheit aller Berufe die einzelnen Berufsgruppen ins Auge gefaßt werden. Bei der Landwirthschaft macht sich trotz des größeren Kinderbestandes auf dem Lande die frühzeitige Verwendung der jugendlichen Personen in der Wirthschaft bemerkbar; die Angehörigen erscheinen deßhalb hier nur mit 39 Proz., die Gehilfen aller Art mit Einschluß der landwirthschaftlichen Dienstboten dagegen mit 43 Proz. vertreten. Andererseits erscheint die große Berufsgruppe der Landwirthschaft als jene, bei welcher die Zahl der Berufsthätigen, welche zugleich selbständige Besitzer sind, verhältnißmäßig am kleinsten ist. Die Selbständigen machen hier nur 18 Proz. aus; auf einen selbständigen Landwirth treffen demnach 2 bis 3 Gehilfen. Bei der Industrie dagegen sind Selbständige und Gehilfen an Zahl fast gleich. Es ergibt sich demnach für Bayern — trotz des theilweise weit verbreiteten landwirthschaftlichen Kleinbesitzes — das überraschende Resultat, daß im Ganzen der Großbetrieb, d. h. der mit fremder in Naturalien oder in Geld abgelohnter Arbeit wirthschaftende Betrieb bei der Landwirthschaft viel verbreiteter ist als bei der Industrie. Die vereinzelten Fabriken geben also keinen Ausschlag gegenüber der Bauernwirthschaft mit Familienangehörigen, Gesinde und Taglöhnern. Nur in der Pfalz findet sich in Folge des dortigen außerordentlich zersplitterten Grundbesitzes auch bei der Landwirthschaft ein Gleichgewicht in der Zahl der selbständigen Landwirthe und der landwirthschaftlichen Gehilfen aller Art.

In der Berufsgruppe „Handel und Verkehr" ist die Gehilfenverwendung noch spärlicher; bei ihr trifft nahezu erst auf zwei Selbständige ein Gehilfe. Die weiteren Berufsgruppen, namentlich alle liberalen Berufsgruppen im weitesten

Sinn mit Einschluß des Staats-, Gemeinde- und Kirchendienstes sind der Unterscheidung von Selbständigen und Gehilfen schwer oder gar nicht zugänglich. Dagegen ist es von Interesse zu sehen, wie sehr bei diesen der Antheil der persönlichen Dienstboten steigt. Nach der bayerischen Erhebung machen die letzteren unter den Personen, welche von der Landwirthschaft leben, nur 0,4 Proz. aus, bei der Industrie 2,7 Proz., und bei Handel und Verkehr 7,6 Proz., bei den „übrigen Berufsarten" aber, d. i. vorzugsweise bei den oben erwähnten liberalen Berufen aller Art 11,7 Proz. In diesen wenigen Zahlen findet ein gutes Stück sozialer Unterschiede, die wir Alle kennen, die uns aber nur unklar vorschweben, seinen deutlichen Ausdruck.

Zu sozialwissenschaftlich höchst interessanten Ergebnissen hat die in neuerer Zeit sorgfältiger durchgebildete Technik der Verarbeitung des Volkszählungsmateriales durch die Nachweise über die Gebürtigkeit der Bevölkerung geführt. Wenn bei der Volkszählung für jede Person der Geburtsort ermittelt und dieser in geeigneter Unterscheidung mit dem Zählungsort combinirt wird, ergibt sich ein klares Bild der thatsächlichen Mischung einer Bevölkerung, welche durch die massenhaften Wanderungen im Innern und durch die Zuwanderung von Außen veranlaßt wird. Je freier sich die Verkehrsverhältnisse gestalten, um so weniger ist es möglich, durch polizeiliche Ueberwachung die Wanderungen aller Art direkt einer genauen statistischen Erfassung zu unterwerfen. Dagegen kann durch Feststellung des Geburtsortes aller Gezählten der thatsächliche Erfolg des tausendfältigen Wanderns in der Mischung der Bevölkerung nach der Gebürtigkeit festgestellt werden. Die erste Reihe der Untersuchungen, welche sich hieraus ergeben, beschäftigt sich mit den Zonen der Gebürtigkeit, welche gewissermaßen als concentrische Kreise um die Zählungsorte und Zählungsbezirke gelagert sind, indem nachgewiesen wird, inwiefern sich die Bevölkerung gegebener Orte, Gemeinden oder Bezirke nach ihrer Gebürtigkeit aus solchen näheren oder entfernteren Zonen rekrutirt.

Ich kann dem Leser nicht zumuthen mir in das ganze Detail der in dieser Weise gegliederten Untersuchungen zu folgen, wie ich sie in einer eingehenden Studie über die bayerische Bevölkerung durchgeführt habe*). Dagegen darf ich als von besonderem Interesse und für derartige Studien gewissermaßen typisch Einiges hier anführen, was sich speziell auf die Gemeindegebürtigkeit der bayerischen Bevölkerung bezieht. Daß dabei wieder „bayerisches" Material benützt wird, hat nicht bloß in der Stellung des Verfassers gegenwärtiger Zeilen, sondern vor Allem darin seinen Grund, daß feinere Studien über die Gebürtigkeit der Bevölkerung zur Zeit in der Bevölkerungsstatistik noch recht selten sind. Daß die bloße Unterscheidung der „im" Lande und der „außer" Landes Geborenen, wie sie beispielsweise die jüngste internationale Bevölkerungsstatistik von Berg bringt, nicht befriedigen kann, brauche ich wohl kaum näher zu begründen.

Zunächst soll also von der Gemeindegebürtigkeit die Rede sein, d. h. es soll untersucht werden, wie groß der Bruchtheil der Bevölkerung ist, welcher nach dem Zählungsbefund als in der Zählungsgemeinde selbst geboren erscheint. Je größer dieser Bruchtheil ist, um so mehr besteht die Bevölkerung aus seßhaften Elementen, je kleiner er ist, um so geringer erscheint die Seßhaftigkeit der Bevölkerung.

Ein bedeutender, für die gesellschaftlichen Verhältnisse

---

*) Die bayerische Bevölkerung nach der Gebürtigkeit. XXXII. Heft der Beiträge zur Statistik des Kgr. Bayern. München 1876.

charakteristischer Unterschied besteht in dieser Hinsicht vor Allem für Stadt und Land. Meine Untersuchungen für Bayern haben ergeben, daß in den größeren sog. unmittelbaren Städten nur 47 Proz., in den kleineren Landstädten 57 Proz., in den größeren Märkten und Landgemeinden 67 Proz. und auf dem platten Lande 68 Proz. der Bevölkerung gemeindegebürtig sind. In den größeren Städten ist also die Wahrscheinlichkeit dafür, daß eine Person, der man begegnet, nicht in der Stadt geboren ist, namentlich wenn man die Beobachtungen auf die erwachsenen Personen beschränkt, da die Kinder selbstverständlich in höherem Grade und die Neugeborenen insbesondere sogar immer ortsgebürtig sind. Der Drang zum städtischen Leben, welcher die Strebungen der Neuzeit charakterisirt, findet in diesen Zahlen beredten Ausdruck.

Derartige Unterschiede in der Zusammensetzung der Bevölkerung, aus solchen, welche in oder außerhalb der Gemeinde des Aufenthaltes geboren sind, bestehen aber nicht bloß zwischen Stadt und Land, sondern in nicht minder charakteristischer Weise auch zwischen verschiedenen Landestheilen. Gerade Bayern bildet auch in dieser Hinsicht ein sehr geeignetes Beobachtungsfeld, da die grundverschiedene Art des Wohnens der Bevölkerung in den verschiedenen Theilen des Landes von entscheidendem Einflusse auf den Grad der Seßhaftigkeit der Bevölkerung ist. Im Süden und namentlich im Südosten des Landes lebt die ländliche Bevölkerung vollkommen zerstreut in zahllosen Einöden und Weilern, während im Norden, namentlich in Unterfranken und in der Pfalz die größeren geschlossenen Ortschaften die Hauptmasse der Bevölkerung in sich vereinigen. Aehnlich ist der territoriale Gegensatz der Agrarverhältnisse. Im Süden sind die größeren landwirthschaftlichen Besitzungen zahlreicher vertreten, während im Norden, zumal in den beiden genannten Kreisen der landwirthschaftliche Kleinbesitz in den Vordergrund tritt. Obwohl nun im Allgemeinen die fränkische und pfälzische Bevölkerung als die beweglichere erscheint und obwohl sie zur eigentlichen überseeischen Auswanderung zu allen Zeiten viel mehr Neigung gezeigt hat als das Volk von Ober- und Niederbayern, so ist doch die im Lande verbliebene Bevölkerung in Altbayern wegen der erwähnten eigenthümlichen Wohn- und Agrarverhältnisse viel weniger seßhaft als in Franken und in der Pfalz. Südlich von der Donau erscheint es mit Ausnahme von Schwaben als Regel, daß wenig mehr als die Hälfte der Bevölkerung in der Aufenthaltsgemeinde selbst geboren ist. Dagegen sind fast in allen Bezirken von Ober- und Unterfranken sowie der Pfalz drei Viertel der Bevölkerung und darüber in der Zählungsgemeinde geboren. Am intensivsten und zwar vier Fünftel der Bevölkerung und mehr erreichend gestaltet sich die Gemeindegebürtigkeit in dem größeren hauptsächlich südlichen Theile der Pfalz, sowie im Westen und Norden von Unterfranken.

Wo das Volk zerstreut in Weilern und Einöden lebt, und wo überdieß das Hofgut ungetheilt an ein Familienglied vererbt wird, da ist ein steter Wechsel der landwirthschaftlichen Dienstboten und auch für die nachgeborenen Kinder häufig kein Verbleib in der Heimatgemeinde. Daher rührt die geringe Seßhaftigkeit der südbayerischen Bevölkerung. Wo dagegen das Volk in größeren Ortschaften zusammen wohnt und überdieß häufigere Theilung des Grundbesitzes erfolgt, vermag der in der Gemeinde Geborene sich auch viel leichter in dieser zu ernähren. So liegen die Dinge in Franken und in der Pfalz. In Zahlen aber ist dieß sozialwissenschaftlich zum ersten Male durch die Statistik der „Gebürtigkeit" der bayerischen Bevölkerung nach dem Ergebnisse der Volkszählung von 1871 nachgewiesen worden.

Eine weitere, zweite Reihe von Untersuchungen, zu welchen die statistisch-technische Ausbeutung der Angaben über den

Geburtsort jeder gezählten Person führt, gründet sich auf die Ermittlung der von mir so genannten „Geburtsbevölkerung“. Unter der Geburtsbevölkerung im weitesten und idealen Sinne des Wortes verstehe ich die Gesammtheit der Personen, welche einem bestimmten Orte oder Bezirke der Geburt nach angehören und in einem bestimmten Augenblick irgendwo leben. In diesem Sinne gibt es beispielsweise eine Geburtsbevölkerung von München, welche sämmtliche in München geborene Personen umfaßt, die heute irgendwo auf der Erde leben, sei dieß nun in München selbst, oder sonst in Bayern, oder sonst im Deutschen Reich, oder sonst in Europa oder in anderen Welttheilen. Es ist klar, daß auch bei der feinsten Durchbildung der Bevölkerungsstatistik in allen civilisirten Ländern der Erde die Ermittlung einer solchen idealen Geburtsbevölkerung ein frommer Wunsch bleiben wird, namentlich wenn dieselbe für kleinere Bezirke und dabei auch für einzelne größere Städte gesondert nachgewiesen werden soll, wodurch sie eigentlich erst tieferen sozialwissenschaftlichen Werth erlangt. Man muß sich deßhalb im Allgemeinen und namentlich für die detailgeographischen Studien an Stelle der idealen mit einer concreten Geburtsbevölkerung im engeren Sinne begnügen, indem man als solche nur die in einem bestimmten Bezirke Geborenen und bei der Volkszählung im Lande selbst in irgend einem Bezirke Ermittelten gelten läßt. Man weiß, daß man dabei eine zu kleine Geburtsbevölkerung ermittelt und zwar um so mehr, je größer die Auswanderung aus einem Bezirke war. Für die interessanteste Untersuchung aber, welche sich an die Ermittlung der Geburtsbevölkerung der einzelnen Bezirke eines Landes knüpft, ist dieß unschädlich, nämlich für den Nachweis, wie im Innern des Landes der Bevölkerungsbedarf der einzelnen kleinen Bezirke durch eigenen Nachwuchs oder durch Bezug von anderen Bezirken gedeckt wird. Vergleicht man nämlich für alle einzelnen Bezirke eines

Landes die Geburtsbevölkerung mit der ortsanwesenden Bevölkerung, so ersieht man sofort, ob man es mit einem Bezirke zu thun hat, welcher Menschen im Ueberschuß und zur reichlichen Abgabe an andere Bezirke produzirt, oder ob man es mit einem Bezirke zu thun hat, welcher ein Defizit der Bevölkerung durch Zuschuß von Außen decken muß. Ersteres ist bei den Bezirken der Fall, in welchen die Geburtsbevölkerung größer ist als die Zählbevölkerung; sie sind recht eigentlich die Produktionsstätten für Massenabsatz von Menschen nach anderen Theilen des Landes. Ihnen stehen die Bezirke gegenüber, in welchen die Zählbevölkerung größer ist als die Geburtsbevölkerung; sie sind die Consumenten des anderwärts im Ueberschuß über den eigenen Bedarf auf Absatz produzirten Menschenmateriales.

Wie der Leser nach den früheren Auseinandersetzungen leicht errathen wird, stehen in letzterer Beziehung die Städte an erster Stelle. Die Bevölkerung von München betrug am 1. Dezember 1871: 169 693 Personen. Geborene Münchener aber wurden in ganz Bayern mit Einschluß von München selbst nur 90 072 ermittelt. Die Geburtsbevölkerung von München betrug also nur 53 Proz. von dessen Zählbevölkerung. Faßt man sämmtliche unmittelbaren Städte von Bayern zusammen, so findet man, daß dieselben eine ortsanwesende Bevölkerung von 663 393 Personen hatten, während nur 404 903 Personen in denselben geboren waren; die Geburtsbevölkerung der unmittelbaren Städte betrug also 61 Proz. ihrer Zählbevölkerung. Auch hieraus ersieht man, in wie ausgiebiger Weise die größeren Städte Menschenmaterial von Außen in sich aufnehmen und ununterbrochen aus ländlicher zu städtischer Bevölkerung umgestalten.

Gegenüber einer solchen Attraktionskraft der Städte bildet selbstverständlich für das Land der Ueberschuß der Geburtsbevölkerung die Regel; denn das Land muß weit mehr als der eigene Nachwuchs der Städte das Menschenmaterial liefern, welches diese in der Neuzeit zu so raschem Wachsthum bringt. Feinere detailgeographische Studien führen allerdings auch auf beachtenswerthe Ausnahmen von dieser Regel und zeigen, daß es auch ausgedehnte Bezirke des platten Landes ohne hervorragende Industrie gibt, welche aus besonderen Gründen den Bevölkerungsbedarf nicht aus eigenem Nachwuchs decken und deßhalb Bevölkerungselemente von Außen ähnlich wie die Städte herbeiziehen. Ein derartiger ausgedehnter Bezirk mit sehr beachtenswerthem Ueberschuß der Zählbevölkerung findet sich in Südbayern und zwar in einem geographisch vollkommen geschlossenen Complex, welcher im Süden und Osten durch die Landesgrenze vom Isareinfluß bis zur Vereinigung des Inn mit der Salzach und nördlich durch die Linie Augsburg, Freising, Simbach begrenzt wird. Hier handelt es sich um einen mäßig, zum großen Theile sogar dünn bevölkerten Landstrich, welcher in Folge der ehedem Jahrzehnte hindurch erschwerten Verehlichung und durch seine fortdauernd bedeutende Kindersterblichkeit nicht dazu gelangt ist, seinen Bedarf an Bevölkerung selbst zu decken.

Das Gesagte wird genügen, um dem Leser klar zu machen, welche tiefen Einblicke in die Oekonomie des inneren Bevölkerungsaustausches durch die Vergleichung der Geburts- und Zählbevölkerung gewonnen werden können. Es ist deßhalb zu wünschen, daß derartige Studien in recht vielen Ländern durchgeführt werden möchten, wobei jedoch zu betonen ist, daß erst das geographische Detail in der Gliederung der statistischen Nachweise sie werthvoll macht. Will man dann noch weiter gehen, so steht manche andere lohnende Untersuchung in Aussicht. Ich erwähne hier nur noch die Ermittlung der **Seßhaftigkeit der Geburtsbevölkerung**, welche in der Art gefunden wird, daß man feststellt, wie die einem gegebenen Bezirke der Geburt nach angehörige Bevölkerung sich mit Rücksicht auf den thatsächlichen Aufenthalt in oder außer diesem Bezirke stellt. Auch hiebei ergeben sich ganz beachtenswerthe Resultate, von welchen ich nur die auf den Gegensatz von Stadt und Land bezüglichen hier kurz erwähnen will.

Während Stadt und Land im Uebrigen nach der Gebürtigkeit der Bevölkerung sehr bedeutende Unterschiede zeigen, besteht ein solcher in der speziellen Seßhaftigkeit der Geburtsbevölkerung nicht in nennenswerther Weise. Von den in einer unmittelbaren Stadt Bayerns Geborenen und bei der bayerischen Volkszählung überhaupt Ermittelten wurden 76 Proz. in der Geburtsstadt selbst, von den in einem Bezirksamte Geborenen dagegen 80 Proz. in ihrem Geburtsamte vorgefunden. Die geringe Seßhaftigkeit der Gesammtbevölkerung unserer Städte rührt also nahezu ausschließlich von der bedeutenden Zuwanderung, keineswegs aber in irgend erheblichem Maße von eigenem größeren Wanderdrange der in den Städten Geborenen her.

Was speziell das bayerische Alpenland betrifft, so ragt es durch starken Verbleib der Bevölkerung im Geburtsbezirk unter den altbayerischen Bezirken fast ausschließlich hervor. Gleichwohl haben die Alpen nur eine geringe Gemeindegebürtigkeit der Zählbevölkerung. Hievon ist die Ursache einerseits in der erheblichen Zuwanderung auswärts Geborener in die Alpenbezirke, dann aber wohl auch darin zu finden, daß die Agrarverhältnisse in den Alpen zwar ähnlich wie im Vorlande den Verbleib am Ort und in der Gemeinde der Geburt erschweren, daß aber der Bewohner der bayerischen Alpen, wenn er wandern muß, doch so wenig weit als möglich und, wenn es irgend angeht, nur innerhalb des näheren Bezirkes seiner Geburt wandert. Als Gegenstück erscheinen mehrere Bezirke des bayerischen Waldes, welche bei starker

Gemeindegebürtigkeit der Zählbevölkerung doch nur einen geringen Bezirksverbleib der Eingeborenen aufzuweisen haben. Hier beruht die Seßhaftigkeit der Zählbevölkerung auf der geringen Zuwanderung von Außen, keineswegs aber wie etwa in Franken und der Pfalz auf starkem Verbleib der Geborenen im Geburtsbezirk.

Die bisherigen Erörterungen erschöpfen noch keineswegs die Gesammtheit der Nachweise, welche bei den neueren Volkszählungen über den Stand der Bevölkerung gesammelt worden sind. Käme es darauf an, eine vollständige Behandlung der Bevölkerungsstatistik zu liefern, so wäre noch weiter über Nationalität, Muttersprache, Staatsangehörigkeit, Bildungsgrad der Bevölkerung u. s. w. zu handeln. Soweit aber erstreckt sich meine Aufgabe nicht, da es genügt, wenn ich dem Leser Ergebnisse der Bevölkerungsstatistik vorführe, welche als typische Veranschaulichungen gesetzmäßiger Erscheinungen im Gesellschaftsleben angesehen werden können. Dieser Pflicht glaube ich, soweit das statistische Material über den Bevölkerungsstand in Betracht kommt, genügt zu haben.

Nur ein Gebiet der Erhebungen, welches in der Regel im Zusammenhang mit den Volkszählungen steht, im Bisherigen aber noch nicht erwähnt worden ist, möchte ich zum Abschiede von den Volkszählungsergebnissen noch berühren, nämlich die Ermittlung über die Gebrechen der Bevölkerung in der Beschränkung auf Blinde, Taubstumme, Blödsinnige und Irrsinnige.

Auch hier verzichte ich auf weitgehende internationale Vergleichungen, und beschränke mich darauf, dem Leser einige Ergebnisse aus der jüngsten ausgedehnteren Erhebung dieser Mängel in einer großen Zahl deutscher Staaten vorzuführen.

Bei der Volkszählung von 1875 sind nur ganz vereinzelt in einigen kleineren Staaten die Blinden, Taubstummen, Blödsinnigen und Irrsinnigen ermittelt worden. Dagegen hat solches in umfassender Weise bei der Volkszählung von 1871 stattgefunden, für welche diese Ermittlung vom Bundesrath zwar nicht vorgeschrieben aber doch empfohlen war. Es ist mir gelungen, auf Grund theils der im Druck erschienenen Volkszählungsergebnisse theils freundlicher Mittheilungen meiner Collegen als Anhang zu einer Studie über die Blinden, Taubstummen, Blödsinnigen und Irrsinnigen in Bayern*) die betreffenden Nachweise für 19 deutsche Bundesstaaten mit einer Gesammtbevölkerung von rund 37 270 000 Personen oder 91 Proz. der gesammten Bevölkerung des Deutschen Reiches zusammenzubringen. Von den betreffenden Ergebnissen dürfte Folgendes den Leser interessiren.

Was zunächst die Blinden betrifft, so sind solche für die Gesammtbevölkerung der 19 Bundesstaaten**) von 37 266 089 Personen in der Gesammtzahl von 33 187 nachgewiesen. Der große Hauptdurchschnitt für alle 19 Bundesstaaten ergibt eine Blindenhäufigkeit von 8,9 auf 10 000. Von 1000 Deutschen ist demnach fast Einer ein Blinder.

Soweit aus den Durchschnittsergebnissen der preußischen Provinzen, der bayerischen Regierungsbezirke und im Uebrigen der ganzen Staaten überhaupt die geographische Gliederung des erwähnten Hauptdurchschnittes ersichtlich ist, sind drei Hauptbezirke erhöhter Blindenhäufigkeit in Deutschland nachzuweisen.

---

*) Zeitschrift des k. bayer. statistischen Bureau, Jahrgang 1876 S. 100 u. ff.

**) Darunter außer Preußen von den größeren Staaten Bayern, Sachsen und Baden.

Der größte und zugleich durch sehr große Blindenhäufigkeit ausgezeichnete Bezirk liegt im Nordosten des Reiches. Die vier benachbarten preußischen Provinzen Pommern, Preußen, Posen und Schlesien haben eine Blindenhäufigkeit von 9—12 auf 10000. Den zweiten gleichfalls ausgedehnten Bezirk, wenn auch mit minder intensiver Erblindung, finden wir in Mitteldeutschland mit Erstreckung nach Westen. Die preußischen Provinzen Hessen-Nassau, Rheinland und Westphalen haben zusammen eine Erblindungsquote von etwas mehr als 9 auf 10000 und ihnen schließen sich verschiedene kleinere Staaten mit Quoten von 10 bis nahe 13 auf 10000 an. Der dritte Bezirk liegt im westlichen und südlichen Theil von Bayern, wo in Mittelfranken, Schwaben und Oberbayern die Erblindungsquote auf 9 bis 10 steigt. Isolirt erscheint endlich außerdem in minder erblindeter Umgebung die preußische Provinz Schleswig-Holstein.

Die Ursachen dieser nach großen geographischen Bezirken auftretenden Unterschiede der Erblindung können erst bei genauerer Durchforschung des geographischen Details und unter Berücksichtigung der in Betracht kommenden pathologischen Momente sicher bestimmt werden. Gleichwohl will ich nicht unterlassen, den Leser auf Hypothesen aufmerksam zu machen, auf welche mich die Grundzüge der deutschen Blindengeographie im Zusammenhange mit den weiter unten zu besprechenden Ermittlungen über die Augenfarbe der deutschen Jugend geführt haben. Es scheint mir nämlich, daß das rein germanische helle Auge minder der Erblindung ausgesetzt ist, als das dunkle Auge der heutigen deutschen Völkerstämme und als das helle Auge der aus Germanen und Slaven gemischten Bevölkerung.

Als interessanter Beitrag zu der Regelmäßigkeit einer im Einzelnen scheinbar höchst zufälligen Erscheinung stellt sich die für die fraglichen 19 Staaten des Deutschen Reiches nachgewiesene vollkommene Gleichheit der Blindenhäufigkeit beider Geschlechter dar. Es finden sich nämlich 8,9 Blinde auf 10000 Personen sowohl der männlichen als der weiblichen Bevölkerung. Doch darf man die Bedeutung dieser Uebereinstimmung im großen Durchschnitt nicht überschätzen, weil sich das Gleiche im geographischen Detail nicht herausstellt. Während in Posen, Preußen und Schlesien die Weiber blinder und zwar in der erstgenannten Provinz sehr bedeutend blinder sind als die Männer, zeigt sich im Rheingebiet ein Ueberwiegen der Blindenquote bei den Männern. Allerdings mag die intensivere industrielle Beschäftigung der Männer im Rheingebiet hierauf von Einfluß sein. Doch ist im Ganzen der Unterschied zu charakteristisch, als daß nicht auch hier die Vermuthung angeborener Stammeseigenthümlichkeit ihre Berechtigung hätte.

Von überraschender Regelmäßigkeit ist die mit dem Alter zunehmende Häufigkeit der Erblindung. Schon bei mäßigeren absoluten Zahlen beobachteter Blinder macht sich dieß geltend, wie aus folgendem Nachweise der Altersverhältnisse von 3994 in Bayern ermittelten Blinden zu entnehmen ist.

(Siehe die Tabelle auf der folgenden Seite.)

Abgesehen von einer kleinen Störung der Reihe vom zweiten zum vierten Lebensjahrfünft, welche theils auf die Unvollständigkeit der Beobachtungen, theils auch auf die Kleinheit der betreffenden absoluten Zahlen zurückzuführen ist, zeigt sich eine constante Zunahme der Blindenhäufigkeit mit steigendem Alter, welche vom 61sten bis 80sten Lebensjahr in besonders rascher Progression fortschreitet.

Auch die Untersuchung der Blinden nach dem Civilstand bietet sozialwissenschaftliches Interesse und zeigt vermeintlich verborgene Triebfedern menschlichen Handelns in klarem Zahlennachweis.

Altersgruppen	Zahl der Blinden in Bayern	Auf je 10000 Personen der Gesammtbevölkerung des nebenbezeichneten Alters treffen Blinde
1 — 5tes Lebensjahr	64	1,11
6 — 10 „ „	115	2,34
11 — 15 „ „	96	2,14
16 — 20stes „	107	2,58
21 — 25 „ „	126	3,13
26 — 30 „ „	127	3,35
31 — 35 „ „	119	3,56
36 — 40 „ „	133	4,15
41 — 45 „ „	164	5,73
46 — 50 „ „	215	7,94
51 — 55 „ „	243	9,44
56 — 60 „ „	292	13,53
61 — 65 „ „	360	18,95
66 — 70 „ „	434	33,44
71 — 75 „ „	549	66,87
76 — 80 „ „	444	117,90
81 — 85 „ „	274	184,59
86 — 90 „ „	100	228,83
91 — 95 „ „	27	354,33
96 — 100 „ „	2	392,16
(Ohne Angabe	3	22,56)
Zusammen	3994	8,21

Die bayerischen Ermittlungen haben ergeben, daß von je 10000 Personen als blind nachgewiesen sind bei den Verheiratheten 5,56, bei den Ledigen 6,94, bei den Geschiedenen 11,06 und bei den Verwittweten 38,43. Daß die große Blindenhäufigkeit der Verwittweten von deren durchschnittlich hohem Lebensalter herrührt, wird klar, wenn die oben nachgewiesene

Vertheilung der Blinden nach dem Alter und der hiebei auf die alten und ältesten Leute fallende Antheil ins Auge gefaßt wird. Noch interessanter aber ist, daß ein gleicher Einfluß des Alters in dem Verhältnisse der ledigen und der verheiratheten Blinden nicht ersichtlich wird. Obwohl die Verheiratheten durchschnittlich erheblich älter sind als die Ledigen, unter welchen hier auch die gesammte Masse der Kinder jeden Alters begriffen ist, so sind doch von 10 000 verheiratheten Personen beider Geschlechter nur 5,5, von der gleichen Zahl Lediger dagegen 7 blind. Hier überwiegt also die mit der Verheirathung verbundene Auslese den Einfluß des Alters. Aus der gesonderten Durchführung der Berechnung für beide Geschlechter ersieht man weiter, daß diese Auslese namentlich von den Männern gegenüber den Weibern mit besonderer Strenge durchgeführt wird. Eine blinde Braut wird fast niemals zum Altare geführt; daher kommt es, daß die verheiratheten Frauen die Kategorie der geringsten Blindenhäufigkeit darstellen; unter 10 000 haben sie weniger als 4 Blinde. Anders liegt die Sache bezüglich der Auslese, welche die Frauen unter den Männern treffen; hier waltet offenbar mehr Nachsicht; denn die verheiratheten Männer weisen mehr als 7 Blinde unter 10 000 nach. Doch ist nicht zu vergessen, daß die Ehemänner durchschnittlich älter als die Ehefrauen sind und deßhalb eine größere Erblindungswahrscheinlichkeit haben; immerhin aber ist noch ein gutes Stück der größeren Blindenhäufigkeit der Ehemänner auf die minder scharfe Auslese von Seite der Bräute zurückzuführen.

Die Zahl der Taubstummen beläuft sich in den oben nachgewiesenen 19 deutschen Bundesstaaten mit einer Gesammtbevölkerung von mehr als 37 Millionen auf 35 659. Die Taubstummheit ist hienach um ein Geringes stärker verbreitet als die Blindheit und ergibt eine Quote von 9,6 auf 10 000. Erhöhte Verbreitung der Taubstummheit findet sich in zwei großen Landstrichen des Deutschen Reiches. Im Nordosten stehen die drei preußischen Provinzen Pommern, Preußen und Posen erheblich über dem Mittel der 19 Staaten. In der Provinz Preußen insbesondere steigt die Taubstummenquote fast bis zu 18 auf 10 000. Der andere Landstrich im Südwesten umfaßt die bayerischen Regierungsbezirke Ober- und Unterfranken, die preußische Provinz Hessen-Nassau, Baden und Elsaß-Lothringen. Doch ist hier die Steigung über den Durchschnitt minder groß, da sie schon bei 13 auf 10 000 im Regierungsbezirk Oberfranken ihr Maximum erreicht.

Was die Unterscheidung nach dem Geschlecht betrifft, so ist die merkwürdige Thatsache zu verzeichnen, daß überall eine erhöhte Taubstummheit des männlichen Geschlechtes ersichtlich ist. Die Taubstummheit ist im Wesentlichen ein angeborenes oder in frühester Jugend entstandenes Gebrechen; es scheint demnach, daß alle durch die Statistik nachgewiesenen erhöhten Gefährdungen des männlichen Geschlechtes im fötalen Leben und im zarten Kindesalter ihre Wirkung mit einer ganz außerordentlichen Regelmäßigkeit geltend machen, da die unten zu besprechende Statistik der Todtgeburten und der Sterblichkeit der Neugeborenen ganz ähnliche Resultate liefert.

Die Altersstatistik der Taubstummen ergibt nach den bayerischen Nachweisungen für das höhere Lebensalter eine geringere Betheiligung als für die jüngeren Jahre. Nach dem dritten Lebensjahrfünft macht sich eine entschiedene Abnahme der Taubstummheit bemerkbar, was darauf hindeutet, daß von da ab, also von der Entwicklungsperiode an, eine erhöhte Sterblichkeit der Taubstummen eintritt.

Die Unterscheidung der Taubstummen nach dem Civilstand läßt recht deutlich ersehen, wie sehr dieses Uebel die Unglücklichen, welchen es anhaftet, von der Ehe ausschließt. Von 4348 Taubstummen in Bayern sind nicht weniger als

4178 oder 96 Proz. als ledig nachgewiesen. Unter 10000 Verheiratheten sind nur 0,77 Taubstumme und zwar bei den Männern 1,06, bei den Frauen 0,48 nachgewiesen. So selten die Heirathen von Taubstummen an sich sind, so macht sich dennoch auch hier die strengere Auslese der erwählten Bräute bemerklich.

Die Geisteskranken sind in sieben kleineren von den fraglichen 19 Bundesstaaten nicht in Blödsinnige und Irrsinnige unterschieden. Es verbleiben demnach zwölf Bundesstaaten und zwar mit einer Gesammtbevölkerung von 36366490 Personen.

Unter diesen sind als blödsinnig 50324 oder 14 (genau 13,9) auf 10000 nachgewiesen. Der Blödsinn ist erheblich stärker als irgend einer von den drei anderen bei der Volkszählung von 1871 nachgewiesenen Mängeln verbreitet. Die Untersuchung der geographischen Verhältnisse ergibt das Resultat, daß in ganz Süd- und Westdeutschland bis nach Schleswig-Holstein der Blödsinn häufiger ist als im Nordosten. Der Hauptheerd des Cretinismus scheint in einem Landstriche zu liegen, welcher sich von Unterfranken über Hessen-Nassau und Hannover nach Schleswig-Holstein zieht. Von je 10000 Personen sind nämlich als blödsinnig nachgewiesen in Unterfranken 18,8, Hessen-Nassau 18,1, Hannover 17,5, Schleswig-Holstein 21,3.

Bezüglich des Geschlechtsunterschiedes stellt sich auch bei den Blödsinnigen die merkwürdige Thatsache eines in allen Ländern und Provinzen nachweisbaren Männerüberschusses heraus. Die größere Gefährdung des werdenden männlichen Organismus auch von dieser Seite scheint hienach eine allgemeine naturgesetzliche Thatsache zu sein.

Die Altersstatistik der Blödsinnigen ergibt Aehnliches wie bei den Taubstummen, indem deren erhöhte Mortalität im höheren Alter ersichtlich wird. Die Unterscheidung nach dem

Civilstand ergibt der Natur der Sache nach nur in ganz vereinzelten Fällen einen Verheiratheten oder Verwittweten, da unter Blödsinn „die angeborene oder in frühester Jugend erworbene Geistesschwäche“ verstanden ist.

Was schließlich die Irrsinnigen, d. h. die an später eingetretener Geistesstörung Leidenden betrifft, so ist deren Zahl in den zwölf deutschen Staaten, welche bei der Volkszählung von 1871 Blödsinn und Irrsinn unterschieden haben, zu 32 462 oder 9 auf 10 000 Personen der Gesammtbevölkerung angegeben.

In geographischer Beziehung zeigt sich viel Aehnlichkeit mit der Verbreitung des Blödsinns. Namentlich nimmt auch hier der Nordosten des Deutschen Reiches eine sehr günstige Stelle ein, da die Irrsinnsquote in den fünf preußischen Provinzen Preußen, Pommern, Posen, Schlesien und Sachsen nur 4 bis etwas über 6 auf 10 000 beträgt und auch in der Provinz Brandenburg (trotz Berlin!) nur auf 7,8 steigt. Im Uebrigen ist gegenüber der Geographie des Blödsinns zu bemerken, daß die starke Verbreitung des Irrsinns sich vorzugsweise im Nordwesten des Reiches bis nach Schleswig-Holstein (16 auf 10 000) hin concentrirt. Der Südwesten ist freier; doch tritt auch hier im Ganzen der entschiedene Gegensatz stärkerer Neigung zum Irrsinn in dem nervös aufgeregteren Westen von Deutschland und geringerer Disposition zu geistiger Erkrankung in dem ruhigeren Osten hervor. Bemerkenswerth ist auch, daß im Großen und Ganzen die erhöhte Disposition zur geistigen Erkrankung mit der größeren Neigung der Bevölkerung zur Geistesschwäche zusammentrifft und daß in beiden Fällen die angeborene Stammeseigenthümlichkeit von hervorragendem Einfluß zu sein scheint.

Die Betheiligung der beiden Geschlechter ist bei dem Irrsinn umgekehrt wie bei dem Blödsinn. Die Irrsinnsquote der Männer (8,6) ist etwas niedriger als jene der Weiber.

Diese Thatsache macht sich in den einzelnen Ländern nicht mit jener Regelmäßigkeit geltend, welche den Männerüberschuß bei den Taubstummen und Blödsinnigen kennzeichnet; aber immerhin sind die Ausnahmen, wie sie sich z. B. in Schlesien und Westphalen finden, nicht zahlreich.

Die Altersstatistik der Irrsinnigen ergibt, daß nach den Entwicklungsjahren die Gefahr der geistigen Erkrankung durch die mittleren Lebensjahre hindurch in stetiger Zunahme begriffen ist. Wenn das höhere Lebensalter keine weitere Zunahme der Irrsinnsquote zeigt, so folgt daraus nicht, daß keine geistigen Erkrankungen vorkommen. Es ist dieß vielmehr nur ein Anzeichen dafür, daß im höheren Alter der Tod unter den Irrsinnigen stärker aufräumt, als durch neue Zugänge an geistigen Erkrankungen ersetzt wird.

Die Unterscheidung der Irren nach dem Civilstand ergab für Bayern als irrsinnig auf je 10 000 bei den Ledigen 11,10, bei den Verheiratheten nur 5,94, bei den Verwittweten 16,30, bei den Geschiedenen 63,62. Daß die Verheiratheten die kleinste Zahl der Irrsinnigen und insbesondere viel weniger als die Ledigen — trotz der starken Vertretung der minder bedrohten jugendlichen Altersklassen unter diesen — aufzuweisen haben, wird zunächst auf die mehrfach erwähnte „Auslese" bei der Eheschließung zurückzuführen sein. Allein diese Auslese erklärt die Differenz in der Irrsinnsquote der Ledigen und der Verheiratheten nur zum kleineren Theile; es ist hienach anzunehmen, daß vom heirathsfähigen Alter an die Gefahr der geistigen Erkrankung für die Ledigen erheblich größer ist als für die Verheiratheten. In manchen Fällen mag dieß allerdings darin seine Erklärung finden, daß dieselben Ursachen, welche die spätere geistige Erkrankung veranlaßten, auch die Eheschließung verhindert haben. Für die Mehrzahl der Fälle aber wird doch die näher liegende Vermuthung mehr für sich haben, daß das geordnete ehliche Leben als solches der geistigen Erkrankung in höherem Maße vorbeugt. Die größere Irrsinnsquote der Verwittweten findet vor Allem in deren durchschnittlich höherem Alter seine Erklärung, daneben aber auch in der plötzlichen durch den Tod herbeigeführten meist schwer empfundenen Unterbrechung jenes „geordneten ehlichen Lebens", dessen bewahrende Kraft an den Verheiratheten ersichtlich ist.

Am schärfsten tritt die Wirkung anomaler Unterbrechung des ehlichen Lebens in der hohen Irrsinnsquote der Geschiedenen hervor, welche immer noch auffallend hoch verbliebe, wenn auch in einzelnen Fällen der Irrsinn nicht Folge, sondern Ursache der Scheidung wäre.

Von großem Interesse erscheint bei der Untersuchung der Civilstandsverhältnisse der Irren noch weiter die Thatsache, daß die im Allgemeinen constatirte höhere Irrsinnsquote des weiblichen Geschlechts nur bei den verheiratheten oder verheirathet gewesenen Frauen, nicht aber bei den ledigen Frauen im Vergleich mit den ledigen Männern ersichtlich ist. Daraus darf man wohl folgern, daß der ledige Stand den Männern etwas gefährlicher als den Frauen ist und daß bei den letzteren die Verheirathung in etwas geringerem Maße als bei den Männern vor der Gefahr geistiger Erkrankung schützt. Das Seelenleben des Mannes erscheint hienach unter diesem Gesichtspunkte etwas sensibler als jenes der Frau.

Schließlich mögen auch noch die Confessionsverhältnisse der Irren eine kurze Erwähnung finden. Nach der bayerischen Erhebung zeigen Katholiken und Protestanten keine beachtenswerthen Unterschiede der Irrsinnsquote. Dagegen erreicht diese einen außerordentlich hohen Betrag (29 auf 10000) bei den Israeliten, welche hienach relativ dreimal mehr Irre aufzuweisen haben, als sich im Gesammtdurchschnitt für die bayerische Bevölkerung herausstellt. Zur Ergänzung dieser Notiz sei nachträglich bemerkt, daß die Israeliten auch bei den drei anderen vorher behandelten Mängeln eine höhere Betheiligung, wenn auch in geringerem Grade, zeigen.

Ueber die körperliche Beschaffenheit der Menschen liegen abgesehen von dem Nachweise des Geschlechtsunterschiedes in einigen Ländern mehr oder minder eingehende Ermittlungen vor, welche aus Anlaß der Rekrutirung über Körpergröße, Brustumfang, Gewicht und Gebrechen der Wehrpflichtigen angestellt werden. Ich will jedoch bei diesen Erhebungen, welche seit lange in Frankreich mit besonderer Sorgfalt und in neuester Zeit namentlich auch in Oesterreich mit großer Genauigkeit und feinem wissenschaftlichen Verständnisse durchgeführt werden, nicht länger verweilen, sondern als kleines Probestück somatologischer Statistik in Kürze die in jüngster Zeit veranstaltete Schulerhebung über die Farbe der Augen, der Haare und der Haut anführen.

Der Gedanke einer zahlenmäßigen Massenbeobachtung über die menschliche Augen- und Haarfarbe ist nicht neu. Es sind gerade vierzig Jahre verflossen, seit Parent-Duchatelet's Werk über die Pariser Prostitution in erster Auflage erschienen ist. In diesem Buche findet sich ein kleiner Abschnitt über die „Eigenheiten, welche die Pariser Lustdirnen in Bezug auf Farbe der Haare, der Augen und Augenbraunen“ zeigen. Parent-Duchatelet leitet denselben offenbar unter dem Eindruck der völligen Neuheit einer Massenbeobachtung solcher Art mit der schüchternen Bemerkung ein, derselbe würde nicht erscheinen dürfen, wenn er nicht in allen wichtigen Punkten der Physiologie der Prostituirten ein besonderes Kapitel gewidmet hätte. Alles — fügt der Verfasser weiter bei — was Farbe der Haare, Augenbraunen und Augen betreffe, hänge mit der Physiologie und besonders mit der Naturgeschichte der Menschen zusammen, und so glaube er, indem er die einschlägigen Beobachtungen für 12 600 Mädchen vorlege, „ein seltenes, nirgends zu findendes Aktenstück mittheilen zu sollen, das vielleicht einmal solchen, welche sich besonders mit der Zoologie beschäftigen, einigen Nutzen gewähren dürfte.“

Man sieht, Parent-Duchatelet hatte eine Ahnung von der wissenschaftlichen Bedeutung, welche die Massenbeobachtungen einmal gewinnen könnten, die er zuerst bei einem eigenthümlich ausgelesenen Bruchtheil der Bevölkerung versucht hatte. Er weist auch selbst auf eine zu Zwecken der Vergleichung auf die Gesammtmasse der Bevölkerung zu erstreckende Erhebung gleicher Art hin. Man werde daraus leicht „einen neuen Gegenstand von Forschungen und Untersuchungen abnehmen können, er wage es nicht, ihn zu behandeln und begnüge sich, auf ihn hingewiesen zu haben.“

Warum ist dieser Hinweis vier Jahrzehnte nicht beachtet und schließlich wohl gar vergessen worden? Offenbar war die Zeit für allgemeine somatologische Erhebungen solcher Art noch nicht gekommen, so lange die anthropologische Forschung noch keinen Sinn für Massenbeobachtungen hatte und aus einzelnen als „typisch“ angenommenen Erscheinungen vor Allem der Schädelform, also auf Grund der Einzelbeobachtung die Racengliederung der Menschen ergründen wollte. Je weiter aber die Einzelbeobachtung sich ausdehnte, um so mehr fingen die für zweifellos erachteten Typen an unter den Händen der Forscher zu zerrinnen; ganz besonders aber war dieß der Fall, als auch die prähistorischen Funde, sobald sie reichlicher und allgemeiner wurden, die auf die minimalen Anfangsbeobachtungen gegründeten „Typen“ immer zweifelhafter erscheinen ließen.

Nun blieb der Anthropologie wohl nichts mehr übrig, als entschieden zur Massenbeobachtung der Statistik überzugehen und sich damit eine fortan unentbehrliche Verstärkung ihrer Forschungsmittel zu sichern. Dieß erkannt und mit aller

Energie weiter verfolgt zu haben, ist das Verdienst Virchow's und der deutschen Gesellschaft für Anthropologie, Ethnologie und Urgeschichte. Auf deren Veranlassung sind nahezu sämmtliche deutsche Regierungen, theilweise allerdings nur zögernd, zur Schulerhebung über die Augen-, Haar- und Hautfarbe geschritten. Virchow konnte bei der Versammlung der deutschen anthropologischen Gesellschaft zu Jena im August 1876 mittheilen, daß sich damals die Zählung bereits auf 5 619 728 Individuen, darunter 4 127 766 aus Preußen erstreckte.

Mit der vollständigen Publikation des einschlägigen statistischen und kartographischen Materiales für sämmtliche deutsche Staaten*) wird noch gewartet, bis die Erhebungen aus den noch rückständigen Staaten vorliegen. Doch können den Mittheilungen, welche Virchow in Jena machte, folgende Notizen entnommen werden.

Der reine helle Typus, welcher die blondhaarigen, blauäugigen und hellhäutigen „classischen Germanen" auszeichnet, ist in Deutschland bei 32,11 Proz. der beobachteten Individuen, also immer noch bei einem Drittel der Bevölkerung vorhanden. Zwischen dem Norden und Süden besteht in dieser Beziehung ein großer Gegensatz; in Preußen sind 35,47 Proz. an heller Bevölkerung vorhanden, in Bayern nur noch 20,36 Proz.

Das weitere geographische Detail ergibt ein helles Centrum, welches genau dem altgermanischen Kerngebiete entspricht, mit allmäliger Verdunkelung nach den Grenzbezirken. Virchow greift, um das Anwachsen der dunklen Schattirungen von Innen nach Außen nachzuweisen, eine horizontale Linie heraus,

*) Die erste umfangreichere, auf einen größeren deutschen Staat sich erstreckende und mit Kartogrammen ausgestattete Veröffentlichung war meine Arbeit: „Die bayerische Jugend nach der Farbe der Augen, der Haare und der Haut" in der Zeitschrift des k. bayer. statistischen Bureau, Jahrgang 1875, Nro. 4.

welche der alten Linie von dem Cheruskerlande bis zu den Belgen entspricht, und dann weiter eine vertikale von da abwärts bis in die Pfalz hinein: das sind die Regierungsbezirke Minden, Münster, Arnsberg, Düsseldorf, Aachen in ostwestlicher Richtung, Köln, Coblenz, Trier, Pfalz in nordsüdlicher Richtung. Die Zahlen für die rein germanische Race sind — von den Cheruskern angefangen — 40,19 — 37,86 — 37,73 — 32,30 — 25,92, hier sind wir bei Aachen angelangt; nun von Köln südwärts 31,94 — 30,75 — 23,95 — 20,08, jetzt sind wir in der Pfalz. Merkwürdig ist es, daß das statistische Mittel eine Linie quer durch Deutschland zieht, eine Art Mainlinie, wenn sie auch nicht gerade den Flüssen folgt.

Was übrigens die Flüsse betrifft, so hebt Virchow eine Erscheinung als sehr auffallend hervor, welche schon die bayerischen Erhebungen gelehrt hatten. Ich hatte gezeigt, daß in Bayern das Donauthal die Bezirke des relativ am schwächsten hellen Typus nachweist und daß ähnliches auch vom Eintritte des Lech über die Landesgrenze bis in die Münchner Gegend zu beobachten ist, und daran die Bemerkung geknüpft, es dürfte wohl der Mühe werth sein, bei der Wiederholung einer ähnlichen Erhebung Spezialstudien über die besonderen Verhältnisse der eigentlichen Flußthäler und der Orte in der Nähe der alten Römerstraßen zu machen. Virchow macht nun darauf aufmerksam, daß sich derselbe Zug in Württemberg wiederholt und daß ähnliche und zwar noch auffälligere Verhältnisse bei der Oder und der Weichsel vorliegen, in deren Gebieten constant dunklere Farben hervortreten. Auch bei dem Rhein wiederholt sich dieselbe Erscheinung, so daß die Bedeutung der großen Flüsse als alter Verkehrsstraßen zweifellos hervortritt.

Nach Allem kommt Virchow zu dem Schluß, daß die braune Bevölkerung in Deutschland vom Süden hergekommen ist. Jedenfalls habe die Schulerhebung dazu beigetragen, daß wir anfangen können, nicht bloß unter einander, sondern auch mit unseren Nachbarn über die Grundlagen der deutschen Ethnologie wissenschaftlich zu disputiren.

Von den weiteren Ergebnissen, zu welchen die vorwürfigen Erhebungen geführt haben, erwähne ich hier im Anschluß an Virchow's Bericht die besonderen Nachweise für die Israeliten. In einer viel größeren Ausdehnung als bisher wohl irgend Jemand angenommen hatte, findet sich in Deutschland auch unter den Juden eine rein helle Kategorie, d. h. mit blonden Haaren, blauen Augen und heller Hautfarbe. Sie beträgt 11,2 Proz. Indeß steht dieser Thatsache die andere gegenüber, daß wir unter den Juden 42 Proz. rein braune haben, was einen ansehnlichen Gegensatz gegen die reinen Germanen darstellt.

Bei der besonderen detailgeographischen Durchforschung des bayerischen Materiales ist mir die Thatsache von besonderem Interesse erschienen, daß die Stadtbevölkerung durchweg dunkeläugiger und dunkelhaariger ist als die Landbevölkerung. Ich habe dafür eine Erklärung gesucht und finde sie in folgender Hypothese.

Alle größeren Städte weichen in ihrer Bevölkerungszusammensetzung, wie oben in den Erörterungen über die Gebürtigkeit der Bevölkerung nachgewiesen wurde, darin von dem platten Lande entschieden ab, daß die Zugewanderten bei ihnen in viel stärkerem Maße vertreten sind, daß also in ihnen eine viel ausgiebigere Mischung der Bewohner nach der Abstammung vorhanden ist, als auf dem Lande. In dieser größeren Mischung der Bevölkerung nach der Gebürtigkeit ist nach meiner Ansicht vorzugsweise die Ursache der charakteristischen somatologischen Zustände derselben zu suchen. Zunächst zwar scheint gerade diese Mischung das Gegentheil der beobachteten Erscheinung wahrscheinlich zu machen; denn im Ganzen überwiegen in der bayerischen Bevölkerung die hellen, d. h. die blauen und grauen Augen (66 Proz.) und die blonden Haare (54 Proz.). Es liegen also, die gleiche Reproduktionskraft der hellen wie der dunklen Augen und Haare vorausgesetzt, die Verhältnisse für die Verbreitung der Hellfarbigen günstiger als für jene der Dunkelfarbigen. Wenn sich nun gleichwohl bei der Mischung der Stämme in den Städten wider Erwarten ein stärkeres Hervortreten der dunklen Färbung geltend macht, so darf man wohl annehmen, daß die Reproduktionskraft der beiden Hauptgruppen der Augen- und Haarfarbe nicht gleich ist und daß die dunkle Farbe öfter über die helle Herr wird als umgekehrt. Allerdings ist mit dieser Annahme, daß die Dunkeläugigkeit des einen Ehegatten bestimmender auf die Kinder wirke als die Helläugigkeit des anderen, das Gebiet der Hypothese beschritten. Allein die große Gleichmäßigkeit der Erscheinung gestattet diese Hypothese als eine wohlbegründete zu bezeichnen. Gewißheit könnte allerdings nur durch Massenbeobachtungen über die Augenfarbe der Eltern und ihrer Kinder gewonnen werden, deren Durchführung von Seite der amtlichen Statistik für die nächste Zeit kaum zu erwarten steht, so daß sich hier privatstatistischer Arbeitsthätigkeit ein interessantes Arbeitsfeld eröffnet.

Weniger befriedigend als die Ermittlung der Augen- und Haarfarbe ist die Erhebung über die Hautfarbe der Schüler ausgefallen. Die anthropologische Gesellschaft war vom Anfang an nicht frei von Besorgnissen und ich brachte persönlich den betreffenden Angaben für Bayern das größte Mißtrauen entgegen. Schließlich zeigte sich jedoch, daß das Resultat nicht ganz ohne allen Werth war. Von den 760379 in Bayern überhaupt beobachteten Schülern sind 642843 oder 85 Proz. als weißhäutig und 117536 oder 15 Proz. als braunhäutig aufgeführt. Dieser geringe Bruchtheil der Braunhäutigen muß namentlich gegenüber dem Prozentantheil der Dunkeläugigen (34 Proz.) und Dunkelhaarigen (46 Proz.) auffallen. Die Erhebungsorgane scheinen überall nur mit einem gewissen Widerstreben eine eigentliche Braunhäutigkeit der Bevölkerung zugegeben zu haben. Am deutlichsten war mir dieß aus einer in der Erhebungstabelle enthaltenen Bemerkung ersichtlich, welche besagte: „In unserem Bezirke gehört Alles zur kaukasischen Race, hat also weiße Haut." Aus Berlin berichtete Virchow bei dem anthropologischen Congreß in München, es sei in den dortigen Schulen, namentlich in den höheren, wiederholt vorgekommen, daß einzelne Schüler und Schülerinnen nachträglich petitionirend eingekommen seien, sie doch von der braunen Liste abzusetzen.

Hienach ist die Braunhäutigkeit nur unvollständig ermittelt worden, und der ganze Werth dieses Theiles der Erhebung beruht auf der Annahme, daß der Bruchtheil der ermittelten Braunhäutigkeit in einem annähernd proportionalen Verhältnisse zu deren wirklicher Verbreitung stehe. Letzteres scheint auch im Großen und Ganzen einigermaßen der Fall zu sein. Insbesondere ist die Steigerung der Hautbräunung im Südosten des Landes im Vergleiche mit den fränkischen Provinzen wohl zu erkennen. Auch die städtische Jugend erscheint etwas braunhäutiger als die ländliche.

Alle bisherigen Erörterungen aus dem Gebiete der Bevölkerungsstatistik bezogen sich mit Ausnahme des letzten somatologischen Anhanges, welchem die Ergebnisse einer Sondererhebung in den Schulen zu Grunde liegen, auf jene Ermittlungen, welche aus Anlaß der Volkszählungen stattfinden. Es handelte sich mit anderen Worten um die Untersuchung des Standes der Bevölkerung und insbesondere des inneren Gefüges der Masse gleichzeitig Lebender nach natürlichen und sozialen Unterschieden.

Neben diesem einen Hauptzweig der Bevölkerungsstatistik, welcher erst in neuerer und neuester Zeit eine gründlichere Durchbildung erfahren hat, steht ein nicht minder bedeutender anderer

Hauptzweig der statistischen Untersuchungen, welche sich auf die Bevölkerung beziehen, nämlich jener, welcher nicht den Augenblicksstand sondern das Werden und Vergehen der Bevölkerung zum Gegenstand der Forschung hat.

Dem Leser ist bereits aus den einleitenden Worten zu dem Abschnitte über die Bevölkerungsstatistik bekannt, daß es sich nunmehr um die sog. Statistik der Bewegung der Bevölkerung oder des Bevölkerungswechsels handelt.

Die Gesammtheit der Thatsachen, welche als Zugänge zu dem gegebenen Bevölkerungsstande oder als Abgänge von demselben erscheinen, also die Aenderungen im Bevölkerungsstande veranlassen, einer systematischen Massenbeobachtung zu unterwerfen, ist Aufgabe der Statistik der Bevölkerungsbewegung.

Für die Erdbevölkerung im Ganzen fällt hienach in den Rahmen dieses Abschnittes statistischer Forschung in seiner engsten Begrenzung nur die Massenbeobachtung der Geburten und Sterbfälle, da es für den Gesammtstand der Erdbevölkerung keine anderweitigen eine Aenderung bedingenden Thatsachen gibt. Für die Bevölkerung eines einzelnen Welttheiles, Landes, Bezirkes oder Ortes treten aber allerdings zu den Geburten und Sterbfällen die Wanderungen als weitere mögliche und in ausgiebiger Weise auch thatsächlich wirksame Elemente der Aenderungen im Bevölkerungsstande hinzu. Endlich wird unter die Statistik der Bevölkerungsbewegung im weiteren Sinne herkömmlich auch die Statistik der Eheschließungen gerechnet. Allerdings bedingt die Eheschließung an sich noch keine sofortige Aenderung im Bevölkerungsstand; doch kann sie immerhin als Vorbereitung der legitimen Zeugungen aufgefaßt und zweckmäßig im Zusammenhang mit der Statistik der ehlichen Geburten behandelt werden. Diesem inneren Grunde steht dann noch die äußerliche Thatsache zur

Seite, daß die Quellen und die Methoden dieser Statistik innigst mit jenen der Geburts- und Sterblichkeitsstatistik zusammenhängen. Darum soll auch hier die Statistik der Eheschließungen in die Untersuchungen über die Bewegung der Bevölkerung eingereiht werden. Indessen läßt sich auch Nichts dagegen einwenden, wenn die Eheschließungen in dem Kapitel „Moralstatistik“ behandelt werden, da wir es bei denselben thatsächlich mit Willenshandlungen zu thun haben, welche ethische Rückschlüsse gestatten. Deßhalb soll deren statistische Untersuchung im vorliegenden Abschnitte gewissermaßen den Uebergang zu den anderweitigen moralstatistischen Betrachtungen im folgenden Abschnitte bilden.

Unter den Thatsachen, welche hienach der Statistik der Bevölkerungsbewegung zufallen, sind es vor Allem die Geburten und Sterbfälle, deren systematische Erforschung selbst innerhalb eines verhältnißmäßig engen Beobachtungsfeldes schon zu einer Zeit zur Erkenntniß der merkwürdigsten „Gesetzmäßigkeiten im Gesellschaftsleben“ geführt hat, als die exakte Ermittlung des Bevölkerungsstandes noch ganz unbekannt und von „Statistik“ überhaupt noch kaum die Rede war.

Als glänzende Erscheinung unter jenen älteren Forschungen verdient hier ein deutsches Werk aus dem vorigen Jahrhundert hervorgehoben zu werden. Ein protestantischer Theologe, Joh. Peter Süßmilch hat im Jahre 1741 in erster Auflage ein Werk veröffentlicht, welches geradezu die Grundlage aller weiteren wissenschaftlichen Entwicklung der Forschungen über Bevölkerungsbewegung geworden ist und den heutigen feinsten statistischen Arbeiten dadurch ungemein sympathisch ist, daß es aus dem vielfältigen Zahlengefüge mühsam zusammengetragener Nachweise über Geburten, Sterbfälle und Eheschließungen überall die Gesetzmäßigkeit der Erscheinungen zu erkennen sucht. Daß der Theologe dieß bezeichnet als die „göttliche Ordnung in den Veränderungen des menschlichen Geschlechts, aus der Geburt, dem Tode und der Fortpflanzung desselben erwiesen" wird man ihm nicht verargen. Sicher ist, daß Süßmilch's Leistungen nahezu ein volles Jahrhundert hindurch nicht wieder erreicht worden sind. Selbst des vielverdienten Belgiers Quetelet Arbeiten hätten kaum das Aufsehen erregt, welches sie thatsächlich veranlaßten, und namentlich in Deutschland nicht, wenn nicht Süßmilch so ziemlich vergessen gewesen wäre.

Süßmilch's Auffassung von der „Ordnung" in der Statistik der Bevölkerungsbewegung ist vielfach klarer als jene Quetelet's. Wer sich nicht die Zeit nehmen will, ganze Kapitel aus Süßmilch's Werk zu lesen, der werfe nur einen Blick auf die gedrängten Inhaltsangaben der Kapitel. Er wird überrascht sein, wenn er das, was wir heute das „Gesetz der großen Zahl" nennen, treffend in § 15 des ersten Kapitels in folgender Weise angedeutet findet: „Eine besondere Eigenschaft dieser Ordnung wird gezeiget, indem sie sich durch die Unordnungen im Kleinen verbirget und nicht anders, als durch große Sammlungen der Listen von vielen kleineren Oertern und Jahren, hat können an das Licht gebracht werden. Ursache weshalb sie den alten Naturforschern unbekannt geblieben." Als Beispiel theologisch angehauchten aber gleichwohl mit scharfer quantitativer Erfassung vorgehenden Urtheiles mag hier noch die Stelle wiedergegeben werden, in welchem Süßmilch „die schönste Ordnung des menschlichen Geschlechtes" unter dem Bilde des „Marsches eines Regiments" erläutert. Diese Stelle ist so charakteristisch und läßt einzelne wichtige Erscheinungen der Bevölkerungsstatistik, welche theils schon erwähnt sind, theils in den folgenden Erörterungen zur Sprache kommen, in dem Lichte eines weit über hundert Jahre zurückliegenden Forschereifers in so interessanter Weise erscheinen, daß ich sie hier vollinhaltlich wiedergebe.

„Der weiseste Schöpfer und Regierer der Welt lässet das

zahlreiche Heer des menschlichen Geschlechts durch die Zeugung aus seinem Nichts hervorgehen, so viel er derselben zum Leben geordnet hat. Der Ewige lässet uns in der Zeit gleichsam vor seinem Angesichte vorbey gehen, bis wir, nach Erreichung des einem jeden gesteckten Zieles, wiederum von diesem Schauplatze abtreten. Der Auftritt, der Vorübergang vor den Augen des Herrn der Heerschaaren und der Abtritt, alles geschieht mit einer bewunderungswürdigen Ordnung. Unser Auftritt im Lande der Lebendigen geschieht allmählig, ohne Gedrenge und nach bestimmten Zahlen, die zu dem Heer der Lebendigen, wie auch der Wiederabgehenden, jederzeit ein regelmäßiges Verhältniß haben. Kurz vor dem Eintritt in das Land der Lebendigen werden noch einige gleichsam ausgemustert. Das sind die Todtgebornen; doch geschieht auch dieses nach gewisser Proportion. Besonders sind bei diesem Hervorgange aus dem Nichts diese beyde Stücke aller Aufmerksamkeit würdig, daß jederzeit gegen 20 Mädgens 21 Söhne kommen; sodann auch, daß die Haufen derer an das Licht kommenden jederzeit etwas größer sind als derer, die wieder in Staub verwandelt werden. Dadurch geschiehts, daß das Heer des menschlichen Geschlechts stets etwas, jedoch auch nach einer steten Proportion vergrößert wird.

„Wenn nun das zahlreiche Heer der Menschen gleichsam im Marsche betrachtet wird; so kann man es sich als in verschiedene Züge abgetheilt vorstellen. Die in jedem Jahre des menschlichen Alters Lebende machen einen Zug oder eine Abtheilung aus. Man kann sie sich auch nach größeren Zügen, deren jeder 5 oder gar 10 Jahre in sich begreift, vorstellen. Hier ist nun zwar kein Zug so groß wie der andere; aber es hat doch allezeit ein jeder seine richtige Proportion gegen das ganze Heer, und wird dadurch bestimmet. Sodann haben alle Haufen auch gegen sich unter einander ein beständiges ordentliches Verhältniß. Z. E. Wenn das ganze Heer 1000 Millionen beträgt, das zugleich lebet: so wird der erste Zug der Kinder, die von der Geburt an bis zum 5ten Jahre des Alters leben, etwas über 108 Millionen betragen, die vom 5ten bis 10ten Jahre 65, die vom 10ten bis 15ten sind 62, und die vom 15ten bis 20sten Jahre sind 60 Millionen u. s. w.*). Ist die ganze Summe der Lebenden größer oder kleiner; so werden die nach gewissen Haufen abgetheilte jederzeit in einerley Verhältniß bleiben. Das kindliche Alter macht also jederzeit den größten Zug aus. Die ihm folgenden fallen immer kleiner, jedoch stets ordentlich und proportionirlich. Ein jeder Zug hat nun seine besondere Anfälle und einen verschiedenen Abgang. Die erste Kindheit hat den grösten unter allen, jedoch ebenso, wie alle nachfolgende Züge, einen regelmäßigen Verlust. Im ersten Jahre stirbt eins von 3 bis 4, im 3ten eins von 25, im 7ten eins von 56, im 10ten eins von 100, und im 12ten und 13ten eins von etwa 132 u. s. w. Dieser Abgang in der Kindheit ist bey den Knaben etwas größer als bey den Mädgens und scheinet etwas mehr als den Ueberschuß derselben wegzunehmen: woraus denn in dem 15ten und 20sten Jahr eine völlige Gleichheit erwächset, daß jedes Geschlecht einen ehelichen Gatten finden kann. Dieses ist nun die Zeit, da die Menschen in dem Fortgange auch zugleich die Arbeiten übernehmen müssen, wodurch sie ihr und andrer Wohl schaffen, und auch diejenige Bemühung, wodurch die Absicht des Schöpfers, nemlich die Bevölkerung der Erde und die Ersetzung des Abganges, kann erreichet werden. Bey diesem Geschäfte, da Menschen eine Art der Schöpfung vollbringen,

*) Diese Regeln und Proportionen werden nachhero, in dem Kapitel von den Sterbenden nach den Jahren, genauer bestimmet werden. Die hier im Vorbeygehen erwehnte gründen sich auf eine Liste der Gestorbenen in Städten, die ich dem im Jahre 1756 abgelassenen und gedruckten Schreiben an den Herrn von Justi angehängt habe. (Anmerkung Süßmilch's.)

zeiget sich zugleich eine wunderbare Vorsorge der göttlichen Weisheit, indem durch gewisse in die Natur gelegte starke Triebe die Schwierigkeiten überwunden werden müssen, welche sonst wol die zu weit getriebene Vorsicht der Menschen in den Weg legen würde; wiewol dieses wieder auch von Vernunft und Tugend muß geleitet werden, wenn Menschen nicht dadurch in ihrem Laufe anstossen, und ihn zu ihrem Schaden abkürzen wollen. Hier zeigt sich nun wieder eine grosse Ordnung, indem unter denen bis zum 20sten und 30sten Jahre fortgerückten jährlich eine proportionirliche Anzahl heirathender Personen sich findet; worin der Grund liegt, daß öfters einige Jahre hindurch die Summen derer aus der Finsterniß zum Licht des Lebens hervorgehenden sich einander völlig gleich sind, welches bey Summen von 100000 jährlich Gebornen fast unmöglich scheinen sollte. Und diese Heere der Gebornen sind nun, wie schon gedacht, so beschaffen, daß sie sich nicht nur oft meist gleich sind, sondern sie haben auch ihre richtige Verhältniß gegen die Sterbenden, daß, so oft 10 ihren Lauf geendet, 13 ihn wieder antreten: daß also dadurch der Abgang ersetzt wird, und daß jederzeit 3/10 zur Vermehrung übrig bleiben. Während dieser Beschäftigungen des menschlichen Geschlechts gehen die Züge desselben stets fort, und ein jedes Alter liefert beständig seinen bestimmten Zins zum Maaß der Sterblichkeit. Jedoch zeigt sich hier eine mehrere Langsamkeit in den Veränderungen der Kräfte als in den ersten 15 Jahren. Vom 1sten bis zum 14ten Jahre steigen die, aus welchen jährlich einer stirbt, von 4 bis 132; vom 15ten bis zum 20sten Jahre fällt es wieder von 132 bis auf 100, von denen sodann einer davon muß. Gienge nun dieses in der Abnahme mit eben der Geschwindigkeit fort; so würde die Dauer des ganzen Fortgangs etwa 30 bis 35 Jahre währen. Höher würde man nicht viel sein Leben bringen. So aber kommt es nun zu einer proportionirlichen und langsamen Abnahme, dergestalt, daß um das 25ste Jahr einer von 94, um das 30ste einer von 89, um das 35ste einer von 70, um das 40ste einer von 55, um das 45ste einer von 50, um das 50ste einer von 39, um das 55ste einer von 30, um das 60ste einer von 25, um das 65ste einer von 18, um das 70ste einer von 13, um das 75ste einer von 10, und endlich um das 80ste einer von 8 bis 7 stirbt; bis denn nach und nach keiner zum Sterben mehr übrig ist, und sich sodann fast keine Proportion mehr mit einiger Genauigkeit bestimmen läßt.

„Hoffentlich wird diese figürliche Vorstellung nicht nur die Ordnung erläutern, sondern auch die meisten Hauptstücke unserer Betrachtung anzeigen, welche auf eine ähnliche und gleiche Weise bestimmt sind, und die uns von der grösten, vollkommensten und schönsten Ordnung zu überzeugen vermögen, welche der weiseste Schöpfer in unserer Geburt, Dauer des Lebens und im Tode vestgesetzet hat."

So mangelhaft auch das statistische Material war, welches Süßmilch seinen Forschungen zu Grunde legen konnte, so reich und fein sind doch seine Gedanken über die Gesetzmäßigkeit in der Bewegung der Bevölkerung, wie der Leser aus der vorstehenden kleinen Probe entnehmen kann. Des Theologen Süßmilch ehrwürdiges und mit Ausnahme der engsten Fachkreise längst vergessenes Buch hält in dieser Hinsicht jeden Vergleich mit so manchem salonfähigen Werke moderner Schriftsteller über Cultur und Civilisation aus, in welchem kleine Bruchstücke von dem, was Süßmilch vor mehr als 100 Jahren lehrte, mit einem Selbstbewußtsein vorgetragen werden, als handelte es sich wirklich um ganz neue Entdeckungen.

Die Begeisterung Süßmilchs für die Klarlegung der „göttlichen Ordnung" war so groß, daß er — auch hierin, nicht unähnlich manchem modernen Schatzgräber nach „Naturgesetzen" des Gesellschaftslebens — nur zu sehr geneigt war, eine auf engerem Gebiete vorgefundene Regelmäßigkeit ohne Weiteres als allgemeines Gesetz anzusehen. Eine kritische Umschau über das reiche Material, welches inzwischen der Ablauf eines Jahrhunderts angehäuft hat, nöthigt den ernsthaften Forscher der Gegenwart zu größerer Bescheidenheit. An Stelle eines starren Gesetzes tritt in vielen Fällen ein erweiterter Rahmen für die relative Gesetzmäßigkeit der Erscheinungen, welche ihrerseits durch die Verhältnisse der Zeit und des Raumes beeinflußt wird.

Eine Vertiefung der Studien in dieser Richtung ist durch den reichen Inhalt der Quellen möglich geworden, welche für eine geordnete Statistik der Bevölkerungsbewegung in allen civilisirten Ländern fließen, und durch die verbesserten Methoden der Benützung dieser Quellen, welche in der Gegenwart mehr und mehr zur Anwendung gelangen.

Es ist deßhalb wohl am Platze, diesen Quellen und Methoden der Statistik der Bevölkerungsbewegung einige Bemerkungen zu widmen.

Daß die Geburten, Sterbfälle und Eheschließungen zu sicherer und wohlgeordneter Verzeichnung gelangen, ist nicht erst ein Verdienst der Statistiker gewesen, sondern schon lange vorher hatten schwerwiegende religiöse, rechtliche und polizeiliche Interessen hiezu Anlaß gegeben. Das Urmaterial für die wichtigsten Abschnitte der Bevölkerungsstatistik wurde schon seit Jahrhunderten in den Kirchenbüchern niedergelegt, bevor die erste wissenschaftliche Ausnützung dieses Urmateriales zu den Anfängen der heutigen Bevölkerungsstatistik führte. Hier handelte es sich also im Gegensatz zu vielen anderen Zweigen der Statistik nur darum, das vorhandene und ganz abgesehen von den Interessen der Wissenschaft unentbehrliche Material auszubeuten. In der That hat bis in die neueste Zeit die amtliche Statistik in der Art eingegriffen, daß sie von den Pfarrern, als den Führern der Kirchenbücher, tabellarische

Nachweise über die Taufen, Trauungen und Begräbnisse abforderte. Mit der weiteren Einführung der weltlichen Civilstandsregister sind die Grundlagen dieses Zweiges der amtlichen Statistik vielfach verbessert worden. Nunmehr bilden in ganz scharfer Weise nicht mehr die religiösen Akte der Taufe, Trauung und des Begräbnisses sondern die Thatsachen der Geburt, der Eheschließung und des Todes den Gegenstand der Verzeichnung, und um diese handelt es sich ja zunächst bei der Statistik der Bevölkerungsbewegung.

Ueberdieß sind in der neuesten Zeit die Methoden dieses Zweiges der Bevölkerungsstatistik, namentlich in den deutschen Staaten, wesentlich verbessert worden. So lange die Pfarrer aus den Kirchenbüchern sofort auch selbst die statistischen Tabellen herzustellen hatten, so lange also nach dem System de r Decentralisation gearbeitet wurde, mußte man in dem Maß der Tabellengliederung bescheiden sein. Nunmehr ist in den deutschen Staaten, wie dieß schon früher in großartigem Maßstabe in England geschehen ist, dafür gesorgt, daß die statistischen Bureaux von jedem einzelnen Falle der Geburt, des Todes und der Eheschließung eine besondere beschreibende Mittheilung, meist in Form einer Zählkarte, erhalten, und daß daraus das gesammte statistische Tabellenwerk in centralisirtem Verfahren hergestellt wird. Die Reichhaltigkeit der Combinationen, welche hiedurch ermöglicht ist, verspricht schon nach Ablauf weniger Jahre für die Wissenschaft höchst werthvolle Resultate; im Augenblick aber kann dieser neueste Fortschritt der statistischen Methode noch nicht verwerthet werden*).

*) Leider ist auch von dem großen Werke der von der permanenten Commission des statistischen Congresses unternommenen „internationalen Statistik“ das Kapitel der Bevölkerungsbewegung noch nicht vollendet. Läge dieses vor, dann könnte den folgenden Untersuchungen vielfach eine noch breitere Grundlage internationaler Ver-

Minder günstig haben sich die Verhältnisse für eine genaue Verzeichnung der Wanderungen gestaltet. In der älteren Zeit des Paßwesens und der Nachsteuergesetze bot es geringere Schwierigkeiten, die Ein- und Auswanderungen zur Verzeichnung zu bringen. Mit der allseitigen Erleichterung des Verkehrs aber häufen sich die Schwierigkeiten immer mehr, die Ein- und Auswanderung in den Ländern des Zuzugs und des Wegzugs genau zu ermitteln. Glücklicherweise besteht die Möglichkeit, die für die europäischen Länder wichtigste Form der Auswanderung, nämlich jene über den Ozean, durch Aufzeichnungen in den Einschiffungshäfen zu annähernd richtiger statistischer Erfassung zu bringen.

Man unterscheidet eine „natürliche" und eine „soziale" Bewegung der Bevölkerung. Zu der natürlichen Bewegung rechnet man die Geburten und Sterbfälle, zu der sozialen Bewegung die Ein- und Auswanderungen. Die Eheschließungen passen, wie bereits oben erwähnt wurde, überhaupt nicht ausschließlich in diesen Abschnitt der Statistik; werden sie aber aus Zweckmäßigkeitsgründen hier behandelt, dann geschieht es am besten in Form eines Anhanges zu der Statistik der Geburten.

---

gleichung gegeben werden. Einen erfreulichen Ersatz bilden jedoch vorläufig für die Ergebnisse der Bevölkerungsbewegung in der neueren Zeit die verdienstvollen internationalen Zusammenstellungen von L. Bodio, dem Leiter der amtlichen italienischen Statistik, in dessen Einleitung zum „Movimento dello stato civile, Anno 1875, Roma 1877". Für die älteren Daten bieten die „Allgemeine Bevölkerungsstatistik" von Wappäus und die „Statistique internationale" von Quetelet und Heuschling reiches Material.

Bei der Betrachtung der natürlichen Bevölkerungsbewegung richtet sich unsere Aufmerksamkeit zunächst auf die Geburten.

Wenn wir vorläufig von dem inneren Gefüge der Geburten, also von deren Unterscheidung z. B. in Knaben- und Mädchengeburten, ehliche und unehliche Geburten, Lebend- und Todtgeburten, absehen und nur die Gesammtzahl der Geburten, diese aber in ihrer zeitlichen Erscheinung während einer längeren Periode betrachten, so begegnen wir einer in den bisherigen Untersuchungen noch nicht berührten Form der Gesetzmäßigkeit im Gesellschaftsleben. Wir finden, daß die Zahl der Geburten sich nicht regellos von Jahr zu Jahr sprungweise verändert, sondern daß bei gleichbleibenden Bedingungen der Fortpflanzung des Menschengeschlechtes nur geringe Schwankungen in der Zahl der Geburten von Jahr zu Jahr zu beobachten sind, und daß auffällige Aenderungen in der Jahreszahl der Geburten unschwer auf entsprechende Aenderungen in jenen Bedingungen der Fortpflanzung zurückzuführen sind. Daß wir dieser Art der Gesetzmäßigkeit hier zum ersten Male begegnen, hat darin seinen Grund, daß bei allen bisherigen Untersuchungen nur der durch die Volkszählung fixirte Augenblicksstand der Bevölkerung, also gewissermaßen ein Durchschnitt durch den nie stillstehenden Strom der Bevölkerung Berücksichtigung gefunden hatte, während nunmehr die einer fortlaufenden zeitlichen Beobachtung unterliegenden Zuflüsse und Abflüsse dieses Stromes zur Sprache kommen.

Daß die absolute Zahl der Geburten in einem Lande in mehreren auf einander folgenden oder auch weiter auseinander liegenden Jahren zuweilen fast die gleiche ist, hat die Forscher, welche zuerst diese Thatsache entdeckten, sehr überrascht. In der That bietet die Geburtenstatistik jedes Landes auf den ersten Blick seltsame Uebereinstimmungen der Zahlen. Die

Differenzen, welche zur vollen Gleichheit der Geburtenzahlen verschiedener Jahre fehlen, sind oft so gering, daß sie jedenfalls hinter den unvermeidlichen Erhebungsfehlern zurückbleiben. So ergibt z. B. die bayerische Bevölkerungsstatistik für das Verwaltungsjahr (Oktober bis September) $18^{49}/_{50}$ 162442, und für $18^{50}/_{51}$ 162999 Geburten; in ähnlicher Weise sodann für $18^{58}/_{59}$ und $18^{59}/_{60}$ 165987 bzw. 165670 Geburten und für $18^{63}/_{64}$ und $18^{64}/_{65}$ 183953 bezw. 183440 Geburten. Bei dem Zurückgehen auf die einzelnen Landestheile ist die Uebereinstimmung in verschiedenen Jahren nicht minder groß. In Oberbayern wurden im Jahre $18^{41}/_{42}$ 24386 Kinder und im Jahre darauf 24376 Kinder geboren, im Jahre $18^{58}/_{59}$ 27134 und im folgenden Jahre 27244 Kinder. Die Pfalz weist für $18^{64}/_{65}$ 23070 und für $18^{65}/_{66}$ 23040 Geburten nach, Oberfranken für $18^{63}/_{64}$ 19540 und für $18^{64}/_{65}$ 19533 Geburten u. s. w.*).

Im Anstaunen solcher zeitlicher Uebereinstimmungen in den Zahlen der Geburten liegt die primitivste Form einer Ahnung der Gesetzmäßigkeit in der Fortpflanzung der Menschen. Eine weitere ruhige Ueberlegung zeigt alsbald, daß die Aehnlichkeit der Jahresergebnisse eigentlich gar keinen Grund zur Verwunderung gibt. Die Grenzen der Geburtenzahl sind ja kein Geheimniß. Man weiß, daß nur Weiber und zwar nur solche von gewissem Alter gebären können, und man weiß auch, daß sie es nur nach längeren Zwischenräumen können. Jährlich scheidet eine Gruppe derselben als nicht weiter zur Fortpflanzung geeignet aus und tritt dafür eine neue ein.

---

*) Die Reihenfolge der Geburten in den einzelnen Jahren von $18^{35}/_{36}$ ab ist für die bayerischen Regierungsbezirke übersichtlich zusammengestellt in: „Statistischer Abriß für das Königreich Bayern; herausg. vom kgl. statist. Bureau in München. Erste Lieferung. München, A. Ackermann 1876". Seite 28.

Beide Gruppen werden sich in ruhigen Zeiten nahezu die Wagschale halten, und wenn dann der verbleibende fortpflanzungsfähige Bestand unter unveränderten Verhältnissen weiter lebt, kann man eigentlich von vorneherein eine Aehnlichkeit der Fortpflanzungsergebnisse mit viel mehr Recht erwarten, als große Schwankungen. Die einzelnen Individuen wechseln die Rollen, die Gesammtheit aber zeigt eine Constanz der Fortpflanzung. Das gilt aber nur unter der Voraussetzung des Gleichbleibens der äußeren Verhältnisse, welche geeignet sind, Einfluß auf die Fortpflanzungserfolge zu äußern. Die wahre und volle Gesetzmäßigkeit der Geburten tritt denn auch vielmehr durch den Nachweis dieser den Jahresbestand an Geburten ändernden Einflüsse als in der bloßen Constanz der Geburtenzahl unter unveränderten Verhältnissen hervor.

Selbstverständlich sind die Einflüsse, die vereinzelt und ohne Massenerfolg auf die Fortpflanzung günstig oder ungünstig einwirken, höchst mannigfaltig; in der Bewegung der Geburtenzahlen aber verschwinden sie als unerkennbar. Die auf die Massen wirkenden Ursachen aber zeigen ihre Wirkungen alsbald in der Geburtenzahl. Als Typen solcher Ursachen wähle ich hier die Preise wichtiger Nahrungsmittel, die Verehlichungsgesetzgebung und den Krieg.

Um dem Leser die Beziehungen zwischen der Geburtenzahl und den Preisen des wichtigsten Nahrungsmittels, nämlich des Brodes, an Zahlenergebnissen nachzuweisen, bitte ich hier ausnahmsweise eine längere Reihe statistischer Zahlen vorführen zu dürfen, indem ich für vier Jahrzehnte einerseits den Jahresbetrag an Geburten in Bayern und andererseits die Jahresdurchschnittspreise des Roggens auf der Schranne in Landshut mittheile. Die Geburten sind durchgreifend nach den bis zum Jahre 18⁶⁹/₇₀ für die Statistik der bayerischen Bevölkerungsbewegung ausschließlich üblichen „Verwaltungsjahren" (von Oktober bis September) aufgeführt. Die Jahresdurchschnittspreise des Roggens dagegen sind nach Kalenderjahren berechnet und so den Verwaltungsjahren für die Geburten gegenübergestellt, daß jeweils das Kalenderjahr auf gleicher Linie mit jenem Verwaltungsjahre steht, von welchem es nur die drei ersten Monate (Oktober — Dezember) mit umfaßt. Die Roggenpreise sind hienach im Allgemeinen für die um 9 Monate weiter zurückliegende Zeit angegeben, so daß dieselben unmittelbar als Ausdruck der Preise zur Empfängnißzeit der betreffenden Geburten angesehen werden können. Selbstverständlich aber äußert sich die Wirkung der schließlich die Geburten mehrenden oder mindernden Einflüsse zunächst bei den Empfängnissen und ist deßhalb die hier gewählte Methode der Vergleichung die anschaulichste.

Verwaltungs-Jahre (Oktober bis September)	Gesammtzahl der Geburten in Bayern (mit Einschluß der Todtgeburten)	Kalender-Jahre	Jahresdurchschnittspreise des Hektoliters Roggen in Landshut in Mark u. Pfennig	
			Mark	Pf.
1835/36	153 873	1835	5	34
1836/37	149 185	1836	4	03
1837/38	148 378	1837	3	90
1838/39	153 667	1838	5	55
1839/40	154 473	1839	6	95
1840/41	156 212	1840	7	22
1841/42	161 546	1841	6	52
1842/43	158 197	1842	6	18
1843/44	147 366	1843	9	26
1844/45	161 971	1844	10	84
1845/46	159 908	1845	12	26
1846/47	152 093	1846	14	35
1847/48	147 239	1847	14	80
1848/49	167 206	1848	7	26
1849/50	162 442	1849	4	99

Verwaltungs-Jahre (Oktober bis September)	Gesammtzahl der Geburten in Bayern (mit Einschluß der Todtgeburten)	Kalender-Jahre	Jahresdurchschnittspreise des Hektoliters Roggen in Landshut in Mark u. Pfennig	
			Mark	Pf.
$18^{50}/_{51}$	162 999	1850	5	22
$18^{51}/_{52}$	155 477	1851	8	28
$18^{52}/_{53}$	149 990	1852	12	94
$18^{53}/_{54}$	154 476	1853	13	51
$18^{54}/_{55}$	142 560	1854	18	17
$18^{55}/_{56}$	154 197	1855	16	17
$18^{56}/_{57}$	160 298	1856	11	38
$18^{57}/_{58}$	161 412	1857	11	47
$18^{58}/_{59}$	165 987	1858	8	23
$18^{59}/_{60}$	165 670	1859	7	33
$18^{60}/_{61}$	163 319	1860	10	21
$18^{61}/_{62}$	167 080	1861	10	26
$18^{62}/_{63}$	177 312	1862	11	96
$18^{63}/_{64}$	183 953	1863	9	06
$18^{64}/_{65}$	183 440	1864	8	15
$18^{65}/_{66}$	185 687	1865	7	38
$18^{66}/_{67}$	187 330	1866	9	34
$18^{67}/_{68}$	188 290	1867	12	92
$18^{68}/_{69}$	192 030	1868	13	14
$18^{69}/_{70}$	201 540	1869	9	87
$18^{70}/_{71}$	187 385	1870	10	10
$18^{71}/_{72}$	196 797	1871	11	57
$18^{72}/_{73}$	206 465	1872	13	46
$18^{73}/_{74}$	210 125	1873	15	51
$18^{74}/_{75}$	215 561	1874	16	06

Die erste Zahlenreihe der vorstehenden Tabelle enthält vor Allem einen beachtenswerthen Nachtrag statistischen Materiales für die oben berührte Frage der ungefähren Geburtengleichheit von Nachbarjahren. Hier kommen aber im Weiteren nur noch die Schwankungen der Geburtenzahlen und zwar vor Allem im Vergleich mit den Schwankungen der Getreidepreise in Betracht. Um diese dem Leser in anschaulicher Weise vorzuführen, habe ich die Zahlennachweise der vorstehenden Tabelle in folgendes Diagramm übersetzt.

(Siehe Fig. 18 auf folgender Seite.)

Wer das Diagramm (Fig. 18) aufmerksam betrachtet, wird bald finden, daß es sehr lehrreich ist. Es zeigt nämlich nicht bloß den ursächlichen Zusammenhang zwischen der Geburtenzahl und der Erschwerung oder Erleichterung der Ernährung, sondern auch die Grenzen dieses Zusammenhanges, welche in dem unter besonderen Verhältnissen gegebenen Ueberwiegen anderweitiger allgemeiner Ursachen steigender oder abnehmender Fruchtbarkeit der Bevölkerung liegen.

Die ersten 25 Jahre der ganzen vierzigjährigen Beobachtungsperiode 18³⁵/₇₅ zeigen mit genügender Klarheit das entgegengesetzte Verhalten in der Bewegung der Geburten und der Getreidepreise. Vor Allem tritt dieß bei den Extremen hervor. Der zweimaligen bedeutenden Getreidetheuerung in den vierziger und fünfziger Jahren entsprechen genau die Minima der Geburten. Daß dabei die Schwankungen der Getreidepreise relativ stärker sind als jene der Geburtenzahl läßt erkennen, daß die wirthschaftliche Erleichterung oder Erschwerung der Nahrung nur einer von den Faktoren ist, welche die Größe der Fortpflanzung bedingen, und daß letztere bis zu einem gewissen Grade unter allen Umständen stattfindet.

Gegenüber dieser Gesetzmäßigkeit eines entgegengesetzten Verhaltens der Getreidepreise und der Geburtenzahlen tritt in den letzten fünfzehn Jahren eine ganz andere Erscheinung hervor. In dieser Periode zeigen nämlich die Geburten in Bayern mit Ausnahme einer einzigen Unterbrechung, auf welche ich nachher noch kommen werde, gewissermaßen „rücksichtslos“

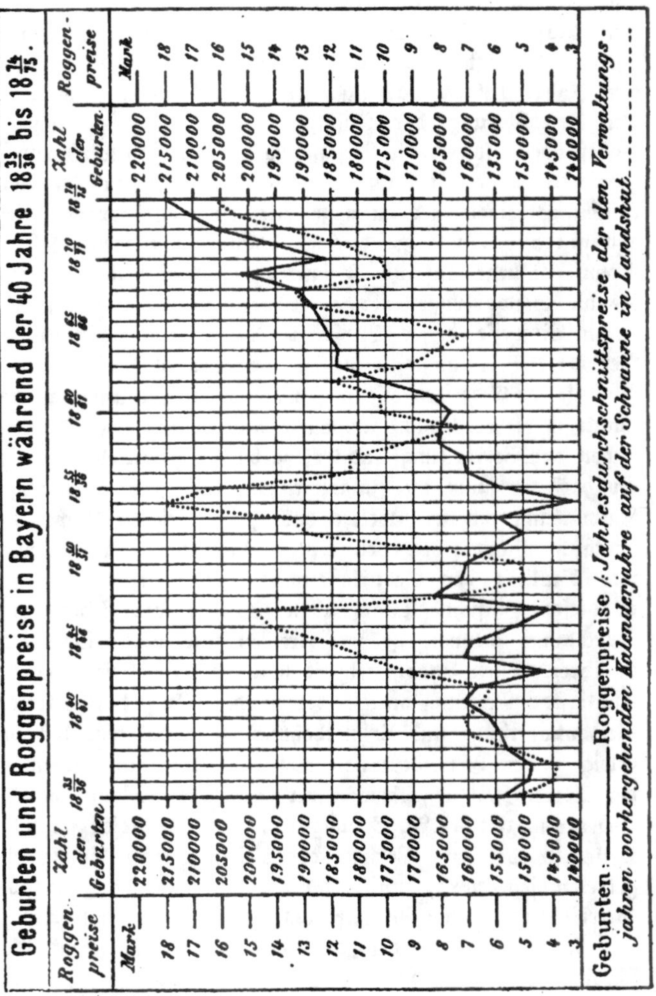
Geburten und Roggenpreise in Bayern während der 40 Jahre 18 35/36 bis 18 74/75.
Roggenpreise
Zahl der Geburten
Mark
Geburten: ——— Roggenpreise /: Jahresdurchschnittspreise der den Verwaltungsjahren vorhergehenden Kalenderjahre auf der Schranne in Landshut ....

Figur 18.

gegen die Getreidepreise eine stetige Steigerung. Dabei sind zwei Etappen dieses Steigens der Geburtenzahlen zu unterscheiden, die erste bald nach dem Jahre 1862, die zweite nach dem Jahre 1868. Das Jahr 1862 brachte eine administrative Erleichterung der Ansässigmachung und Verehlichung, insbesondere soweit die Ansässigmachung auf Gewerbebetrieb gegründet wurde, während im Jahre 1868 endlich die Verehlichungsfreiheit in Bayern gesetzlich eingeführt wurde. Diese administrativen und gesetzlichen Maßregeln erwiesen sich in ihrem Einflusse auf die Geburtenhäufigkeit weit wirksamer als die Schwankungen der Getreidepreise, so zwar daß von einem Einflusse dieser Preise für den letzten Abschnitt der Periode 18³⁵/₇₅ nichts mehr zu erkennen ist. Daß dieser Einfluß der Getreidepreise so ganz und gar verdunkelt werden konnte, darf jedoch nicht ausschließlich den angegebenen Aenderungen der Verwaltung und Gesetzgebung zugeschrieben werden. Solches war nur im Zusammenhang mit der eigenartigen Entwicklung möglich, welche das ganze gesellschaftliche und wirthschaftliche Leben des letzten Jahrzehntes kennzeichnet. Die Statistik der Geburten in der neueren Zeit spiegelt in dieser Hinsicht die auf allen Gebieten des Lebens zum Durchbruch gelangte größere Freiheit und nicht minder auch in ihrer vollen Unabhängigkeit von der Preissteigerung des wichtigsten Nahrungsmittels die in der Neuzeit eingetretene Geldentwerthung und Lohnerhöhung, wodurch natürlich das Steigen der Getreidepreise in seiner Bedeutung gegenüber der älteren Zeit abgeschwächt werden mußte. Wenn nach der Uebergangszeit des Aufschwungs und der auf diesen folgenden Krisen wieder eine Periode der allseitigen Beruhigung eingetreten sein wird, muß auch der Zusammenhang zwischen Getreidepreisen und Geburtenzahl wieder ersichtlich werden.

Noch habe ich der aus dem Diagramm ersichtlichen schroffen Unterbrechung der Geburtenzunahme zu gedenken, welche sich im Jahre 1870/71 geltend macht. Der Leser erräth sofort, daß dieses ein Merkzeichen des deutsch-französischen Krieges in der Geschichte der Geburtenstatistik ist. Eine nähere Untersuchung dieses auf den Krieg zurückzuführenden Geburtenrückganges nach einzelnen Kalendermonaten hat für Bayern das interessante Ergebniß geliefert, daß die sofort nach dem Kriegsausbruch eingetretene Abnahme der Conceptionen ihren Grund nicht ausschließlich in der Abwesenheit von Erzeugern im Felde sondern auch in psychologischen Eindrücken auf die zurückbleibende Bevölkerung hatte. Der Beweis hiefür ist darin zu suchen, daß die Abnahme der Conceptionen sofort zu stark war, als daß deren Grund ausschließlich im Ausmarsch der Armee hätte liegen können, noch mehr aber darin, daß eine namhafte Zunahme der Conceptionen nicht erst mit der wirklichen Rückkehr der Truppen sondern sofort nach dem Waffenstillstand und Friedensschluß eintrat.

Unter normalen Verhältnissen trafen zu jener Zeit in Bayern auf jeden Monat etwa 16000 Geburten. Während des Krieges sank der Betrag der monatlichen Conceptionen um etwa 2000, in den ersten Monaten nach der Einstellung der Feindseligkeiten war die normale Conceptionszahl sofort wieder erreicht und die Rückkehr der Krieger selbst brachte für zwei bis drei Monate eine Zunahme des Monatsbetrages der Conceptionen um etwa 2000. Das Maximum der Geburten zeigte damals der März des Jahres 1872 mit 18450 Geburten; greifen wir um neun Monate zurück, so kommen wir auf die Zeit der Rückkehr unserer siegreichen Truppen im Sommer 1871.

Der Krieg des Jahres 1866 hat in der bayerischen Geburtenstatistik keine Spuren hinterlassen, wenigstens insoweit die ganzen Jahresbeträge der Geburten in Betracht kommen. Ob nicht etwa solches vorübergehend für einzelne Monate der Fall war, kann nicht nachgewiesen werden, weil damals die

Geburten in der Statistik der Bevölkerungsbewegung noch nicht nach Monaten unterschieden wurden. In Italien hat der Krieg von 1866 einen ganz erheblichen Rückgang der Empfängnisse vom Mai bis in den Spätherbst im Vergleich mit den normalen Verhältnissen hervorgerufen; am stärksten war der Ausfall an Empfängnissen in den Monaten Mai bis August mit einem Minus von ungefähr 19000 Geburten gegenüber dem Mittel der Periode $18^{63}/_{68}$ *).

Ich habe zur Erläuterung des Kriegseinflusses auf die Geburtenzahl absichtlich nur kürzer dauernde Kriege der Neuzeit gewählt. Bei diesen tritt der reine Einfluß des Krieges als solchen am besten hervor, während langjährige Kriegsperioden, mit welchen sich Epidemieen, Zerrüttung der ökonomischen Verhältnisse u. s. w. verbinden, zur Sonderuntersuchung des Kriegseinflusses als solchen minder geeignet sind.

Unabhängig von der Frage, wie sich der Jahresbetrag der Geburten in längeren Zeiträumen bewegt, ist die Untersuchung der Vertheilung der Geburten nach Jahreszeiten und Kalendermonaten innerhalb der einzelnen Jahre. Daß bei dieser Vertheilung eine gewisse Gesetzmäßigkeit obwaltet, ist schon seit langer Zeit namentlich durch die Arbeiten von Villermé und Quetelet festgestellt. Der Einfluß der Jahreszeiten auf die Fortpflanzung ist kein so übermächtiger, wie er geradezu als Regel bei der Thierwelt auftritt,

*) Nach Sormani, Giuseppe. La fecondità e la mortalità umana in rapporto alle stagioni ed ai climi d'Italia, einer meines Wissens wenig bekannten, für die Bevölkerungsstatistik aber sehr beachtenswerthen Schrift (Separatabdruck aus dem Giornale di Medicina militare, Jahrgang 1870).

sondern er findet sich gewissermaßen nur in sanfter Weise angedeutet.

Wenn man den durchschnittlichen Tagesbetrag der Geburten für jeden Monat ermittelt und danach den Antheil eines jeden Monates berechnet, was wegen der ungleichen Länge der Monate nöthig ist, so findet man für die europäische Bevölkerungsstatistik als allgemeine Regel ein erstes und zwar höchstes Maximum der Geburten im Februar und ein zweites aber geringeres Maximum im September, während die dazwischen fallenden Minima sich nicht überall mit gleicher Schärfe präzisiren. Den Februargeburten entsprechen die Conceptionen im Mai. Man irrt wohl nicht, wenn man diesen gesteigerten Fortpflanzungserfolg im Spätfrühling den Einflüssen der Natur zuschreibt. Gleiches läßt sich von der zweiten Steigerung der Conceptionen im Dezember weniger behaupten; hier d"rften die sozialen Ursachen überwiegen, vor Allem die Winterruhe der ländlichen Bevölkerung. Auch die in den Dezember fallenden „Familienfeste“ sind, zuletzt von dem Theologen A. von Oettingen, angezogen worden.

In jenen Ländern, in welchen sich die Eheschließungen zur Faschingszeit namentlich im Februar sehr zusammendrängen und danach in der Fastenzeit nur in geringerer Zahl stattfinden, macht sich zwischen dem September und Februar-Maximum der Geburten noch eine Zwischenerhöhung im November (Conceptionsmonat Februar) bemerklich, welche zweifellos auf die erhöhte Zahl der sofort den Eheschließungen folgenden Conceptionen zurückzuführen ist.

Für den Gesammtumfang des Deutschen Reiches macht sich diese Erscheinung weniger bemerklich, was wohl daher rührt, daß sie in den Ländern mit katholischer Bevölkerung schärfer hervortritt. Dagegen finde ich sie, und zwar in der Bevölkerungsbewegung der neuesten Zeit, bei Frankreich und Italien deutlich ausgesprochen.

Ich glaube den Leser nicht mit einem Uebermaß von Zahlen belästigen zu sollen und will deßhalb nur zu einiger Veranschaulichung des Gesagten und insbesondere der Grenzen, innerhalb welcher sich die Geburten und Empfängnisse nach Monaten bewegen, folgende kurze Uebersicht beifügen.

Monate	Tagesbetrag der Geburten (mit Einschluß der Todtgeborenen)			
	Deutsches Reich (Jahre 1872 bis 1875)	Bayern (Jahre 1872 bis 1875)	Italien (Jahre 1863 bis 1871)	Frankreich (Jahre 1863 bis 1871)
Januar	4889	578	2848	2887
Februar	4997	603	3025	3060
März	4913	594	2928	3018
April	4739	582	2805	2911
Mai	4605	575	2533	2742
Juni	4497	566	2371	2610
Juli	4582	566	2419	2625
August	4691	552	2496	2620
September	5029	582	2663	2665
Oktober	4770	564	2605	2603
November	4756	566	2624	2661
Dezember	4710	553	2587	2608
Kalender-Jahr	4763	573	2656	2749

Nach der Durchsicht der vorstehenden Zahlenreihen wird der Leser gerne dem Ausspruche Quetelet's zustimmen, „daß der Mensch sich zwar zu allen Jahreszeiten reproduzirt, aber doch vorzugsweise am Ende des Frühlings und des Herbstes, und am wenigsten während des Sommers und des Winters", nur wird er hiezu noch bemerken, daß der Spätsommer sich der Fortpflanzung noch ungünstiger zeigt als der Hochsommer, und daß dem Grade nach die Abnahme der Empfängnisse im

Spätsommer und Frühherbst viel stärker ist als im Winter. Die letztere Thatsache leitet unwillkürlich auf den Gedanken, außer den oben bereits erwähnten sozialen Einflüssen auch noch die angestrengte Feldarbeit der Landbevölkerung besonders hervorzuheben.

Eine gründliche Verfeinerung der Studien über den Zusammenhang der Jahreszeiten und der Häufigkeit der Empfängnisse ist von einer ausgiebigen Anwendung der „geographischen Methode" auch auf dieses Forschungsgebiet der Statistik zu erwarten. Die großen Durchschnitte ganzer Länder allein können in dieser Hinsicht nicht befriedigen.

Einen beachtenswerthen Versuch, welcher sich einigermaßen in dieser Richtung bewegt, enthält die bereits erwähnte Arbeit von Sormani. Zunächst versucht er, allerdings auf Grund eines recht mangelhaften Materiales, die geographischen Unterschiede für Europa in großen Zügen zu kennzeichnen. Er findet, daß das Frühlings-Maximum der Empfängnisse in Schweden auf den Juni fällt, in Frankreich und Holland zwischen Juni und Mai, in Belgien, Spanien, Oesterreich und Italien auf den Mai, in Griechenland auf den April, so daß also in Europa jenes Maximum im Süden vorauseilt und im Norden zurückbleibt, dabei aber sich innerhalb der Grenzen des April und Juni hält. Außerdem weist er nach, wie sich von dem Süden nach dem Norden Europa's allmälig das zweite Maximum der Empfängnisse im Dezember herausbildet, welches schließlich im höchsten Norden die Frühjahrsanschwellung übersteigt.

Noch wichtiger scheinen mir die sorgfältigen detailgeographischen Studien Sormani's für Italien. Dieses Land ist überhaupt für bevölkerungsstatistische Studien auf geographischer Grundlage wegen seiner Erstreckung von den Alpen bis nahe an Afrika's Küste besonders geeignet. Auch bietet es eine natürliche Gliederung in einige geographische Hauptzonen, welche überdieß für die Zwecke populärer Behandlung den Vorzug haben, den Gebildeten der ganzen Welt hinreichend bekannt zu sein.

Die Ergebnisse der Sonderstudien Sormani's über die Schwankung der Empfängnisse in den einzelnen Theilen Italiens mögen deßhalb hier zum Schlusse noch Erwähnung finden.

Die Anschwellung der Empfängnißzahl tritt im Süden Italiens frühzeitig, im Norden dagegen erst später im Jahre ein, so zwar, daß sie in den südlichsten Gegenden schon auf den April trifft und mehr und mehr sich bis in den Mai und Juni verspätet, je mehr man sich dem Norden nähert, bis sie schließlich im nördlichsten Theil der Halbinsel auf den Juli fällt. — In den südlichsten Landstrichen von Italien ist nur *ein* Maximum und Minimum vorhanden, während in den nördlicheren Landestheilen deren zwei auftreten. — Das Minimum, welches der heißen Jahreszeit folgt, hat entschiedene Neigung um so erheblicher zu werden, je mehr man sich dem Süden nähert, während das Minimum, welches sich an die Winterkälte knüpft, mit dem Norden zunimmt, bis in den nördlichsten Theilen das nachwinterliche Minimum größer wird als das herbstliche. — Im Allgemeinen sind die Schwankungen in den Curven der Empfängnisse um so stärker, je mehr man sich nach Süden wendet.

Bisher war nur von der absoluten Zahl der Geburten und deren Bewegung in längeren Zeiträumen sowie im Kreislauf des Sonnenjahres die Rede. Nun besteht aber auch weiter das Bedürfniß, die relative Häufigkeit der Geburten für verschiedene Länder oder einzelne Gebietsabschnitte desselben Landes zu messen. Dieses Bedürfniß findet in den sog. *Geburtenziffern* seine Befriedigung, welche die Häufigkeit der Geburten am Bevölkerungsstande messen.

Die einfachste Form dieser Messung ist in der allgemeinen Geburtenziffer gegeben, welche lediglich die Gesammtzahl der Geburten mit der Gesammtbevölkerung vergleicht. Ein Jahresbetrag von weniger als 30 Geburten auf 1000 Einwohner ist nach den internationalen statistischen Ermittlungen als gering, ein solcher von 30 bis gegen 40 als normal, ein Betrag von 40 und mehr Geburten auf 1000 Einwohner aber als sehr hoch anzusehen.

Als richtiger Ausdruck der Fruchtbarkeit der Bevölkerung dürfen diese allgemeinen Geburtenziffern nicht angesehen werden. Bei deren Ermittlung wird nämlich die gesammte Bevölkerung in Rechnung gebracht, während doch nur ein Bruchtheil der letzteren wirklich bei der Fortpflanzung betheiligt und derselben fähig ist. Wäre überall der Bestand an Greisen und Kindern verhältnißmäßig gleich, dann wäre die Folgerung minder unrichtig, weil dann die Fruchtbarkeit sich wenigstens proportional den allgemeinen Geburtenziffern verhalten würde. Der aufmerksame Leser wird sich aber sofort der früheren Ausführungen über die Unterschiede im Altersaufbau der Bevölkerung erinnern und deßhalb keiner weiteren Warnung vor einer Ueberschätzung der allgemeinen Geburtenziffern bedürfen.

Zu dem Gesagten tritt noch die weitere Erwägung, daß bei der Untersuchung der Fruchtbarkeit der Bevölkerung mit Rücksicht auf unsere Gesittung die ehliche und unehliche Fruchtbarkeit wohl unterschieden werden muß. Hienach genügt die Berechnung der Geburtenhäufigkeit durch Vergleichung der gesammten Geburtenzahl noch nicht, sondern es müssen die ehlichen Geburten auf die gebärfähigen Ehefrauen und die unehlichen Geburten auf die übrigen gebärfähigen weiblichen Personen bezogen werden. Die so gefundenen Verhältnißzahlen, welche die verschiedenen Arten der Fruchtbarkeit nach Gruppen der Bevölkerung auseinanderhalten, können als besondere Geburtenziffern der allgemeinen Geburtenziffer, welche nur als die roheste Form der Ermittlung der Geburtenhäufigkeit anzusehen ist, gegenübergestellt werden.

Wie sich das Verhältniß dieser besonderen zu den allgemeinen Geburtenziffern gestaltet, wolle der Leser aus folgender Probe für die bayerische Geburtenstatistik des Jahres 1872 ersehen.

Regierungs-Bezirke	Nach dem Ergebnisse der Volkszählung von 1871 und der Geburtenstatistik von 1872 treffen			
	auf 1000 Ehefrauen vom 15ten bis 45ten Lebensjahre eheliche Geburten	auf 1000 nicht in der Ehe lebende weibliche Personen vom 15ten bis 45sten Lebensjahre uneheliche Geburten	auf 1000 weibliche Personen vom 15ten bis 45sten Lebensjahre Geburten überhaupt	auf 1000 männliche und weibliche Personen aller Altersklassen Geburten überhaupt (Allgemeine Geburtenziffer)
Oberbayern	368,2	60,3	185,2	42,2
Niederbayern	394,1	55,0	188,4	41,6
Pfalz	374,4	24,3	192,3	43,4
Oberpfalz	394,4	47,2	192,7	43,7
Oberfranken	323,6	46,6	168,2	38,0
Mittelfranken	343,6	54,5	179,8	41,9
Unterfranken	344,3	29,8	165,7	37,9
Schwaben	408,4	37,8	185,8	42,8
Königreich	368,1	45,5	182,4	41,4

Wenn der Leser die erste und die letzte der vorstehenden Zahlenreihen vergleicht, wird er finden, daß die Reihenfolge der Regierungsbezirke nach der allgemeinen Geburtenziffer nicht unwesentlich von jener nach der ehlichen Fruchtbarkeit abweicht. Und doch muß zweifelsohne die letztere als der ausschließlich richtige Ausdruck der normalen physischen Fortpflanzungsfähigkeit betrachtet werden, obwohl auch bei ihr mancher gesellschaftliche Gegendruck waltet. Daß dieser übrigens in dem hier zum Beispiel gewählten Lande und Jahre vermuthlich kein sehr bedeutender war, geht daraus hervor, daß trotz der Erstreckung auf volle 30 Altersklassen der Ehefrauen als Jahresbetrag an Geburten 368 auf 1000 treffen. Eine so hohe Zahl ist nur aus dem Umstande erklärlich, daß die kurz vor 1872 eingetretene bedeutende Mehrung der Eheschließungen das Contingent jungverheiratheter Ehefrauen bedeutend verstärkt hatte.

Wenn die allgemeine Geburtenziffer an sich nicht als richtiger Maßstab der Fruchtbarkeit angesehen werden darf, so ist sie in noch geringerem Maße ein brauchbarer Ausdruck für die wirkliche Bevölkerungsmehrung. Ganz abgesehen von den Wanderungen erscheint hiefür zunächst das Verhältniß der Geburten- und Sterbeziffern entscheidend, welches bei einer großen Geburtenziffer einen kleinen, und umgekehrt bei kleiner Geburtenziffer einen großen Ueberschuß zu Gunsten der Bevölkerungsmehrung ergeben kann.

Die allgemeine Geburtenziffer hat hienach nur Bedeutung als Ausdruck der Tendenz zur Fortpflanzung, wie solche von einer gegebenen Bevölkerung in ihrer concreten Zusammensetzung nach Alter, Geschlecht und Civilstand geäußert wird. Der wirkliche Erfolg dieser Tendenz aber hängt, abgesehen von der im Keim der Entwicklung stattfindenden Abminderung, welche die Todtgeburten veranlassen, von der Sterblichkeit und den Wanderungen ab. Wie wenig an sich eine hohe Geburtenziffer bedeutet, haben mir meine Untersuchungen über die Geographie der Kindersterblichkeit in Süddeutschland gezeigt, bei welchen sich herausstellte, daß die Distrikte mit den höchsten Geburtenziffern schon in dem verhältnißmäßigen Bestand der das erste Jahr überlebenden Kinder gegen die Bezirke mit den niedrigsten Geburtenziffern zurückstehen.

Den deutlichsten Ausdruck findet die Erfolglosigkeit eines Theiles der Geburten für die Volksvermehrung in den **Todtgeburten**. Mit der Unterscheidung der Lebend- und der Todtgeborenen treten wir in das Gebiet der Untersuchungen ein, welche sich mit der Darlegung des „inneren Gefüges" der Geburtenmasse beschäftigen. Ohne Zweifel ist die genaue Kenntniß des Bruchtheiles der Geborenen, welche der Tod schon vor dem Augenblick, von dem an deren Lebenszeit überhaupt erst zu rechnen wäre, oder in diesem selbst erreicht hat, von großem Interesse. Leider aber erschweren Gründe der verschiedensten Art die sichere und gleichmäßige Feststellung der Zahl der Todtgeborenen. Bei dem im fötalen Leben eingetretenen Tod ist es nicht immer leicht, das wirkliche todtgeborene „Kind" von der Mole zu unterscheiden. Andererseits ist auch die Grenze zwischen den „in der Geburt" und den „kurz nach der Geburt" Gestorbenen nicht leicht zu ziehen, theils aus rein natürlichen, theils aber auch aus höchst verschiedenartigen sozialen Gründen. Sehr störend erweisen sich in letzterer Hinsicht insbesondere die Bestimmungen über die Eintragungen in das Civilstandsregister nach dem französischen oder den diesem ähnlichen Systemen, wobei auch die innerhalb einiger Tage nach der Geburt Verstorbenen, wenn sie nicht vorher schon als lebend angemeldet waren, im Falle ihres vor der Eintragung eingetretenen Todes als Todtgeborene verzeichnet werden. Dieser Umstand ist um so störender, als gerade in den ersten Tagen nach der Geburt die Sterbenswahrscheinlichkeit am größten ist. Entgegengesetzte Wirkung äußern in manchen Gegenden die religiösen Empfindungen der Bevölkerung, welche eine Todtgeburt als ein weit größeres Familienunglück als den Sterbfall eines nur wenige Minuten lebenden aber nothgetauften Kindes ansehen, was die Folge hat, daß die Hebamme in kritischen Fällen diesen Empfindungen entgegenkommt, so daß die „in der Geburt" Verstorbenen dann nicht als Todtgeborene sondern als lebendgeborene und kurz nach der Geburt verstorbene Nothgetaufte erscheinen.

Die bayerische Bevölkerungsstatistik bietet Gelegenheit den Einfluß dieser zwei in entgegengesetzter Richtung wirkenden Störungen zu untersuchen. In der Pfalz hat die Registrirung der Todtgeborenen bis zum Beginn des Jahres 1876 nach französischem System stattgefunden. In den 25 Jahren $18^{35}/_{36}$ bis $18^{59}/_{60}$ wurden dort 4,8 Proz. der Geborenen als todtgeboren nachgewiesen. In Niederbayern dagegen mit kirchlichen Standesregistern und rein katholischer Bevölkerung wurden in derselben Zeit nur 1,7 Proz. der Geborenen als todtgeboren nachgewiesen. Der Einfluß der verschiedenen Gesetzgebung ist seit 1876 für die deutschen Staaten beseitigt, von der Störung durch die verschiedenen Formen der religiösen Anschauungen ist Gleiches nicht zu erwarten. Man wird deßhalb darauf verzichten müssen, exakte wissenschaftliche Forschungen über die Todtgeburten auf das volle Massenmaterial der Gesammtgeburten der verschiedenen Länder zu gründen. Vorläufig ist aus diesem nur zu ersehen, daß die Quote der Todtgeborenen zwischen 2 und 5 Prozent der Geborenen liegt, und daß hienach als regelmäßiger Tribut, welcher von der Menschheit an den Tod schon vor und unmittelbar bei dem Eintritt ins Leben entrichtet wird, 3 bis 4 Proz. der Geborenen anzusehen sind.

Die Regelmäßigkeit des *Ueberschusses der Knabengeburten über die Mädchengeburten* ist so allgemein beobachtet und der Rahmen, innerhalb dessen sich die Differenzen des Ueberschusses in den einzelnen Ländern bewegen, ist so eng, daß nur übertriebene Zweifelsucht hierin kein Walten eines wirklichen *Naturgesetzes* erkennen kann. Zugleich ist diese Statistik des Geschlechtsverhältnisses der Geborenen ein ganz vorzügliches Muster jener „Ordnung", welche — wie Süßmilch sich ausdrückt, „sich durch die Unordnungen im Kleinen verbirget und nicht anders, als durch große Sammlungen der Listen von vielen kleinen Oertern und Jahren, hat können an das Licht gebracht werden". In der That bildet in der einzelnen Familie das Geschlechtsverhältniß der zu erwartenden Nachkommen ein ununterbrochen neu aufgeworfenes und bald in der erhofften bald in der unerhofften Weise gelöstes Räthsel. Sobald man aber nur einige Tausende von Familien zusammenfaßt und die Ergebnisse mehrerer Jahre abwartet, ist der Wiederschein des Naturgesetzes, welches für größere Massenbeobachtungen reichlich 106 Knabengeburten auf 100 Mädchengeburten nachweist, deutlich zu erkennen.

Ich habe das Geschlechtsverhältniß der Geborenen, welches sich in den 184 einzelnen bayerischen Verwaltungsdistrikten in der achtjährigen Periode $18^{62}/_{63}$ bis $18^{69}/_{70}$ ergab, untersucht und dabei gefunden, daß trotz der geringen Ausdehnung der einzelnen Beobachtungsbezirke nur in sechs Verwaltungsdistrikten entgegen der allgemeinen Regel ein Ueberschuß der Mädchengeburten nachgewiesen war. Von diesen waren aber nicht weniger als fünf kleinere sog. unmittelbare Städte, für welche ein nur achtjähriger Zeitraum der Beobachtungen als zu kurz anzusehen ist. Bei dem Zusammenzug derselben Beobachtungen für die acht Regierungsbezirke des Landes tritt sofort das Naturgesetz des Knabenüberschusses unter den Geborenen in nahezu voller Klarheit hervor. Es treffen nämlich auf 100 Mädchengeburten im ganzen Königreich $106,_5$ Knabengeburten und im Einzelnen in Oberbayern $106,_5$, in Niederbayern $106,_0$, in der Pfalz $105,_9$, in der Oberpfalz $106,_4$, in Oberfranken $106,_5$, in Mittelfranken $107,_3$, in Unterfranken $107,_3$ und in Schwaben $105,_7$ Knabengeburten.

Zieht man nur die Gesammtergebnisse für Bayern im Zusammenzuge für mehrere Jahre in Betracht, so verschwinden die Unterschiede im Ueberschuß der Knabengeburten noch mehr. Zu einer solchen Beobachtung ist zunächst die Periode $18^{35}/_{60}$ mit einer mäßig schwankenden jährlichen Anzahl von Geburten besonders geeignet. Zerlegt man dieses Vierteljahrhundert in Jahrfünfte, so ergibt sich, daß auf 100 Mädchengeburten in Bayern trafen

106,4	Knabengeburten im Jahrfünft	$18^{35}/_{40}$
106,3	" " " "	$18^{40}/_{45}$
106,4	" " " "	$18^{45}/_{50}$
106,1	" " " "	$18^{50}/_{55}$
106,2	" " " "	$18^{55}/_{60}$.

Diese Schwankungen sind so gering, daß sie zweifellos auch die höchsten Erwartungen des Lesers, welcher von der Gesetzmäßigkeit im Knabenüberschuß der Geborenen gehört hat, noch übertreffen. Zur Bekräftigung auch durch die Ergebnisse der internationalen Statistik sei beigefügt, daß Wappäus nach Beobachtungen von nicht weniger als $58^1/_4$ Millionen Geborener in den größeren europäischen Ländern das Mittelverhältniß 100 : 106,3 gefunden hat, welches genau dem Gesammtergebniß der bayerischen Beobachtungen für das oben erwähnte Vierteljahrhundert entspricht.

Eine weitere nicht minder interessante und gleichfalls in merkwürdiger internationaler Uebereinstimmung beobachtete Thatsache ist der relativ weit größere Ueberschuß der Knabengeburten, welcher sich unter den Todtgeborenen im Vergleich mit den Lebendgeborenen findet.

Nach den älteren Berechnungen von Wappäus ist das Verhältniß bei den Lebendgeborenen = 100 : 105,8, bei den Todtgeborenen dagegen 100 Mädchen zu 140,3 Knaben. Quetelet fand aus Beobachtungen für verschiedene europäische Länder, vorzugsweise aus den fünfziger Jahren dieses Jahrhunderts 133,5 todtgeborene Knaben auf 100 todtgeborene Mädchen. Die neuesten Zusammenstellungen endlich, welche Bodio seinem

Berichte über die italienische Bevölkerungsbewegung im Jahre 1875 vorangestellt hat, ergeben für die todtgeborenen Knaben gegenüber 100 todtgeborenen Mädchen folgende Verhältnißzahlen: Italien 140 (Jahre 1865—1875), Deutsches Reich 129 (Jahre 1872—75), Oesterreich 131 (Cisleithanien Jahre 1866—1874), Belgien 135 (Jahre 1865—1874), Holland 126 (Jahre 1865 bis 1873), Bayern 134 (Jahre 1865—1875).

Es unterliegt hienach keinem Zweifel, daß der werdende männliche Organismus größeren Gefährdungen unterliegt, als der weibliche, und daß auch der Geburtsakt selbst für den an das Licht des Tages tretenden Knaben gefährlicher ist, als für das Mädchen. Die unten folgenden Untersuchungen werden zeigen, daß diese erhöhte Bedrohung der Knaben auch in der ersten Lebenszeit nach der Geburt fortdauert.

Eine allgemein beobachtete Thatsache ist ferner der verhältnißmäßig geringere Knabenüberschuß bei den unehlich Geborenen. Die neuesten Zusammenstellungen von Bodio lassen einen Ueberschuß der Knaben unter den lebendgeborenen Unehlichen von ungefähr 3 Proz. als Mittel erscheinen, während für die Gesammtzahl der Lebendgeborenen der Knabenüberschuß 5 Proz. beträgt.

Die auffälligen Regelmäßigkeiten, welche sich sowohl im Knabenüberschuß der Geborenen im Allgemeinen als in den Abweichungen von der allgemeinen Regel bei den todt und den unehlich Geborenen ergeben, haben seit lange Anlaß zu Vermuthungen über den letzten Grund des Geschlechtsverhältnisses der Neugeborenen gegeben. Am meisten Beachtung und Glauben hat die von Hofacker in Tübingen und von dem Engländer Sadler aufgestellte Hypothese gefunden, daß das Altersverhältniß der Eltern von Einfluß sei, und zwar in der Art, daß um so mehr Knaben geboren würden, je mehr der Mann die Frau an Alter übertreffe, woraus sich allerdings bei dem durchschnittlich höheren Alter der Väter der im

Ganzen beobachtete Knabenüberschuß erklären würde. Auch die zuletzt erwähnte Thatsache des geringeren Knabenüberschusses bei den Unehlichen schien hiemit übereinzustimmen, weil einiger Grund zu der Annahme besteht, daß die Väter der Unehlichen im Verhältniß zu deren Müttern etwas jünger sind als die Ehemänner gegenüber den Ehefrauen. Hofacker und Sadler hatten aber eigentliches Massenmaterial der Bevölkerungsbewegung nicht zur Verfügung gehabt, und als man nun in neuester Zeit daran ging, deren Hypothese an wirklichen Massenbeobachtungen zu erproben, erwies sich dieselbe nicht als haltbar. Wir dürfen daher mit Hermann, obwohl auch dieser geneigt war, der Hofacker-Sadler'schen Vermuthung sich anzuschließen, sagen, daß der letzte Grund des Geschlechtsverhältnisses der Neugeborenen beziehungsweise des überall nahezu gleichen männlichen Geburtsüberschusses zur Zeit durchaus noch Geheimniß ist, so viele Hypothesen und Meinungen hierüber auch aufgestellt wurden.

Vielleicht bringen weitere detailgeographische Forschungen im Zusammenhang mit dem sorgfältigeren Ausbau der gesammten Bevölkerungsstatistik noch manchen Aufschluß. Noch wichtiger aber dürfte die Verfeinerung der physiologischen Studien über den Embryo mit besonderer Berücksichtigung der Entwicklung des Geschlechtsunterschiedes werden. Nach den Thatsachen, welche die Bevölkerungsstatistik liefert, kann man bis jetzt nur annehmen, daß die ursprüngliche Disposition sei es des erzeugenden Mannes, sei es der empfangenden Frau auf einen Ueberschuß werdender männlicher Organismen hinausgeht. Wenn es sodann weiter richtig ist, daß die endgültige Entscheidung über das Geschlecht des Embryo nicht von allem Anfang an sondern erst in einer höheren Entwicklungsstufe desselben fällt, so müßte in den Ernährungsfunktionen des Weibes, vielleicht auch in psychologischen Einflüssen die entscheidende Ursache gefunden worden. Das Walten von Einflüssen der letzterwähnten Art würde nicht minder gut als die Hofacker-Sadler'sche Theorie den geringeren Knabenüberschuß bei den Unehlichen erklären. Während die ehliche Mutter, sobald sie weiß, daß sie empfangen hat, in der Regel einen Knaben und nur selten ein Mädchen erhofft, machen sich bei der unehlichen Mutter vorwaltend die Empfindungen der Reue über den Fehltritt verbunden mit Apathie gegen die Geschlechtszugehörigkeit des zu erwartenden Kindes geltend. Die Naturwissenschaft hat hienach allen Grund, sich um die Ergebnisse der Bevölkerungsstatistik zu bekümmern und ihrerseits durch weitere exakte Forschung zur Aufklärung der Sache beizutragen. Auch vergleichende auf Massenbeochtung beruhende Studien über die entsprechenden Verhältnisse bei der Thierwelt dürften manche Belehrung bieten.

Die Unterscheidung der Geborenen in Ehliche und Unehliche drückt die erste und höchst folgenschwere soziale Abstempelung aus, welcher die Neugeborenen bei dem Eintritt ins Leben unterworfen werden. Wenn ich hier im Zusammenhang der Untersuchungen über die Statistik der Geburten dem Leser auch diese Unterscheidung vorführe, so greife ich bereits in das Gebiet der Moralstatistik hinüber, mit welcher der letzte Abschnitt dieses Werkes sich noch besonders beschäftigen soll.

Nach einer noch immer weit verbreiteten Ansicht oberflächlicher statistischer Forschung wäre die Häufigkeit der unehlichen Geburten ohne Weiteres als Ausdruck des Grades der Sittlichkeit in den geschlechtlichen Beziehungen der Bevölkerung zu betrachten. Eine solche Schlußfolgerung ist aber viel zu roh; denn es concurriren, wie der im Uebrigen höchst sittenstrenge Moralstatistiker von Oettingen hervorhebt, so viel verschiedene zum Theil außerhalb der sittlichen Zurechnung liegende Gründe, daß ein irgendwie apodiktisches Urtheil nicht gewagt, ein Volk nicht ohne Weiteres als moralisch verworfen gebrandmarkt werden darf, weil der bei demselben vorkommende Prozentsatz unehlicher Geburten auffallend groß ist.

Vor Allem ist nicht zu vergessen, daß gerade die verwerflichsten Formen des unsittlichen Verkehrs der Geschlechter für die Häufigkeit der unehlichen Geburten nahezu belanglos sind. Daher kann es sich leicht ereignen, daß trotz starken Anwachsens der Prostitution die Häufigkeit der unehlichen Geburten keineswegs steigt. In den hohen Beträgen unehlicher Geburten kommt häufig weit mehr eine gewisse naive, freilich wenig lobenswerthe Anschauung der eine dauernde Lebensverbindung Erstrebenden und sie später auch oft Erreichenden zum Ausdruck als eine wüste Unsittlichkeit. Einen geradezu typischen Ausdruck findet dieses Verhältniß, in welchem nicht eine liederliche Dirne sondern der „Schatz" Mutter des unehlichen Kindes wird, in einzelnen Landstrichen Bayerns, von welchen man erzählt, der Bauernsohn wolle vor der Heirath auch zugleich die Gewißheit einer Nachkommenschaft gewonnen haben.

Es kommt bei der Würdigung der unehlichen Geburten sehr darauf an, ob nicht äußerliche Verhältnisse, welche gewissermaßen unabhängig von den Betheiligten wirken, eine Mehrung oder Minderung der unehlichen Geburten veranlassen. In erster Linie ist hier der Gesetzgebung und zwar vor Allem, soweit sie sich auf Erschwerung oder Erleichterung der Eheschließung bezieht, zu gedenken. Jede künstliche Erschwerung des Heirathens muß die unehlichen Geburten vermehren. Ein Musterland für hierauf bezügliche statistische Studien ist das Königreich Bayern, in welchem bis zum Jahre 1868 den Gemeinden gegen die Verehlichung von Personen, welche sich nur auf „Lohnerwerb" ansässig machen wollten, ein unbedingtes Veto ohne jegliches Beschwerderecht der Betroffenen zustand. Erst das Jahr 1868 brachte die Verehlichungsfreiheit, in Folge deren Bayern allmälig von dem auffälligen

Platze, welchen es ehedem als Land mit der weitaus größten Zahl der unehlichen Geburten eingenommen hatte, zurückgetreten ist, wie aus folgenden Zahlen entnommen werden kann.

Jahresdurchschnitte bezw. Jahre.	Zahl der unehlich Geborenen in Bayern auf 100 Geborene überhaupt.
18^{35}/60	21,1
18^{60}/68	22,2
18^{68}/69	17,9
18^{69}/70	16,4
1871	15,2
1872	14,4
1873	13,9
1874	13,0
1875	12,6

Hienach zeigt sich in Bayern seit der gesetzlichen Einführung der Verehlichungsfreiheit im Jahre 1868 eine entschiedene und stetige Abnahme der Häufigkeit unehlicher Geburten. Wenn sich die Verhältnisse in den folgenden Jahren ähnlich gestalten, besteht Aussicht, daß in kurzer Frist die in früheren Jahrzehnten bis zu 21 und 22 Prozent angeschwollene Häufigkeit der unehlichen Geburten in Folge der neueren Gesetzgebung auf die Hälfte herabgedrückt ist. Sehr beachtenswerth ist, daß sich in Bayern die Abnahme der unehlichen Geburten nach der ersten entscheidenden Minderung, welche die Einführung der Verehlichungsfreiheit gebracht hatte, nur ganz allmälig von Jahr zu Jahr vollzieht. Man ersieht daraus, wie schwer sich eine durch die frühere Gesetzgebung indirekt geförderte Unsitte nach eingetretener Aenderung der Gesetzgebung verliert. Die große Häufigkeit der unehlichen Geburten hatte in vielen Bezirken Bayerns die örtliche öffentliche Meinung mehr oder minder abgestumpft; erst allmälig tritt nunmehr im Volke nach dieser Richtung eine Verschärfung des sittlichen Bewußtseins ein.

Man würde sich übrigens sehr täuschen, wollte man glauben, es habe nur das öffentliche Recht in Bezug auf die Eheschließung Einfluß auf die Häufigkeit der unehlichen Geburten. Es sind vielmehr auch civilrechtliche Bestimmungen und Uebungen verschiedener Art von Bedeutung. Ich erwähne vor Allem die gesetzlichen Anordnungen über Vaterschaft, Alimentation, Deflorationsentschädigung. Frankreich hat eine geringe Zahl unehlicher Geburten, in neuerer Zeit etwa 7 bis 8 Proz.; wo in Deutschland der Code Napoleon mit seinem Verbot der Ermittlung der Vaterschaft des unehlichen Kindes gilt, sind die unehlichen Geburten noch seltener. Die deutsche Reichsstatistik ergibt für den Landstrich, welcher aus der bayerischen Pfalz und Elsaß-Lothringen besteht, 7 bis 7½ Proz., und für die Rheinprovinz, den Regierungsbezirk Arnsberg und das oldenburgische Fürstenthum Birkenfeld zusammen sogar nur 2⅔ bis 3 Proz. unehliche Geburten. Umgekehrt will man in Bayern da, wo das bestehende Civilrecht der unehlichen Mutter namhafte Entschädigungsansprüche einräumt, eine außerordentliche Mehrung der unehlichen Geburten beobachtet haben. Diesem Umstande ist namentlich die in früherer Zeit sehr bedeutende Zahl der unehlichen Geburten in Oberfranken zugeschrieben worden, welcher Regierungsbezirk in dieser Beziehung hinter dem viel geschmähten Niederbayern durchaus nicht zurückblieb. Von großem Einflusse sind ferner die Agrarverhältnisse und die rechtlichen Bestimmungen und Uebungen über ungetheilte Vererbung der Güter oder Erbtheilung und über Art und Zeit der Gutsübergabe. Wenn der Vater oder die verwittwete Mutter bis ins höchste Alter die Gutswirthschaft leiten und die alternden Söhne nur als unverheirathete

Knechte auf dem Gute dulden, kann man sich dann wundern, wenn die unehlichen Geburten nicht selten sind? Gerade die aus solchen Ursachen erfließende Häufigkeit der unehlichen Geburten ist aber ganz anders zu beurtheilen, als die Geburt unehlicher in Wahrheit vaterloser Kinder. Die Stellung der letzteren in sozialer Hinsicht ist die denkbar ungünstigste, während die unehlichen Kinder, welche gewissermaßen nur anticipirte ehliche sind und es hinterher durch Legitimation mittelst nachfolgender Ehe in Tausenden von Fällen wirklich werden, an den Leiden jener „Paria's" der Gesellschaft nicht Theil nehmen.

Die Unterschiede in der Häufigkeit der unehlichen Geburten deuten hienach zunächst auf Unterschiede in der Gesetzgebung und in sozialen Verhältnissen hin; wobei nicht immer ohne Weiteres behauptet werden kann, daß die Verhältnisse zweifellose „Mißstände" sind, unter deren Walten die unehlichen Geburten häufiger sind. Keinesfalls aber können die unehlichen Geburten ohne Weiteres als Maßstab der Sittlichkeit betrachtet werden. Doch ist immerhin zuzugeben, daß eine ungewöhnlich große Zahl von unehlichen Geburten es höchst wahrscheinlich macht, daß wirkliche soziale Mißstände bestehen, auf deren Beseitigung oder Milderung hinzuarbeiten ist.

Nach dem Gesagten kann es auch nicht überraschen, daß die Gegensätze in der Häufigkeit der unehlichen Geburten vielfach geradezu als Eigenthümlichkeiten der Stämme und Nationen erscheinen; denn in diesen finden die Unterschiede von Recht und Sitte den regelmäßigen Ausdruck. Nach der historischen Gestaltung, wie sie z. B. in Deutschland vorliegt, können aber außerdem die Rechtsgebiete mit ihren gesonderten ganz willkürlichen Grenzen durchschneidend eingreifen. In diesem Falle werden nur detailgeographische Studien über die unehlichen Geburten befriedigende Aufschlüsse gewähren, an denen es allerdings noch sehr fehlt. Die großen Durchschnitte für einzelne Länder können nur als Winke dafür benützt werden, wo weitere Detailforschung lohnend sein muß. In diesem Sinne sei schließlich noch ergänzend beigefügt, daß nach den neuesten Zusammenstellungen Bodio's die unehlichen Geburten im letzten Jahrzehnt von der Gesammtzahl der Geburten betragen in Holland 3 bis 4 Proz., in der Schweiz und England 5 bis 6 Proz., in Italien 6 bis 7 Proz., in Belgien 7 Proz., in Ungarn 7 bis 8 Proz., in Cisleithanien 12 bis 14 Proz.

Den Abschluß der Bemerkungen über die Geburtenstatistik möge ein Blick auf die Häufigkeit der Mehrgeburten bilden. Es handelt sich dabei allerdings um eine Frage, die weniger ein sozialwissenschaftliches als ein naturwissenschaftliches Interesse bietet. Die Regelmäßigkeiten, welche sich dabei ergeben, sind aber so interessant, daß einige Notizen nicht ungeeignet sein dürften.

Nach den älteren Zusammenstellungen von Wappäus, welche sich auf nahezu 20 Millionen Entbindungen in verschiedenen europäischen Ländern erstreckten, ergab sich, daß darunter 98,83 Proz. Entbindungen mit Einzelgeburten und 1,17 Proz. mit Mehrgeburten enthalten waren. Nach neueren Zusammenstellungen von Bodio schwankt die Häufigkeit der Mehrgeburten zwischen 1 und 1,4 Proz. Die geographischen Unterschiede nach Nationalitäten scheinen nicht unbedeutend zu sein. In Frankreich, das ohnedieß eine sehr geringe Zahl von Geburten hat, machen die Mehrgeburten nicht ganz 1 Proz. der Geburten aus, während sie in Preußen über 1¹/₄, in Bayern 1²/₅ Proz. der Entbindungen betragen. Innerhalb der einzelnen Länder aber zeigt sich eine sehr große Regelmäßigkeit in der Häufigkeit der Mehrgeburten, und ist namentlich ein bestimmter Einfluß sozialer Verhältnisse nicht wahrnehmbar. Es handelt sich hienach um einen physiologischen Prozeß, dessen Bedingungen nach Stämmen und Nationen einige geringe Unterschiede zeigen. Um die Regelmäßigkeit der Mehrgeburten innerhalb der einzelnen Länder zu zeigen, wähle ich als Beispiele die Nachweise für Bayern und Belgien, welche zugleich als Typen der Minima und Maxima angesehen werden können.

Jahre	Auf 100 Entbindungen treffen solche mit Mehrgeburten	
	Bayern	Belgien
1865	1,47	0,96
1866	1,41	0,94
1867	1,37	1,02
1868	1,39	0,99
1869	1,39	0,95
1870	1,34	0,94
1871	1,36	0,96
1872	1,41	0,98
1873	1,36	0,99
1874	1,42	0,97
1875	1,39	?
Mittel	1,39	0,97

Die Mehrgeburten bestehen fast zu 99 Proz. aus Zwillingsgeburten und zu 1 bis 1½ Proz. aus Drillingsgeburten. Die Vierlings- und Fünflingsgeburten gehören zu den seltensten Ausnahmen. Wappäus fand auf 10 Millionen Geborene 9 768 334 Einzelgeborne, 227 597 Zwillinge, 3 948 Drillinge, 118 Vierlinge und 3,5 Fünflinge. Beachtenswerth ist, daß in jenen Ländern, welche überhaupt eine größere Zahl von Mehrgeburten haben, unter diesen auch die Drillingsgeburten stärker vertreten sind.

Zu den feineren Studien über die Mehrgeburten, welche bis jetzt nur aus einigen Ländern vorliegen, gehören die

Untersuchungen über die Geschlechtscombinationen der aus Mehrgeburten hervorgegangenen Kinder. Dieselben sind von großem Interesse, weil sie weiteres Licht auf den Drang der Natur werfen, ein Plus von Knabengeburten zu Stande zu bringen. Es möge gestattet sein, dieß hier an den Nachweisen über das Geschlecht der Zwillingskinder zu zeigen. Die drei Combinationen, welche in Betracht kommen, sind ein Knabe und ein Mädchen, zwei Knaben, zwei Mädchen. Von diesen ist nach den mir vorliegenden Beobachtungen (bei Bodio) in Italien, Preußen, Frankreich und der Schweiz die erste Combination um ein Geringes stärker vertreten, als jede von den andern (35,58, 37,29, 34,84, 34,68 Proz. in den vier obengenannten Ländern). In der Häufigkeit folgt zunächst mit Ausnahme der Schweiz, für welche jedoch die Beobachtungen sich nur auf 2 Jahre erstrecken, die Combination der zwei Knaben (33,83, 32,28, 33,32, 32,45 Proz.). Relativ am seltensten ist (mit Ausnahme der noch ungenügenden Beobachtungen für die Schweiz) die rein weibliche Zwillingsgeburt (30,59, 30,43, 31,84, 32,87 Proz.). Auch bei den Mehrgeburten dringt demnach das Naturgesetz des Knabenüberschusses durch; doch scheint sich letzterer dabei etwas weniger stark auszuprägen als bei den Einzelgeburten.

Noch spärlicher sind die Nachweise, welche zur Zeit über die Häufigkeit der Mehrgeburten nach der Ehlichkeit oder Unehlichkeit der Geburt vorliegen. Nach mehrjährigen Beobachtungen in Oesterreich (Cisleithanien) und Belgien scheint die Häufigkeit der Mehrgeburten bei den unehlichen Müttern nicht unwesentlich geringer zu sein als bei den Ehefrauen. In Oesterreich machen die Mehrgeburten von der Gesammtzahl der Entbindungen 2,29, von den unehlichen nur 2,13 aus, in Belgien 1,94 bzw. 1,81. Ich war oben nicht abgeneigt, die Unterschiede in der Geschlechtsvertheilung der ehlich und unehlich Geborenen auf psychologische Ursachen zurückzuführen. Der Unterschied, der hier hervortritt, scheint mir auf die gleiche Quelle hinzudeuten, da der rein physiologische Prozeß an sich bei der ehlichen und unehlichen Mutter nicht verschieden ist. Doch bedarf diese Ansicht, welche ich zunächst nur als Vermuthung aussprechen will, noch ausgiebiger Bekräftigung durch ausgedehnte statistische Beobachtungen. Die wesentlichen Verbesserungen, welche die Statistik der Geburten in der neuesten Zeit fast überall, namentlich aber in den deutschen Staaten erfahren hat, wird bald das erforderliche Material beschaffen.

Mit der Statistik der Eheschließungen, welche aus oben angegebenen Gründen zweckmäßig hier eingeschoben wird, befinden wir uns ganz und gar auf dem Gebiet der Moralstatistik. Diese beschäftigt sich mit der Statistik der menschlichen Willenshandlungen, welche Rückschlüsse auf sittliche Zustände gestatten, und eine solche Willenshandlung ist die Eheschließung. In der That tauchen denn auch bei den Untersuchungen über die Statistik der Eheschließungen die großen Fragen über die Existenz und das Maß der menschlichen Willensfreiheit auf, deren statistische Beleuchtung den Abschluß des vorliegenden Werkes bilden soll. Als vorläufige Andeutung mögen schon hier einige hierauf bezügliche Anmerkungen unter besonderer Berücksichtigung der Trauungsstatistik am Platze sein. Von verschiedenen Forschern und namentlich von Quetelet sind gerade die Eheschließungen als Typen derjenigen statistisch verzeichneten Willenshandlungen hervorgehoben worden, welche trotz aller scheinbaren Zufälligkeit und Willkür bei der einzelnen Handlung in der Gesammtzahl derselben für ein ganzes Land in ganz außerordentlicher Regelmäßigkeit zu beobachten seien. Die Vertreter dieser Richtung sind geneigt, die statistisch beobachtete Gesammtheit der individuellen Willenshandlungen als eine Sammlung von Einzelbeiträgen zur Aufbringung eines gewissermaßen durch einen Budgetvoranschlag vorherbestimmten Gesammtbedarfes, im vorliegenden Falle also an Heirathen, zu betrachten. Ein tieferes Eingehen auf die Sache, welches ich dem nächsten Abschnitt vorbehalten muß, wird zeigen, daß man irrt, wenn man die in der Statistik menschlicher Willenshandlungen beobachtete Regelmäßigkeit oder Gesetzmäßigkeit als eine bloß formale betrachtet, wie sie sich nach der Annahme eines von vorneherein bestimmten Contingentes von Handlungen ergibt, und wenn man — staunend über die vielleicht zunächst vorgefundenen Zahlenregelmäßigkeiten — darauf vergißt, die Gesammtheit der beobachteten Willenshandlungen jeweils als das ganze Resultat der verschiedenen thatsächlichen Verhältnisse aufzufassen, welche das Existentwerden der einzelnen Willenshandlungen und demgemäß auch deren Zunahme und Abnahme im Ganzen bestimmen. In der That erscheint jede Aeußerung dessen, was man „freien Willen" nennt, selbst in unbedeutenden Dingen und um so mehr bei wichtigen Entscheidungen nicht als eine Verwirklichung der Willkür um ihrer selbst willen, sondern als die Verwirklichung eines Entschlusses, für dessen Fassung die Abwägung aller für und wider sprechenden Gründe, sowie der allenfallsige von Außen kommende Zwang des Thuns oder Unterlassens entscheidend wirken. Die Beifügung der letzteren Alternative ist nothwendig; denn aus freier Abwägung der zum Handeln oder Unterlassen bestimmenden Gründe allein ohne Rücksicht auf den diese freie Erwägung vielleicht neutralisirenden äußeren Zwang mag im gegebenen Falle wohl ein sehr lebhafter Wunsch, aber kein durchführbarer Entschluß hervorgehen. Unmittelbarer Zwang zum Thun oder Unterlassen liegt da nicht vor, wo eine Unterlassung oder That unter Androhung einer dieser Unterlassung oder That folgenden Strafe verboten ist. Hier fällt der Entschluß vollständig der freien Abwägung der für und wider sprechenden Gründe anheim, unter welchen allerdings das

Strafgesetz — je nach der Größe der Drohung und der individuellen Wahrscheinlichkeit demselben zu verfallen — schwerer oder leichter ins Gewicht fallen wird. Dagegen liegt ein unmittelbarer Zwang dann vor, wenn die in Frage kommende Handlung von solcher Beschaffenheit ist, daß deren Vollzug nicht von dem Willen des Handelnden allein sondern zugleich auch anderer Personen abhängig ist, und diese letzteren ihre Mitwirkung versagen. Das Heirathen ist nun eine derartige Handlung, welche vielfach nicht vom Willen derjenigen, welche zu heirathen wünschen, allein, sondern auch von der Zustimmung Anderer abhängt. Am deutlichsten ist der äußere Zwang zur Unterlassung dieser Handlung dann ausgesprochen, wenn in bestimmten Fällen der Gemeinde oder den Staatsbehörden durch die Gesetzgebung das Recht der Verweigerung ihrer Genehmigung zur Eheschließung ertheilt ist. Die frühere bayerische Gesetzgebung, welche bis zum Jahre 1868 der Gemeinde bei der Ansässigmachung auf bloßen Lohnerwerb ein Veto einräumte, hat Jahr für Jahr tausende auf Eheschließungen gerichtete Willensregungen der freien Erwägung der für oder wider die Verehlichung sprechenden Gründe entrückt und von dem Bereiche der durchführbaren Entschlüsse in das der bloßen Wünsche verwiesen. Aber auch unter dem System der Verehlichungsfreiheit erscheinen die verschiedenartigsten sozialen Verhältnisse des Rechts und der Sitte als wesentliche äußere Verhinderungen der Ehe. Ich habe den Leser nur an das zur Statistik der unehlichen Geburten Bemerkte zu erinnern und möchte hier nur noch auf die Heirathsbeschränkung durch die Wehrpflicht hinweisen.

Wenn nun alle inneren und äußeren Gründe, welche bei der freien Erwägung einer beabsichtigten Handlung entscheidend wirken, sowie die direkten Zwangseinrichtungen unverändert bleiben, so ist es nur eine Wirkung des allgemeinen Gesetzes, daß gleichen Ursachen gleiche Wirkungen entsprechen, wenn die fragliche Willenshandlung bei gleichen örtlichen und zeitlichen Verhältnissen in annähernd gleicher Zahl verwirklicht wird. Die Constanz dieser Ursachen muß eine ungefähr gleich große Quote der in der Bevölkerung ständig vorhandenen auf die fragliche Handlung sich beziehenden Willensregungen und Wünsche zu realisirbaren und dann auch wirklich realisirten Wünschen umgestalten. Auch irrt man sich, wenn man für die Willenshandlung, um welche es sich hier zunächst handelt, nämlich für die Eheschließung die gesammte Bevölkerung als thatsächlich concurrirend betrachtet, wie solches bei oberflächlichen statistischen Betrachtungen oft geschieht. Offenbar kommen nur die heirathsfähigen Personen, nämlich die erwachsenen Ledigen, die Verwittweten und die Geschiedenen — sofern nicht bei letzteren religiöse Hindernisse entgegenstehen — in Betracht; überdieß bedingt das Alter der an sich Heirathsfähigen eine sehr wesentliche Abstufung ihres Heirathsdranges. Hiedurch wird die Gruppe männlicher und weiblicher Personen, welche eigentlich als Heirathskandidaten angesehen werden können, noch viel mehr eingeengt, als die andere oben bei der Geburtenstatistik besprochene Gruppe von Personen, welche für die Reproduktion des Menschengeschlechtes thätig sind. Auch leuchtet ferner ein, daß unter normalen Verhältnissen der jährliche Abgang von Heirathskandidaten durch Tod, Verheirathung und definitiven Verzicht auf die Ehe dem Zugang an jugendlichen heirathsfähigen Personen ungefähr gleich kommen wird. Wenn also unter solchen normalen und gleichbleibenden Verhältnissen die jährliche Zahl der Eheschließungen keine großen Veränderungen zeigt, so kann gewiß nicht von einem der Bevölkerung von Außen aufgenöthigten Budget von Heirathen die Rede sein; denn diese sind, sei nun ihre Zahl gleichbleibend oder schwankend, lediglich das Produkt tausendfacher — nur durch positiven Zwang zum Thun oder Unterlassen direkt beschränkter — Erwägungen.

Von einem a priori bestimmten Contingent könnte, abgesehen von dem in dieser Auffassung überhaupt steckenden Mysticismus nur dann die Rede sein, wenn eine bestimmte Handlung trotz Aenderung der inneren und äußeren Gründe, welche bei freier Erwägung für oder wider sie sprechen, und trotz Mehrung oder Minderung des direkten Zwanges in gleichbleibender Zahl verwirklicht würde. Daß Solches nicht der Fall ist, lehrt die Statistik mit aller Entschiedenheit, und zwar bildet auch hier Bayern ein ganz vorzügliches Beobachtungsgebiet wegen der in der neueren Zeit eingetretenen Aenderung in der Gesetzgebung über die Verehlichung. Ein Blick auf die Zahl der Eheschließungen in Bayern während der einzelnen Jahre der letzten vier Jahrzehnte wird sofort zeigen, wie bedenklich es wäre auf Grund von Beobachtungen für kurze Zeiträume über der oft lange Zeit hindurch hervortretenden scheinbar formalen Regelmäßigkeit menschlicher Handlungen zu vergessen, daß dieselben immer wieder aufs Neue nur das Produkt aller die Gesammtheit erfüllenden Strebungen und Gegenstrebungen sind.

Ueberblickt man die Zahl der Eheschließungen, welche für Bayern seit vier Jahrzehnten in Jahressummen nachgewiesen sind, so fehlt es gerade wie bei der Statistik der Geburten keineswegs an einzelnen Zeitabschnitten, in welchen von Jahr zu Jahr die Zahl der Geburten eine wirklich überraschende Constanz zeigt. Als Typus kann das Jahrfünft 18⁴⁰/₄₁ bis 18⁴⁴/₄₅ angesehen werden; dort finden sich nämlich in fünf unmittelbar auf einander folgenden Jahren folgende Zahlen von Eheschließungen: 29500, 29463, 29356, 29490, 29373. Man begreift, wie bei älteren moralstatistischen Forschungen, welche nur die Nachweise weniger Jahre in Betracht zogen, wenn sie gerade auf solche Zeitläufte stießen, der Gedanke des vorherbestimmten Budgets der Heirathen aufkommen konnte. Verfolgt man aber die ganze vierzigjährige Reihe der bayerischen Verehlichungsstatistik, so sieht man sofort, wie dieselben Ursachen, welche in früherer Zeit die Geburten minderten, auch auf die Eheschließungen und zwar noch unmittelbarer und rascher wirken. Im Jahre $18^{46}/_{47}$ sinken die Eheschließungen auf 28 331 und im Jahre $18^{53}/_{54}$ sogar unter 27 000 (26 939), nachdem sie in den Jahren $18^{48}/_{49}$ und $18^{50}/_{51}$ schon den Betrag von 30 000 überstiegen hatten (30 382 bezw. 30 681). Mit der Minderung der Verehlichungserschwerungen, welche das ältere öffentliche Recht im diesrheinischen Bayern durch die Gewerbsinstruktion von 1862 erfuhr, steigt die Zahl der Ehen von dem vorherigen Durchschnittsbetrag von 30 000 alsbald auf 40 000. Im Verwaltungsjahre $18^{68}/_{69}$, welches unmittelbar der Einführung der Verehlichungsfreiheit folgte, wurde fast der Betrag von 60 000 Eheschließungen (59 726) erreicht. Seitdem hat der deutsch-französische Krieg weitere gewaltige Störungen in der Zahl der Eheschließungen verursacht. Für das Kalenderjahr 1871 sind nur 40 707, für das Jahr 1872 dagegen wieder 52 045, sodann weiter für 1873: 48 924, 1874: 45 886, 1875: 45 014 Eheschließungen verzeichnet. Die Zahl der Eheschließungen ist also neuerdings in Bayern von 1873 auf 1874 um mehr als 3000, und von 1874 auf 1875 weiter um nahezu 900 zurückgegangen. Man ersieht daraus, daß die Statistik der Eheschließungen die Wirkung der gegenwärtigen ungünstigeren ökonomischen Verhältnisse ersehen läßt, während Gleiches in den letzten Jahren bei der bayerischen Geburtenstatistik nicht der Fall ist. „Die Zahl der in einer Periode geschlossenen Ehen drückt die Hoffnung aus, welche zu dieser Zeit in Bezug auf das ökonomische Gedeihen einer Familie im Lande bestand und zwar desto deutlicher, je größer die Freiheit des Erwerbsbetriebes in einem Lande ist." Dieser oft citirte Ausspruch **Hermann**'s findet demnach auch durch die neuere Gestaltung der bayerischen Verehlichungsstatistik seine Bestätigung. Jene, welche vor Einführung der Verehlichungsfreiheit von dieser eine Ueberstürzung der Eheschließungen fürchteten, und kurz nach der Beseitigung der früheren Heirathserschwerungen in der vorübergehend großen Zahl von Eheschließungen eine Bestätigung ihrer Befürchtungen erblickten, mögen aus obigen Zahlen ersehen, wie sehr die Eheschließungen auch bei liberaler Gesetzgebung von wirthschaftlichen Verhältnissen abhängig bleiben. Die Zahl der Ehen, welche in Bayern während der Jahre 1874 und 1875 geschlossen wurden, übersteigt nur mäßig die Beträge derselben, welche schon vor Einführung der Verehlichungsfreiheit in einzelnen Jahren erreicht worden waren.

Die sog. Verehlichungsziffer wird in derselben Weise wie die Geburtenziffer durch Vergleichung der Jahresbeträge der Eheschließungen mit der gesammten lebenden Bevölkerung gefunden. Ein vollkommen correcter Ausdruck des Heirathsdranges der Bevölkerung ist diese Verehlichungsziffer nicht, wie der Leser nach den bisherigen Ausführungen selbst zu beurtheilen im Stande ist, da der verschiedenartige Aufbau der Bevölkerungen nach Alter und Civilstand trotz seines wesentlichen Einflusses auf die Heirathsmöglichkeit hiebei ignorirt wird. In der That gibt der in den Untersuchungen über den Stand der Bevölkerung behandelte Antheil von Ledigen unter den Personen höheren Alters einen viel correcteren Ausdruck der Heirathshäufigkeit. Nur hat dieser Nachweis den Nachtheil, daß er mehr die Verhältnisse vergangener Zeiten als jene der Gegenwart spiegelt. Deßhalb mag immerhin die in üblicher Weise berechnete Verehlichungsziffer als ein grober einigermaßen symptomatischer Anhalt zur Beurtheilung des in einem gegebenen Zeitraum waltenden Heirathsdranges gelten.

Nach den neuesten Zusammenstellungen für das jüngst abgelaufene Jahrzehnt von Bodio schwankt die Verehlichungsziffer, wenn von Irland, welches bei unvollständiger Registrirung nur 5,1 Eheschließungen auf 1000 Einwohner nachweist, abgesehen wird, ungefähr zwischen 7 und 10 Eheschließungen auf 1000 Einwohner. Die Schweiz, Belgien, Italien, Frankreich und Schottland haben die Verehlichungsziffer 7 bis 8, England und Wales sodann Holland 8 bis 9, Deutschland und Oesterreich-Ungarn 9 bis 10. Frankreich zeigt mit einer Verehlichungsziffer von ungefähr 8 auf 1000 Einwohner durchaus nicht denselben tiefen Stand, welchen es in der Häufigkeit der ehlichen Geburten einnimmt.

Zu der Häufigkeit der Eheschließungen tritt der Grad der Fruchtbarkeit der geschlossenen Ehen als zweiter wichtiger Faktor hinzu. Wenn man eine längere Jahresreihe der Beobachtung zu Grunde legt, kann man die Fruchtbarkeit der Ehen mit genügender Sicherheit einfach durch Vergleichung der ehlich Geborenen mit den geschlossenen Ehen ermitteln. Bei dieser Berechnung stellt sich die Fruchtbarkeit der Ehen fast allenthalben auf mindestens 4 Kinder, in Frankreich aber ergeben sich nach den älteren Berechnungen von Wappäus nur 3,3 und nach den neueren Zusammenstellungen sogar nur 2,9 Kinder auf die Ehe. Der von den Franzosen selbst in neuerer Zeit oft beklagte Stillstand in der Bevölkerungsentwicklung Frankreichs rührt demnach nicht davon her, daß in Frankreich zu wenig geheirathet wird, sondern davon daß die Ehen dort weit weniger fruchtbar sind, als sonst überall in Europa. Daß man übrigens irren würde, wollte man hierin eine Eigenartigkeit der „lateinischen Race" erblicken, zeigt die Statistik Italiens; denn dort ergibt sich für die Periode $18^{63}/_{75}$ eine Fruchtbarkeit der Ehen von 4,71 Kindern auf die Ehe, ein Betrag von solcher Höhe, wie er anderwärts nicht nachgewiesen ist. Die geringere Kinderzahl bringt — wenn von allen moralischen Erwägungen abgesehen wird — für die einzelne Familie allerdings eine Erleichterung des häuslichen Budgets. Die Gesammtheit der Nation aber verliert in ihrer Machtstellung, wenn sie wegen ungenügenden Nachwuchses in der Bevölkerungszahl verhältnißmäßig immer mehr zurückbleibt. Ein Volk, welches auf Kindererziehung verhältnißmäßig viel mehr aufzuwenden hat, als ein anderes, wird deßhalb unter sonst gleichen Verhältnissen in der Gegenwart per Kopf thatsächlich ärmer sein, dafür aber seinen Ersatz in den Hoffnungen auf zukünftige Macht und wirthschaftliche Stärke finden. Die Anwendung dieses Ergebnisses der Statistik auf Frankreich und Deutschland liegt nahe. Es wäre zu wünschen, daß es nicht bei der theoretischen Erkenntniß der Sache sein Bewenden hätte, sondern daß man einsähe, wie diese Verhältnisse bei der doch unausbleiblichen Steuerreform nicht unberücksichtigt bleiben sollten; denn diejenigen Deutschen, welche für des Vaterlandes Wehrkraft und Stärke Kinder in größerer Zahl mit bedeutenden Kosten heranziehen, verdienen eine bedeutende Erleichterung, welche ihnen durch eine ausgiebige Steuerbelastung der Hagestolzen und kinderlosen Ehepaare gewährt werden könnte.

Nicht geringeres Interesse als die zeitliche Verfolgung der Eheschließungen im Ganzen und im Verhältniß zur Bevölkerung bietet die Betrachtung des „inneren Gefüges" derselben mit Rücksicht auf Civilstand, Alter, Confession u. s. w. der Heirathenden. Die Regelmäßigkeiten in der scheinbar zufälligen Wahl des Lebensgenossen und der Lebensgenossin werden zwar im Einzelnen durch die Romantik oder Prosa, welche die Anknüpfung der Liebesverhältnisse umgibt, verborgen, in den Massen, über welche die Statistik gebietet, aber treten sie unbarmherzig zu Tage. Auch darin kann nur die Klarlegung der Gesammtwirkung aller jener Ursachen gefunden werden, welche für die Richtung der schließlich vom

Bräutigam getroffenen Wahl bewußt oder unbewußt entscheidend sind.

Untersuchen wir zunächst den Civilstand der Heirathenden, so ergibt sich, wie wohl auch der Laie in der Statistik vermuthen muß, ein entschiedenes Uebergewicht jener Fälle, in welchen Bräutigam und Braut zum ersten Male zur Ehe schreiten. Wie groß in genauem Zahlenverhältnisse der Antheil dieser beiderseitigen Erstheirathen ist, weiß freilich der Laie nicht mehr zu sagen; der Statistiker aber belehrt hierüber durch die Mittheilung, daß der Antheil dieser normalen Art von Eheschließungen ungefähr um 80 Proz. schwankt. Einen höheren Antheil der Erstheirathen (81 bis 85 Proz.) zeigen nach den neuesten Beobachtungen unter den europäischen Ländern beispielsweise Italien, Frankreich, England und die Schweiz. Verhältnißmäßig seltener sind die Erstheirathen in Preußen und Holland (77—80 Proz.), sodann in Cisleithanien (72—78 Proz.). Bayern hatte zur Zeit der strengen Anwendung des gemeindlichen Veto nur 76 bis 77 Proz. Erstheirathen, nach Erlaß der Gewerbsinstruktion mehr als 80 Proz., im Jahre, welches der Einführung der Verehlichungsfreiheit folgte, sogar über 86 Proz. Heirathen zwischen Junggesellen und Jungfrauen. In der allerneuesten Zeit findet sich bei den beiderseitigen Erstheirathen in Folge der ungünstigeren Wirthschaftsverhältnisse wieder einige Verminderung. Je geringer die Hoffnungen für mittellose Brautpaare sind, um so gesuchter werden die mit einigem Vermögensstand ausgerüsteten Wittwer und Wittwen, während dieselben zur Zeit großen wirthschaftlichen Aufschwungs mehr vernachlässigt werden.

Nächst den beiderseitigen Erstheirathen sind die Verehlichungen von Wittwern und Jungfrauen am häufigsten. Die Unterschiede sind hiebei zwischen den einzelnen Ländern verhältnißmäßig größer als bei den Erstheirathen. In Cisleithanien macht diese Gruppe der Heirathen nach den Beobachtungen für 1867 bis 1874 nicht weniger als 12,7 Proz. aller Heirathen aus, in Frankreich (18⁶⁶/₇₃) nur 8 Proz., und in England (18⁶⁵/₇₄) 8,6 Proz. In Bayern machen die Verbindungen von Wittwern mit Jungfrauen in der neuesten Zeit etwa 11 Proz. der Eheschließungen aus, bis zum Schlusse der fünfziger Jahre betrugen sie 14 bis 15 Proz., ein Jahr nach Einführung der Verehlichungsfreiheit nur 8 Proz.

An dritter Stelle erscheinen, jedoch nicht mehr überall, sondern wie es scheint nur in der Mehrzahl der Länder, die Ehen zwischen Junggesellen und Wittwen. Solche Ehen sind am häufigsten in deutschen Ländern; sie betrugen in Bayern in der älteren Zeit sogar zwischen 7 und 8 Proz. der Ehen. Damals wurde in zahleichen Fällen die Frau nur deßhalb begehrt, weil sie ein außerdem nicht erreichbares Gewerbsrecht mit in die Ehe gebracht. Dieses wenig erfreuliche Motiv für die Wahl der Bräute hat die Gewerbefreiheit beseitigt. Da aber in den Agrarverhältnissen keine wesentliche Aenderung eingetreten ist und auch diese in vielen Landstrichen den Heirathswerth der Wittwen — wenn ich diesen Ausdruck gebrauchen darf — erhöhen, so ist nicht zu verwundern, daß auch noch heute unter der Herrschaft der Gewerbs- und der Verehlichungsfreiheit sich unter 100 Bräuten nahe an 6 solche Wittwen befinden, welche Junggesellen die Hand reichen. In Cisleithanien ist die Anzahl solcher Bräute verhältnißmäßig höher und in Preußen nicht viel niedriger als in Bayern. Dagegen werden in Frankreich und England, namentlich aber in Italien Wittwen viel seltener von Junggesellen geheirathet. In Italien macht diese Combination nach den Beobachtungen für 1865 bis 1875 nur 3,9 Proz. der Eheschließungen aus. In Oberitalien ist dieselbe am seltensten vertreten; Süditalien nähert sich in dieser Hinsicht mehr den Verhältnissen in deutschen Ländern.

Am seltensten ist im Allgemeinen die Verheirathung von Wittwern und Wittwen. Namentlich in Bayern ist diese Verbindung ungewöhnlich selten, indem sie beispielsweise im letzten Jahrzehnt nicht 2 Proz. aller Fälle ausmacht, während sie in Preußen, Italien und Frankreich 3 bis 4 Proz., in Holland nahe an 5 Proz., und in Cisleithanien, insbesondere aber in England sogar mehr als 5 Proz. beträgt. Die bunte Mischung katholischer und protestantischer Länder zeigt, daß in der Häufigkeit der Heirathen Geschiedener ein maßgebender Einfluß kaum zu suchen ist. Dagegen nähert sich den bayerischen Verhältnissen die Schweiz, welche für 1865 bis 1874 nur 2,08 Proz. der Heirathen als solche zwischen Wittwen und Wittwern nachweist. Nicht bedeutungslos für dieses Verhältniß wie auf die ganze Richtung der Wahl zwischen Ledigen und Verwittweten dürfte das Durchschnittsalter sein, in welchem geheirathet wird, da dieses einerseits auf das Durchschnittsalter der Verwittweung Einfluß hat und andererseits auch für die ganze Richtung nicht gleichgültig ist, welche die Neigung der die Ehe Erstrebenden nimmt.

Die Unterschiede, welche sich bei internationaler Vergleichung in den Altersverhältnissen der Heirathenden ergeben, sind größer als die im Vorstehenden nachgewiesenen Differenzen im Civilstand der Brautleute. Wenn man z. B. den Prozentantheil der 30 Jahre und darüber alten Personen unter den Bräutigamen und Bräuten verschiedener europäischer Länder ermittelt, so findet man nach den Beobachtungen für die jüngsten Jahre (nach Bodio) Folgendes:

Länder	Beobachtungsjahre	Prozentantheil der 30 Jahre und darüber alten Personen unter den	
		Bräutigamen	Bräuten
England und Wales .	18⁷²/₇₄	23	17
Italien	18⁷²/₇₅	36	17
Preußen	18⁷¹/₇₄	33	20
Cisleithanien . . .	18⁷⁰/₇₄	39	26
Niederlande	18⁷¹/₇₃	39	27
Schweiz	18⁷³/₇₅	42	28
Bayern	18⁷¹/₇₅	48	32

So klein die Auswahl der Länder ist, welche in die vorstehende Vergleichung einbezogen sind, so wird sie doch den meisten Lesern manche überraschende Thatsache bieten. Man wird sich darüber verwundern, daß in England wie in Italien nur 17 Proz. der Bräute über 30 Jahre alt sind, noch mehr aber darüber, daß von den Bräutigamen in Italien 36 Proz., in England aber nur 23 Proz. diese Altersstufe überschritten haben. Nicht minder auffällig ist die große Anzahl der in höherem Alter stehenden Brautleute in Bayern. Und doch zeigen die obigen Zahlen für Bayern, welche sich auf solche Jahre beziehen, in welchen die Verehlichungsfreiheit bestand, noch auffallend günstige Ergebnisse im Vergleiche mit der Zeit vor Einführung der Verehlichungsfreiheit. Von Mitte der dreißiger Jahre bis zum Jahre 1868 stellt sich nämlich der Prozentantheil der 30 Jahre und darüber alten Personen bei den Bräutigamen auf 55 Proz., und bei den Bräuten auf 38 Proz. In dem Durchschnittsalter der heirathenden Personen in Bayern hat sich übrigens trotz der Verminderung der über 30 Jahre alten Brautleute keine sehr wesentliche Aenderung ergeben. Die Brätigame waren in der Periode 18$^{35}/_{60}$ durchschnittlich 32,4 Jahre, in der Periode 18$^{62}/_{68}$ 32,7 Jahre und in den Jahren 18$^{68}/_{75}$ 32,2 Jahre alt, die Bräute in denselben Zeiträumen: 29,4, 29,5 und 29,1 Jahre. Sehr bedeutend war übrigens schon in älterer Zeit der Unterschied zwischen der seit der französischen Revolution der Verehlichungsfreiheit sich erfreuenden Pfalz und dem Gebiete diesseits des Rheins. So stellt sich z. B. für das Vierteljahrhundert 18$^{35}/_{60}$ das Durchschnittsalter der Bräutigame in der Pfalz auf 29,3, im Gebiet diesseits des Rheins auf 32,7 Jahre; die Bräute waren zu derselben Zeit in der Pfalz durchschnittlich nur 26,4 Jahre, im Gebiet diesseits des Rheins 29,9 Jahre alt. Es liegt bei diesen Zahlenergebnissen nahe, daran zurückzuerinnern, welchen Einfluß das durchschnittlich frühere oder spätere Heirathen auf die Häufigkeit der unehlichen Geburten äußern muß.

Die moderne Statistik ist namentlich seit den Fortschritten in der Centralisation der statistisch-technischen Arbeiten bei den statistischen Bureaux eifrig bemüht, die Altersstatistik der Heirathenden dadurch zu erweitern und für moralstatistische Schlußfolgerungen brauchbarer zu machen, daß nicht bloß die Bräutigame einerseits und die Bräute andererseits nach einigen Altersgruppen unterschieden werden, sondern daß auch die Combination des Alters der Heirathenden zur Darstellung kommt. Am vollständigsten ist dieser Nachweis dann, wenn für die Bräutigame jedes einzelnen Altersjahres die Zahl der Bräute, welche sie geheirathet haben, gleichfalls mit Unterscheidung der einzelnen Altersjahre, angegeben wird. In der hessischen Landesstatistik wurde dieses Verfahren bereits vor längerer Zeit durchgeführt. Das Zahlenmaterial, welches dabei gewonnen wird, erscheint in einer so vielgliedrigen und gewissermaßen ins Kleinliche verästelten Tabellenform, daß es für die Zwecke volksthümlicher Darstellung geradezu unbrauchbar wird. Selbst dann, wenn statt der einzelnen Altersjahre nur größere oder kleinere Altersgruppen zur Darstellung der Combination des Alters der Heirathenden gewählt werden, hat das statistische Material immerhin noch einen solchen Umfang und eine solche Gestalt, daß es wohl für eine Monographie der Statistik der Eheschließungen, für das vorliegende Werk aber nicht verwendbar ist. Doch ist es geeignet darauf hinzuweisen, daß die neuere amtliche Statistik derartiges Material in Masse anzuhäufen beginnt, namentlich auch im Deutschen Reich, wo in Preußen vor Kurzem mit reichhaltiger Alterscombination der Heirathenden begonnen worden ist, während die übrigen Staaten darunter auch Bayern von den Nachweisen für 1876 an, d. i. für das erste Jahr des geänderten Standesregisterwesens folgen. Als Probe mögen hier folgende Nachweise der preußischen Statistik von 1875 eine Stelle finden. Von den 2167 Männern, welche sich im Alter unter 20 Jahren verehlichten, haben geheirathet Frauen unter 20 Jahren 722, von 20—29 Jahren 1337, von 30 bis 39 Jahren 96, von 40 bis 49 Jahren 11 und von 60 Jahren und darüber 1. Unter den 157 220 Bräutigamen im Alter von 20 bis 29 Jahren befanden sich 1328 mit Bräuten von 40 bis 49 Jahren, 95 mit Bräuten von 50 bis 59, und 10 mit solchen von 60 Jahren und darüber. Von den 1770 Männern endlich, welche 60 Jahre und darüber alt waren, heiratheten Frauen unter 16 Jahren 27, solche von 20 bis 29 Jahren 156, von 30 bis 39 Jahren 378, von 40 bis 49 Jahren 606, von 50 bis 59 Jahren 467 und von 60 Jahren und darüber 136.

Sehr interessant sind die Berechnungen, welche neuerlich Bodio auf Grund der Nachweise über die Alterscombination der Heirathenden in der Art angestellt hat, daß für die einzelnen Altersgruppen sowohl der Bräutigame als der Bräute das Durchschnittsalter der gewählten Ehegatten ermittelt wird. Für die Männer ergibt sich dabei in den jüngsten Altersklassen ein Untergewicht, später aber ein um so größeres Uebergewicht des Alters gegenüber ihren Bräuten, je später sie zur Ehe schreiten. Untersucht man dagegen die Alterscombination vom Standpunkt der Bräute, so ergibt sich die größte Differenz bei den jugendlichen Bräuten, welche bedeutend jünger sind als ihre Bräutigame; diese Differenz gleicht sich allmälig aus, und die Bräute der höheren und höchsten Altersklassen sind dann — und zwar in allen Ländern, für welche solche Beobachtungen vorliegen —, älter als ihre erwählten Bräutigame. Als Beispiel einer solchen Berechnung führe ich dem Leser jene für das Königreich Italien (Jahr 1875) sowohl wegen der reichhaltigen Unterscheidung von Altersgruppen als namentlich auch deßhalb vor, weil gerade Italien wegen der oben bereits gezeigten bedeutenden Unterschiede in den Altersverhältnissen der heirathenden Männer und Frauen für die vorliegende Untersuchung gewissermaßen als typisches Beispiel betrachtet werden darf.

Eheschließungen in Italien (1875).

Alter der Bräutigame	Durchschnittsalter der gewählten Bräute		Alters-Differenz		Alter der Bräute	Durchschnittsalter der gewählten Bräutigame		Alters-Differenz	
	Jahre	Monate	Jahre	Monate		Jahre	Monate	Jahre	Monate
15—20 Jahre	21	0	— 3	6	15—20 Jahre	26	1	— 8	7
20—25 „	22	2	+ 0	4	20—25 „	27	8	— 5	2
25—30 „	23	9	+ 3	9	25—30 „	30	8	— 3	2
30—35 „	25	10	+ 6	8	30—35 „	35	0	— 2	6
35—40 „	28	7	+ 8	11	35—40 „	39	7	— 2	1
40—45 „	31	10	+10	8	40—45 „	43	10	— 1	4
45—50 „	35	2	+12	4	45—50 „	48	6	— 1	0
50—55 „	38	9	+13	9	50—55 „	53	3	— 0	9
55—60 „	41	2	+16	4	55—60 „	56	6	+ 1	0
60—65 „	44	8	+17	10	60—65 „	59	0	+ 3	6
65—70 „	46	8	+20	10	65—70 „	61	1	+ 6	5

In Italien wählen hienach die Männer, welche das 40ste Jahr überschritten haben, im Durchschnitte Bräute, welche mehr als 10 Jahre jünger sind. In England dagegen ist der Altersunterschied bei den im höheren Alter Heirathenden viel geringer. Nach Bodio's Berechnung waren die Bräutigame in England und Wales (Jahr 1874) im Alter von 40—45 Jahren durchschnittlich nur um 4 Jahre 2 Monate älter als ihre Bräute, in Holland (1873) um 7 Jahre 7 Monate, in Schweden (1874) um 9 Jahre 6 Monate.

Ich bitte den Leser, in den vorstehenden lückenhaften Zahlennachweisen nur eine Andeutung der hochinteressanten Einblicke in sozialwissenschaftlich bedeutsame Verhältnisse zu erkennen, welche die allmälige weitere Ausbildung der Statistik der Eheschließungen verspricht. Auch wird das Vorgebrachte, so unvollständig es auch ist, immerhin genügen, um eine Ahnung von den weiterer Verfolgung wohl werthen Gesetzmäßigkeiten in den Altersbeziehungen der Heirathenden wachzurufen.

In das Detail der Nachweise über die Confessionsangehörigkeit der Eheschließenden will ich den Leser nicht verwickeln, sondern ihn nur bitten, mir wenige Bemerkungen über die gemischten Ehen zu gestatten. Dem Theologen ist es kaum zu verargen, wenn er mit dem im Uebrigen gewiß nicht engherzigen A. von Oettingen große Bedenken gegen die gemischten Ehen hat, weil das Schließen solcher Ehen „als ein Zeugniß dafür angesehen werden dürfe, daß man die kirchliche Zugehörigkeit für indifferent beim häuslich-ehelichen Gemeinschaftsleben ansehe und die Schwierigkeit der confessionell gesonderten oder gemischten Erziehung der Kinder nicht in ihrer Tragweite erkenne, wenigstens nicht als eine so große Calamität ansehe, um die individuelle Neigung zur Eheschließung ihr gegenüber zurücktreten zu lassen". Der unbefangene Moralstatistiker aber wird das durch solche Erwägungen verdunkelte weit wichtigere Zeugniß, welches die gemischten Ehen ablegen, entschieden voranstellen, nämlich das Zeugniß erfreulicher Toleranz. Wenn demnach die Ermittlungen über die Confession der Heirathenden eine Zunahme der gemischten Ehen nachweisen, so darf der Moralstatistiker hierin eine wirksame Mehrung der Pflanzstätten der Toleranz erkennen. Auch hiefür liefern die für eine lange Reihe von Jahren vorliegenden Erhebungen in Bayern beachtenswerthes culturgeschichtliches Material. Von Mitte der dreißiger bis Mitte der fünfziger Jahre dieses Jahrhunderts machten in Bayern die gemischten Ehen nicht 3 Proz. der Heirathen aus. Für das Jahrfünft $18^{55}/_{56}$—$18^{59}/_{60}$ findet man $3^1/_2$ Proz. Von da ab bis zum Jahre 1875 stellt sich der Prozentantheil der gemischten Ehen an der Gesammtzahl der Eheschließungen von Jahr zu Jahr folgendermaßen:

$18^{60}/_{61}$ . . .	3,91 Proz.	$18^{68}/_{69}$ . . .	4,74 Proz.
$18^{61}/_{62}$ . . .	4,19 "	$18^{69}/_{70}$ . . .	5,14 "
$18^{62}/_{63}$ . . .	4,39 "	1871 . . .	5,47 "
$18^{63}/_{64}$ . . .	4,17 "	1872 . . .	5,56 "
$18^{64}/_{65}$ . . .	4,27 "	1873 . . .	5,65 "
$18^{65}/_{66}$ . . .	4,20 "	1874 . . .	5,77 "
$18^{66}/_{67}$ . . .	4,09 "	1875 . . .	5,62 "
$18^{67}/_{68}$ . . .	4,55 "		

Die gemischten Ehen sind demnach in der neuesten Zeit in Bayern noch einmal so häufig als vor 30 und 40 Jahren. An dieser Veränderung erscheint vorzugsweise das Gebiet diesseits des Rheins betheiligt. In der Pfalz, wo wir jetzt 10—11 Proz. gemischte Ehen finden, ergaben sich schon in älterer Zeit 8 bis 9 Proz. Dagegen hat sich in Mittelfranken deren Zahl innerhalb der letzten vier Jahrzehnte von 2—3 auf 10 bis 11 Proz. gehoben.

Als wichtigster, ich möchte sagen äußerer Anlaß einer solchen Zunahme der gemischten Ehen ist die moderne Verkehrserleichterung und Freizügigkeit anzusehen. Nicht die Zusammensetzung der Bevölkerung der einzelnen größeren Gebietstheile nach der Confession allein, sondern vor Allem der größere oder geringere Grad ihrer Mischung an den einzelnen Wohnplätzen wird für die Häufigkeit der gemischten Ehen entscheidend. Gerade die Entwicklung des neueren Verkehrs- und Wirthschaftslebens aber hat allenthalben, namentlich aber in den größeren Städten die confessionellen Minoritäten verstärkt und damit die Wahrscheinlichkeit der gemischten Ehen vermehrt.

Wenn hienach auch der Schluß zu kühn wäre, daß im Ganzen bei der bayerischen Bevölkerung die religiöse Toleranz seit vier Jahrzehnten aufs Doppelte gestiegen sei, so ist doch immerhin die oben nachgewiesene Thatsache der Zunahme der gemischten Ehen insoferne höchst beachtenswerth als sie ersehen läßt, daß trotz mancher Verschärfung der religiösen Gegensätze der Hang zur Toleranz doch zu mächtig ist, als daß diese Verschärfung die natürlichen Folgen des neueren gesellschaftlichen Lebens zu hemmen vermöchte.

Ein erhöhtes Interesse gewinnt die sorgfältige statistische Verfolgung der Confessionsverhältnisse der Eheschließenden, seitdem die neueste Ehegesetzgebung für die bürgerliche Eheschließung die früheren Ehehindernisse, welche auf der confessionellen Verschiedenheit beruhten, beseitigt hat. Manchem wird es z. B. von Interesse sein zu erfahren, daß in Preußen im Jahre 1875 von 152 468 evangelischen Bräutigamen 111 sich Jüdinnen zu Bräuten erwählt hatten, während unter 75 177 katholischen Bräutigamen 38 und unter 400 Bräutigamen sonstiger christlicher Confessionen 7 mit Jüdinnen Ehen schlossen; endlich, daß unter 2796 Bräutigamen jüdischer Confession 103 evangelische, 10 katholische und 2 sonstige christliche Frauen heiratheten.

Dieselbe statistische Buchführung, welche des Menschen Geburt verzeichnet und seine etwaige Verehlichung zur Anschreibung bringt, registrirt schließlich auch seinen Tod. Wenn die Menschheit ihre Geschicke erfüllt haben wird, dann wird die volle Schlußgleichung der Geburten und Sterbfälle vorliegen, aber der menschliche Forscher wird fehlen, um diese Haupt- und Schlußbilanz des menschlichen Geschlechtes zu verkündigen.

In den einzelnen und gegenüber dem gesammten Lebensgang des Menschengeschlechtes bis jetzt noch recht unbedeutenden Abschnitten, welche die Statistik aus diesem Gesammtleben der Menschen herausnimmt, wird diese Abgleichung der Sterbfälle und Geburten nicht ganz erreicht.

Zieht man zunächst nur die zeitlichen Abschnitte in Betracht, auf welche sich die statistische Beobachtung bisher erstreckt, so ergibt sich sofort auch die dem Laien in der Statistik bekannte Thatsache, daß bei günstigem Entwicklungsgang der Bevölkerung ein dauernder Ueberschuß der Geborenen über die Gestorbenen zu verzeichnen ist. Die überschüssig Geborenen sterben nur allmälig ab und die günstige Bilanz der Geburten und Sterbfälle wird durch weitere Mehrung der Geburten unter normalen Verhältnissen eines Zeitalters, wie dasjenige ist, in welchem wir leben, aufrecht erhalten. Größere und längere Zeit dauernde Epidemieen, namentlich wenn sie mit ungünstigen wirthschaftlichen Verhältnissen zusammentreffen, werden in ihrem Einfluß auf die Bevölkerungsbilanz zur Mahnung, daß der Ueberschuß der Geburten über die Sterbfälle nicht ins Unendliche fortgehen müsse, ja nicht einmal könne. Die ganze Frage der Bilanz der Geburten und Sterbfälle wird dabei mächtig durch den Umstand beeinflußt, daß die einzelnen menschlichen Generationen nicht etwa wie jene der Insekten scharf abgegrenzt zeitlich nach einander folgen, sondern daß stets stattliche ungefähr an hundert heranreichende Vielheiten von Jahresgenerationen in verschiedener Masse und Lebenskraft neben einander leben.

Eine weitere gleichfalls nicht zu unterschätzende Störung in der Gleichung der Geburten und Sterbfälle ergibt sich, wenn man weiter bedenkt, daß eine Statistik der Sterbfälle und Geburten selbst in der Begrenzung auf den kürzesten der Gegenwart möglichst nahen Zeitabschnitt für die Erdbevölkerung im Ganzen nicht möglich ist, daß vielmehr außer zeitlichen auch räumliche Abschnitte gewählt werden müssen. Daraus folgt der störende Einfluß der Wanderungen über die Grenzen dieser räumlichen Abschnitte. Eine dauernde Mehrauswanderung kann, wenn sie beträchtlich ist, einen constanten Ueberschuß der Geburten hervorrufen, ohne daß deßhalb die Sterblichkeitsverhältnisse in Wahrheit günstig zu sein brauchen. Umgekehrt wird sich da, wo eine ständige und bedeutende Mehreinwanderung zu verzeichnen ist, unter sonst gleichen Verhältnissen eine ungünstige Bilanz der Geburten und Sterbfälle ergeben, ohne daß hieraus allein auf schlechtere Gesundheitsverhältnisse geschlossen werden dürfte. Dieß gilt von den einzelnen Welttheilen so gut, wie von einzelnen Ländern, Provinzen, Bezirken, Wohnplätzen; und zwar wird im Allgemeinen die Störung um so größer sein, je kleiner der beobachtete räumliche Abschnitt ist, weil in diesem Falle die Wandernden im Verhältniß zu den Verbleibenden zahlreicher sind. Sehr wichtig, gleichwohl aber oft übersehen ist dieser Umstand für die Beurtheilung der Bilanz der Geburten und Sterbfälle und die daraus abgeleiteten Schlußfolgerungen auf die Gesundheitsverhältnisse einzelner Städte, da deren Bevölkerungsstand ganz vorzugsweise durch die Wanderungen beeinflußt wird.

Die zeitliche Reihe der absoluten Zahl der Sterbfälle eines Landes oder Bezirkes ist hienach an sich und insbesondere gegenüber der Geburtenzahl mannigfaltig modifizirt durch verschiedene Umstände, welche mit der wirklichen Todesbedrohung der Gesammtheit der Lebenden und deren einzelnen Gruppen Nichts zu thun haben. Ich will jedoch bei dieser Frage hier nicht weiter verweilen, da sie alsbald unten bei Erörterung der sog. allgemeinen Sterblichkeitsziffer eingehende Beantwortung finden wird.

Gleichwohl ist die Constatirung der absoluten Zahl der Sterbfälle nach zeitlichen und räumlichen Abschnitten und unter sorgfältiger Beachtung des „inneren Gefüges“ derselben die Grundforderung an die Sterblichkeitsstatistik; denn nur dadurch sind überhaupt die Grundlagen weiterer Forschung zu gewinnen.

Auch ist schließlich zuzugestehen, daß sich einzelne für die wirkliche Mehrung oder Minderung der Todesdrohung wichtige Einflüsse, falls nicht besonders starke Störungen obwalten, schon in der zeitlichen Reihenfolge der absoluten Zahl der Sterbfälle spiegeln. Auch für diesen Fall bietet gerade die bayerische Sterbfallstatistik sehr geeignetes Material zum Nachweise sowohl der Regel als der Ausnahme.

Ich will deßhalb nicht unterlassen, dem Leser als Gegenstück zu der oben (Seite 232) mitgetheilten Reihenfolge der Geburten in Bayern seit $18^{35}/_{36}$ im Nachstehenden die Reihenfolge der Sterbfälle in derselben 40jährigen Periode vorzuführen.

Jahre (Oktober bis September)	Gesammtzahl der Sterbfälle in Bayern (mit Einschluß der Todtgeborenen)	Jahre (Oktober bis September)	Gesammtzahl der Sterbfälle in Bayern (mit Einschluß der Todtgeborenen)
$18^{35}/_{36}$	126 992	$18^{55}/_{56}$	126 349
$18^{36}/_{37}$	136 076	$18^{56}/_{57}$	133 707
$18^{37}/_{38}$	122 628	$18^{57}/_{58}$	136 064
$18^{38}/_{39}$	122 416	$18^{58}/_{59}$	137 623
$18^{39}/_{40}$	128 530	$18^{59}/_{60}$	122 916
$18^{40}/_{41}$	129 423	$18^{60}/_{61}$	137 871
$18^{41}/_{42}$	135 211	$18^{61}/_{62}$	137 124
$18^{42}/_{43}$	132 642	$18^{62}/_{63}$	141 124
$18^{43}/_{44}$	125 382	$18^{63}/_{64}$	147 428
$18^{44}/_{45}$	125 558	$18^{64}/_{65}$	153 428
$18^{45}/_{46}$	125 410	$18^{65}/_{66}$	151 368
$18^{46}/_{47}$	130 199	$18^{66}/_{67}$	147 930
$18^{47}/_{48}$	132 009	$18^{67}/_{68}$	154 181
$18^{48}/_{49}$	126 917	$18^{68}/_{69}$	159 186
$18^{49}/_{50}$	127 179	$18^{69}/_{70}$	158 629
$18^{50}/_{51}$	131 747	$18^{70}/_{71}$	173 157
$18^{51}/_{52}$	131 907	$18^{71}/_{72}$	161 925
$18^{52}/_{53}$	133 963	$18^{72}/_{73}$	162 279
$18^{53}/_{54}$	136 509	$18^{73}/_{74}$	157 777
$18^{54}/_{55}$	128 687	$18^{74}/_{75}$	166 882

Der Leser, welcher sich einen belehrenden Aufschluß über die Bewegung in der absoluten Zahl der Sterbfälle in Bayern seit $18^{35}/_{36}$ verschaffen will, braucht nur die durch vorstehende Zahlenreihe ausgedrückte Curve auf das oben (Seite 235) mitgetheilte Diagramm der Geburten und Getreidepreise zu übertragen. Für den Schluß der Periode, vom Jahre $18^{62}/_{63}$ an wird er eine außer Zusammenhang mit den wirthschaftlichen Verhältnissen stehende fast ständige Zunahme der Sterbfälle finden. Diese ist thatsächlich nur die nothwendige Folge der Geburtenmehrung, da die große Kindersterblichkeit, wie sie namentlich für Bayern festgestellt ist, alsbald nach einer Mehrung der Geburten auch eine ausgiebige Mehrung der Sterbfälle von Kindern und damit der Sterbfälle überhaupt zur Folge hat. Eine beachtenswerthe Unterbrechung dieser annähernd parallelen Bewegung der Geburten und Sterbfälle in neuester Zeit bildet das Jahr 18$^{70}/_{71}$. In diesem kommt das entgegengesetzte Verhalten der Lebenskraft und der Todesgewalt zum Ausdruck. Was sich hier in flüchtiger Durchgangserscheinung als mittelbare und unmittelbare Wirkung des Krieges zeigt, bildet für die ältere — die ruhigere Zeit, wie ich sie nach früher Bemerktem nennen darf — die Regel und als solche eine interessante Andeutung einer weiteren Gesetzmäßigkeit im Leben und Sterben der Menschen. Die Getreidetheuerungen von 1847 und in der ersten Hälfte der fünfziger Jahre haben nicht blos die Geburten vermindert sondern auch, allerdings unter theilweiser Mitwirkung der Choleraepidemie die Sterbfälle vermehrt. Daß in der That trotz mannigfaltiger Verschleierung die natürliche Entwicklung der Dinge darauf hinausgeht der höchsten Bethätigung der Lebenskraft die geringste Todesgewalt und umgekehrt beizugesellen, wird der Leser der folgenden Betrachtung über die Vertheilung der Sterbfälle nach Kalendermonaten entnehmen, wenn er sich dabei der früher besprochenen Nachweise über die Curve der Empfängnisse nach der Jahreszeit erinnert.

Sobald eine genügend große Bevölkerung der Beobachtung unterworfen wird, zeigt sich in der zeitlichen Abwicklung der Sterbfälle ebensowenig eine Pause wie in jener der Geburten. Eine längere Fortsetzung der Beobachtungen aber ergibt alsbald, daß die Sterbfälle in gewissen J a h r e s z e i t e n häufiger, in anderen etwas seltener sind, und daß diese Schwankung der Sterblichkeit nach Monaten sich sogar deutlicher ausprägt, als die früher erörterte Schwankung der Geburten nach der Jahreszeit. Es bedurfte in der That kaum erst der genauen statistischen Feststellung der Todesfälle nach Monaten, um die Aufmerksamkeit weiterer Kreise auf die mit dem Wechsel der Jahreszeiten zusammenhängende Aenderung in der Stärke der ständig über den Menschen schwebenden Todesdrohung zu lenken. Vor Allem waren es die Aerzte, welchen ganz abgesehen von den Interessen der Statistik dieser Zusammenhang des Sterbens mit dem Wechsel von Wärme und Kälte im Kreislauf des Jahres auffallen mußte. Heute zählt denn auch dieser Zusammenhang zu den bestbearbeiteten Abschnitten der Sterblichkeitsstatistik. Es kann sich daher nur darum handeln, dem Leser eine möglichst belehrende Auswahl der einschlägigen Forschungen vorzuführen. Dieser Forderung glaube ich zu entsprechen, wenn ich zunächst die Sterblichkeit verschiedener europäischer Länder nach Monaten und dann weiter die Sterblichkeit der verschiedenen Altersklassen nach Monaten, wie sie sich für ein Land ergibt, nachweise.

Alle statistischen Verhältnisse, welche sich in zeitlicher Bewegung befinden, sind vorzugsweise zur Veranschaulichung durch Diagramme geeignet, wie oben im ersten Abschnitte dieses Buches gezeigt wurde. Ich darf daher dem Leser unter Verzicht auf weitläufiges Zahlenwerk einfach die folgenden Curven der Sterblichkeit nach Monaten für Norwegen, Bayern, Belgien, Frankreich und Italien vorführen.

(Siehe Figur 19 auf folgender Seite.)

Würde die Sterblichkeit gar keine Schwankungen nach der Jahreszeit zeigen, so würde statt der über und unter der Horizontale des Monatsbetrags von 1000 Sterbfällen verlaufenden Curve einfach diese Horizontale der Ausdruck des Ganges der Sterblichkeit von Monat zu Monat sein.

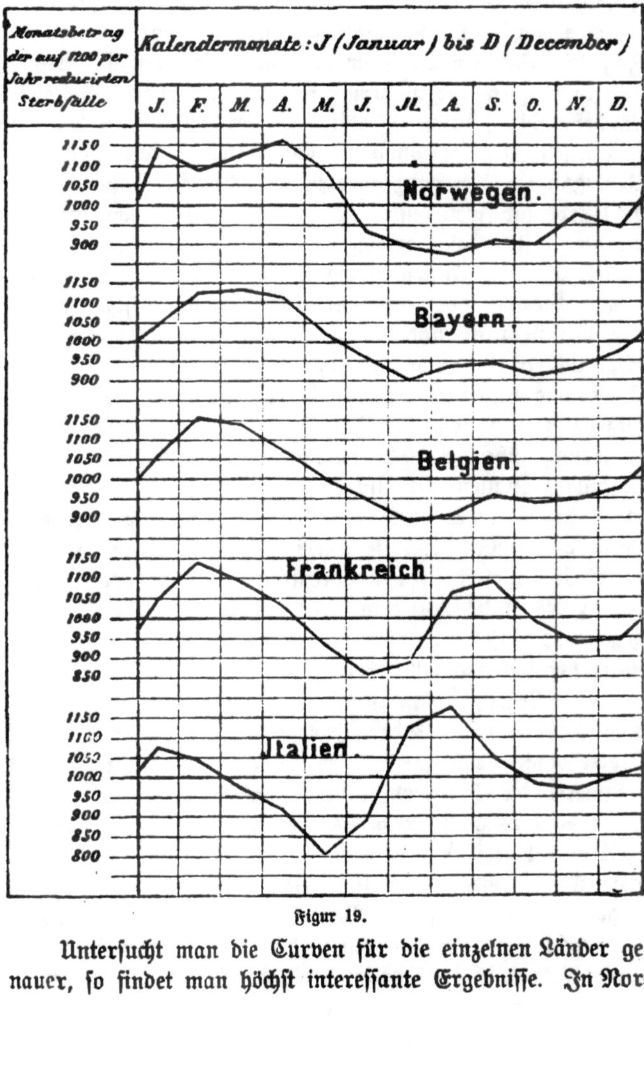

Figur 19.

Untersucht man die Curven für die einzelnen Länder genauer, so findet man höchst interessante Ergebnisse. In Norwegen stehen die ersten fünf Monate des Kalenderjahres in der Sterblichkeit über dem Monatsmittel, die übrigen darunter. Zugleich erscheinen die Schwankungsgrenzen namhaft. Letztere sind in Belgien und Bayern geringer; sonst aber ist in diesen Ländern die zeitliche Vertheilung der Sterbfälle jener in Norwegen ziemlich ähnlich. Einen sehr beachtenswerthen Uebergang zu den ganz anderen Verhältnissen Italiens bildet die Curve für Frankreich. Zunächst finden wir hier nur mehr die vier ersten Kalendermonate des Jahres über dem Monatsmittel, und den fünften darunter, sodann aber auch den August und September über dem Mittel, und zwar nahezu so stark wie den Februar und März. Dieses Hervortreten erhöhter Sterblichkeit im Sommer und Frühherbst wird für die Curve der italienischen Jahressterblichkeit so entscheidend, daß außerdem nur noch für Januar und Februar eine geringe Erhebung über das Monatsmittel verbleibt. Zieht man statt ganz Italien nur Unteritalien in Betracht, so haben nur mehr die Sommer- und Herbstmonate eine stärkere als die mittlere Sterblichkeit, diese aber so intensiv, daß beispielsweise in Sizilien selbst in epidemieenfreien Jahren der Monatsbetrag des Juli 1300 und jener des August über 1200, dagegen der Anfall im Mai nur 700 bis 800 gegenüber dem Monatsmittel von 1000 beträgt.

Die Lehre, welche sich aus diesem flüchtigen Streifzug vom Norden zum Süden Europa's ergibt, geht in kurzem Worte dahin, daß in kälteren Ländern die Winterkälte, in wärmeren die Sommerhitze dem Menschen gefährlich ist. Daher kommt es auch, daß die der Lebenserhaltung günstigste Zeit vom Herbst und Sommer um so mehr dem Frühling naherückt, je mehr man sich dem Süden nähert. In Norwegen ist der August, in Belgien und Bayern der Juli, in Frankreich der Juni, in Italien der Mai der menschenfreundlichste Monat. Die allmälige Ausdehnung feinerer mortalitätsstatistischer Studien auf die verschiedensten Zonen des Erdballs verspricht eine stetige Bereicherung unserer Kenntniß vom Zusammenhang des Sterbens mit den Jahreszeiten und den sie begleitenden meteorologischen Verhältnissen.

Als ergänzende Bemerkung sei hier nur noch beigefügt, daß auch Beobachtungen, welche in einem und demselben Lande zu verschiedenen Zeiten angestellt werden, einen schädlichen Einfluß der ungewöhnlich hohen Grade sowohl der Winterkälte als der Sommerhitze nachweisen. Es ist eine falsche gleichwohl aber weit verbreitete Vorstellung, daß die „kalten" Winter „gesund" seien. Nach den in Bayern für mehrere Jahrzehnte vorliegenden Beobachtungen zeigen die kältesten Winter eine nicht unbedeutende Steigerung der Sterblichkeit. Noch ungünstiger ist aber der Einfluß sehr hoher Sommerhitze. Die Erklärung der letzteren Erscheinung ist in der besonders ungünstigen Wirkung zu suchen, welche die gesteigerte Sommerhitze auf die Kindersterblichkeit äußert.

Hiemit gelangen wir zu einer weiteren Studie, welche bei der Erörterung der Sterblichkeit nach Jahreszeiten von hervorragender Bedeutung ist, nämlich zur Untersuchung der Curve der Sterblichkeit in den einzelnen Monaten nach Altersklassen.

Die oben mitgetheilten und durch ein Diagramm veranschaulichten Curven der Sterblichkeit nach Monaten in verschiedenen europäischen Ländern bezogen sich auf die Sterblichkeit der Gesammtbevölkerung ohne Unterscheidung von Altersgruppen derselben. Es wäre denkbar, daß die verschiedensten Altersklassen, insbesondere auch die jüngsten wie die ältesten, demselben Gesetz der Sterblichkeit nach Jahreszeiten folgen. Dann wäre hierüber nichts Weiteres zu bemerken. Thatsächlich aber stellt sich ein außerordentlich bedeutender und in unverkennbarer Gesetzmäßigkeit eigener Art ausgeprägter Unterschied in der Abhängigkeit der Todesbedrohung der Personen verschiedenen Alters von der Jahreszeit heraus.

Es zeigt sich, daß die Curven der Monatssterblichkeit verschiedener Altersklassen in demselben Lande nicht weniger von einander abweichen, als die Curven der Gesammtsterblichkeit nach Monaten in verschiedenen Ländern. Die verschiedenen Altersgruppen vereinigen gewissermaßen in sich dieselben großen Gegensätze, welche für die Gesammtbevölkerung bei weitem Abstand der geographischen Lage zum Ausdruck kommen. In Deutschland ist beispielsweise der Sommer nach dem oben gebrauchten Ausdruck als „menschenfreundlich" zu bezeichnen; er ist aber keineswegs „kinderfreundlich". Die Monatscurven für die Sterblichkeit der verschiedenen Altersgruppen in einem Lande der gemäßigten Zone, welches innerhalb dieser selbst weder zu den kalten noch zu den warmen Ländern gehört, geben in verblüffender Weise dieselbe Reihenfolge des Wechsels von erhöhter Sommer- und Winterbedrohung, wie die oben mitgetheilten Curven verschiedener Länder von Norwegen bis Italien. Den Beweis dieser Behauptung findet der Leser in folgendem Diagramm, welches für Frankreich den Einfluß der Jahreszeit auf die Sterblichkeit der Bevölkerung nach dem Alter zeigt.

(Siehe Figur 20 auf folgender Seite.)

Es ist kaum eine schönere, ich möchte sagen überwältigendere, Gesetzmäßigkeit denkbar, als sie sich in der Aufeinanderfolge der in nachstehendem Diagramm enthaltenen Sterblichkeitscurven für die einzelnen Altersklassen ausspricht. Im zartesten Kindesalter ist die vermehrte Wintersterblichkeit nur schwach angedeutet, dagegen tritt die hohe Sommersterblichkeit mit voller Wucht hervor. Auch in der folgenden Altersklasse, bis zum 10ten Jahre überwiegt die Erhöhung der Sammergefahr noch ganz entschieden; doch macht sich die Winterbedrohung verhältnißmäßig schon etwas bemerkbarer. Ein

Sterblichkeit nach Alter und Jahreszeit in Frankreich.

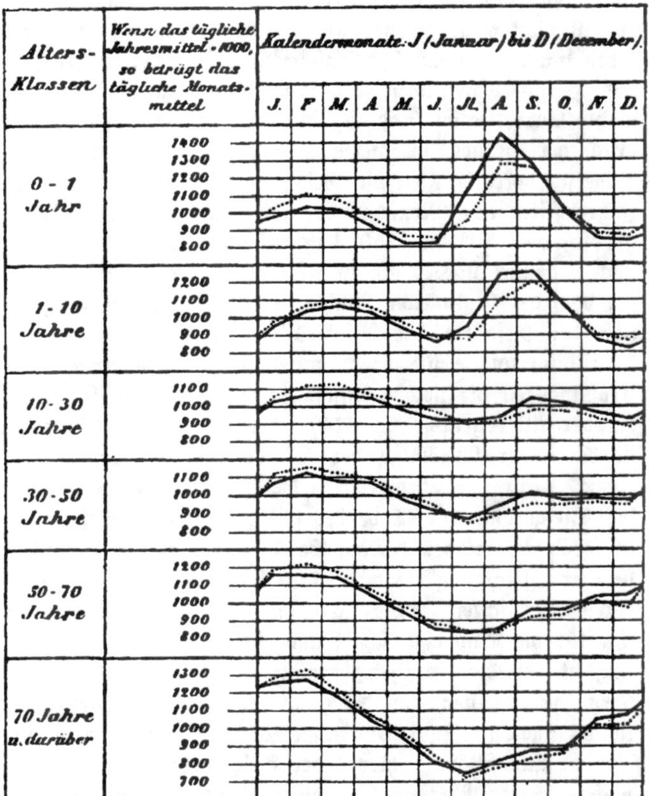

Figur 20.*)

*) Die ausgezogene Linie bezieht sich auf die Gesammtzahl der Sterbfälle in den fünf Jahren 1856 bis 1860, die punktirte Linie auf die Sterbfälle derselben Periode mit Ausschluß des Cholerajahres 1859.

ganz anderes Bild zeigt sich in dem Alter vollster Jugendkraft vom 10ten bis 30sten Lebensjahre. Die Sommerbedrohung ist nicht mehr größer als die Wintergefahr, und beide heben sich nur in mäßiger Anschwellung von der im Frühling und Herbst bestehenden Lebensbedrohung ab. Diese abgeflachte Curvenentwicklung ist ein bewunderungswürdiger Ausdruck der gerade in diesen Altersjahren voll entwickelten Widerstandskraft gegen die Gefahren, welche der Wechsel der Jahreszeiten dem Menschen bereitet. In der nächsten Altersgruppe, vom 30sten bis 50sten Lebensjahre, ist zwar die Curve auch noch viel flacher als in den Kinderjahren; aber es macht sich doch der beginnende Nachlaß der Widerstandskraft gegenüber den Gefahren des Winters bemerklich, indem nunmehr die Wintermonate mit der unmittelbar darauf folgenden ersten Frühlingszeit die höchste Anschwellung der Sterblichkeit zeigen. In der Altersgruppe vom 50sten bis zum 70sten Lebensjahre ist von einer Erhöhung der Sterblichkeit im Sommer nur wenig mehr zu bemerken; die Winterkälte beginnt für die Steigerung der Todesbedrohung fast ausschließlich entscheidend zu werden. Dasselbe Bild, aber in noch entschiedenerer Zeichnung bietet dann schließlich die Curve der Greisensterblichkeit (70 Jahre und darüber) nach Monaten. Die für die Kinder so scharf ausgesprochene Sommergefährdung ist bei den Greisen, gewissermaßen im Rudiment nur daran zu erkennen, daß der günstigste Stand der Greisensterblichkeit schon im Juni, und nicht ein oder zwei Monate später erreicht ist. Wäre Letzteres der Fall, dann dürfte man mit noch größerer Bestimmtheit die auch jetzt schon klar genug hervortretende Thatsache betonen, daß die zunehmende Wärme dem Greise ebenso nützlich wie dem Kinde gefährlich ist. Für alle Altersklassen günstig erscheint hienach nur der Spätfrühling, wie wir ihn auch in allen europäischen Ländern als allgemein menschenfreundlich fanden. Im Uebrigen aber scheiden sich die Menschen desselben Landes in ihrem Verhalten zu den Jahreszeiten ähnlich wie die Bewohner ganz verschiedener Länder. Die Kinder haben in Frankreich eine Sterblichkeitscurve nach Jahreszeiten, welche von jener für die Gesammtbevölkerung Italiens wenig abweicht. Gleiches stellt sich auch bei Untersuchung der Kindersterblichkeit in Deutschland heraus. Umgekehrt ergibt sich für die Greise Frankreichs eine Erhöhung der Gefahren des Winters, welche die Bedrohung der Gesammtbevölkerung Skandinaviens zu dieser Jahreszeit noch übersteigt.

Wir haben also in der That in der einen wichtigen Bedingung der Sterblichkeit, welche in der Jahreszeit liegt, größere Unterschiede für die einzelnen Altersklassen derselben Bevölkerung, als sich für die Gesammtheit der Bevölkerungen sehr verschiedener Breitegrade herausstellen. Schon hienach ist klar, daß alle Untersuchungen über die Sterblichkeit, wenn sie vollen wissenschaftlichen Werth haben sollen, die Sonderbetrachtung der Altersgruppen nicht umgehen können. Die folgenden Erörterungen werden noch weitere Belege hiefür bringen.

Es liegt nahe zur Gewinnung eines kurzen Ausdruckes für das Maß der Sterblichkeit eines Landes oder Wohnplatzes die Zahl der Gestorbenen mit der Bevölkerung zu vergleichen, also eine allgemeine Sterblichkeitsziffer in ähnlicher Weise zu berechnen wie die früher besprochenen Geburten- und Verehlichungsziffern. In der That versteht man unter der „allgemeinen Sterblichkeitsziffer" das Verhältniß der während eines Jahres Gestorbenen zur mittleren Bevölkerung desselben Jahres und drückt man dieselbe in der Regel durch Reduktion der Gestorbenen auf 1000 Seelen der Bevölkerung aus. Auch berechnet man für einzelne Monate und Wochen die allgemeine Sterblichkeitsziffer nach englischem Vorgang in der Art, daß man die Quote der Sterbfälle auf 1000 Lebende ermittelt, welche sich ergeben würde, wenn die betreffende Monats- oder Wochensterblichkeit ein ganzes Jahr hindurch andauern würde. So berechnet namentlich auch das kaiserliche Gesundheitsamt in Berlin seit Anfang des Jahres 1877 die Wochensterblichkeit in den deutschen Städten von mehr als 15000 Einwohnern. Auszüge dieser Berechnungen gehen regelmäßig in die Tagespresse über und sind sicher schon jedem Leser unter die Augen gekommen, welchem es deßhalb wohl nicht unerwünscht ist, wenn er im Folgenden eine Kritik des Werthes dieser sogenannten „allgemeinen“ Sterblichkeitsziffern findet.

Zunächst sei darauf aufmerksam gemacht, daß bei vollkommen stationären Bevölkerungsverhältnissen, bei gleichbleibender Geburtigkeit und Sterblichkeit, die Sterbeziffer der Geburtenziffer gleich sein müßte. Bei Bevölkerungszunahme durch inneren Nachwuchs muß die Sterbeziffer verhältnißmäßig zurückbleiben, wenn sie auch in der Größe ihres Betrages in Folge der bloßen Thatsache der Geburtenmehrung steigen wird, wie unten näher zur Sprache kommt. Umgekehrt muß bei dauernder Bevölkerungsminderung, soferne diese nicht durch Wegzüge veranlaßt ist, die Sterbeziffer höher als die Geburtenziffer sein. Wenn Bayern auch in früherer Zeit, als die Bevölkerung nur wenig wuchs, eine die Sterblichkeitsziffer nicht unerheblich übersteigende Geburtenziffer hatte, so rührt dieß davon her, daß die Mehrauswanderung aus Bayern in früheren Jahrzehnten groß war. In der neuesten Zeit hat die außerordentliche Geburtenmehrung den Unterschied der Geburten- und Sterbeziffer in Bayern noch vermehrt. Im Jahre 1875 trafen beispielsweise auf 1000 Lebende 42 Lebendgeborene und 31 Gestorbene (mit Ausschluß der Todtgeborenen).

Eine internationale Vergleichung der Sterblichkeitsziffern verschiedener Länder ergibt einen ausgedehnten Schwankungsrahmen. Nach Bodio's Zusammenstellungen für das mit dem Jahre 1875 abschließende Jahrzehnt zeigen Oesterreich-Ungarn und Bayern eine über 30 (auf 1000 Lebende) stehende Sterblichkeitsziffer. Italien oscillirt um die Sterbeziffer 30, Preußen schwankt zwischen 25 und 30, Frankreich zwischen 21 und 25, England zwischen 21 und 23 und Irland zwischen 16 und 19. Die Reihenfolge der wenigen hier herausgegriffenen Länder wird genügen, um eine Fülle von Bedenken gegen die allgemeine Sterblichkeitsziffer als Gradmesser der „Gesundheitsverhältnisse" in diesen Ländern wachzurufen.

In der That ist man sehr im Irrthum, wenn man glaubt, durch diese Zahlen ohne Weiteres einen richtigen Ausdruck der Lebensbedrohung der Bevölkerung zu finden. Dieß wäre nur dann der Fall, wenn die Wahrscheinlichkeit, ein bestimmtes Contingent zum Sterben zu liefern, für alle Gruppen der Bevölkerung und darunter insbesondere für die Altersgruppen eine gleiche wäre. Da aber diese Voraussetzung nicht gegeben ist, so werden die allgemeinen Sterblichkeitsziffern in den Händen des Laien eine Quelle zahlloser Mißverständnisse und Irrthümer.

Zunächst will ich an die oben bereits angedeutete Thatsache erinnern, daß die bloße Zunahme der Geburten eine Erhöhung der allgemeinen Sterblichkeitsziffer herbeiführen kann. Und zwar kann eine solche eintreten, ohne daß zugleich die wirkliche Lebensbedrohung irgend einer einzelnen Altersklasse zuzunehmen braucht. Diese auf den ersten Blick überraschende Erscheinung erklärt sich aus dem großen Einflusse, welchen die Kindersterblichkeit auf die allgemeine Sterblichkeitsziffer äußert. Eine starke Mehrung der Geburten mehrt sofort den Bestand an kleinen und kleinsten vorzugsweise dem Sterben ausgesetzten Kindern in viel höherem

Maße als den Bestand der gesammten Bevölkerung, und gestaltet dadurch mit Nothwendigkeit das Verhältniß der Gesammtzahl der Sterbfälle zur Gesammtzahl der Bevölkerung ungünstiger, wenn auch die Mortalität der Kinder wie jene der Erwachsenen für sich betrachtet sich gar nicht verändert, vielleicht sogar gebessert hat.

Allein es kommt nicht bloß die zeitliche Aenderung der Geburtenhäufigkeit und der Einfluß der Wanderungen — welchen ich hier nicht weiter verfolgen will — in Betracht, sondern überhaupt der gesammte Altersaufbau der lebenden Bevölkerung.

Die verschiedene Art dieses Aufbaues bedingt bei gleicher thatsächlicher Lebensbedrohung der einzelnen Altersklassen eine verschiedene allgemeine Sterblichkeitsziffer. Man denke sich beispielsweise eine Bevölkerung fast nur von kleinen Kindern und Greisen mit wenigen Personen im jugendlichen und mittleren Alter und andererseits eine Bevölkerung nur von lebenskräftigen Personen etwa zwischen 15 und 40 Jahren mit wenig Kindern und Greisen. In diesem Falle mag bei der Bevölkerung der letzterwähnten Art die wahre Lebensbedrohung zwei- bis dreifach so stark sein wie jene der gleichaltrigen Personen unter der Bevölkerung der erstgenannten Art, das Volk mag noch so elend im Staub und Dunst der Fabriken und in engen Wohnräumen dahinleben, seine allgemeine Sterblichkeitsziffer wird doch niedriger sein. Je normaler also eine Bevölkerung zusammengesetzt ist, um so unverlässiger sind die allgemeinen Sterblichkeitsziffern zur Beurtheilung der Salubrität. Dieß gilt für ganze Länder wie für einzelne Städte, ganz besonders aber für letztere; denn sie haben, wie an anderer Stelle bereits nachgewiesen und auch graphisch erläutert wurde, eine anormale Altersklassenzusammensetzung, welche bei den verschiedenen Städten selbst wieder große Differenzen zeigt. Die allgemeine Sterblichkeitsziffer birgt deßhalb nur für den

Kundigen keine Gefahr der Täuschung; für das große Publikum ist sie geradezu eine Verführung zu schiefer Auffassung.

Die Ermittlung der allgemeinen Sterblichkeitsziffer für ein Land oder eine Stadt gewährt noch gar keinen Einblick in den Stand der Gesundheitsverhältnisse. Sie spornt nur dazu an, bei ungewöhnlich hohem oder niederem Stand der Ziffer nach den constanten oder variablen Ursachen einer solchen Erscheinung zu suchen. Ist aber einmal die constante Ursache, wir wollen beispielsweise annehmen der rechnerisch sehr hohen Sterblichkeitsziffer eines bestimmten Landes oder einer Stadt bekannt und kann die Wirkung dieser constanten Ursache in der Mortalitätsstatistik isolirt werden, dann hat es absolut keinen Zweck, gleichwohl die allgemeine Sterblichkeitsziffer immer wieder von Woche zu Woche als neues Räthsel vor dem Publikum erscheinen zu lassen. Eine derartige constante Ursache einer hohen allgemeinen Sterblichkeitsziffer ist aber, wie längst bekannt ist, bei allen Landstrichen und Städten gegeben, welche eine bedauerlich hohe Sterblichkeit der Kinder im ersten Lebensjahre haben. Wenn man aber Solches von einem Land oder einer Stadt einmal weiß, dann hat es keinen rechten Sinn, die Erkenntniß der wirklichen Sterblichkeit durch die Berechnung der allgemeinen Sterblichkeitsziffern zu verdunkeln. Mindestens ist die Eliminirung der Kindersterblichkeit im ersten Lebensjahre nothwendig. Noch zweckmäßiger ist die Berechnung gesonderter Sterblichkeitsziffern für einige Hauptaltersgruppen unter gänzlicher Weglassung der werthlosen allgemeinen Sterblichkeitsziffer.

Die hohe Kindersterblichkeit einzelner Bezirke und Städte ist gewiß eine hochwichtige und des Studiums würdige Frage, welche auch in den vorliegenden Untersuchungen alsbald weitere Erörterung finden wird. Aber man muß dieselbe für sich studiren nnd darf nicht durch deren unausgeschiedene Mitberücksichtigung in der allgemeinen Sterblichkeitsziffer die richtige öffentliche Meinung über die wahre Gestaltung der Sterblichkeitsverhältnisse aller anderen weit zahlreicheren Altersklassen verdunkeln.

Daß sich in der That bei der Eliminirung der Kindersterblichkeit im ersten Lebensjahre das ganze Bild der Mortalitätsverhältnisse mit einem Schlage vollständig verändert und zwar sogar bei den Durchschnitten für größere Gebietstheile, in welchen doch so mancher Unterschied in der Zusammensetzung der Bevölkerung ausgeglichen ist, kann auch der Laie sofort ersehen, wenn er folgende Probeberechnung auf Grund der Nachweise über die bayerische Bevölkerungsbewegung des Jahres 1875 näher würdigt.

Die allgemeine Sterblichkeitsziffer beträgt für das Königreich Bayern 31,4; bei Weglassung der einzigen Altersklasse des ersten Lebensjahres auf Seite der Lebenden wie der Gestorbenen sinkt dieselbe auf 18,6. Noch wichtiger aber ist die Veränderung in der Rangfolge der einzelnen Regierungsbezirke, welche sich bei der Gegenüberstellung der beiden Berechnungsarten ergibt.

Allgemeine Sterblichkeitsziffer		Sterblichkeitsziffer der über dem 1sten Lebensjahre Stehenden	
Oberfranken	24,9	Niederbayern	17,1
Pfalz	26,2	Oberfranken	17,5
Unterfranken	29,1	Pfalz	18,2
Niederbayern	31,9	Oberbayern	18,4
Mittelfranken	32,0	Oberpfalz	18,6
Oberpfalz	32,8	Mittelfranken	19,4
Oberbayern	35,1	Schwaben	19,5
Schwaben	37,5	Unterfranken	20,2

Der Kenner der bayerischen Kindersterblichkeit ersieht hieraus sofort, daß für Bayern die geographischen Unterschiede der sog. „allgemeinen" Sterblichkeitsziffer nichts Anderes bedeuten als einen Widerschein von der Geographie der Kindersterblichkeit im ersten Lebensjahre. Zugleich ist weiter zu ersehen, wie wenig Uebereinstimmung zwischen dieser allgemeinen Sterblichkeitsziffer und der Sterblichkeitsziffer der sämmtlichen Altersklassen über dem ersten Lebensjahre besteht. Vor Allem schwinden die großen Differenzen von Minimum und Maximum nach Regierungsbezirken. Statt 24,0 und 37,8 haben wir als Gegensätze nur mehr 17,4 und 20,2. Und diese Ziffer 20,2 trifft nicht etwa auf den Regierungsbezirk, welcher die ungünstigste allgemeine Sterblichkeitsziffer hat, sondern auf Unterfranken, welches nächst Oberfranken und der Pfalz mit relativ niederer allgemeiner Sterblichkeitsziffer erscheint. Umgekehrt finden wir Niederbayern an günstiger Stelle (vom 4ten zum 1sten Platz vorgerückt) und Oberbayern an dem 4ten Platze mit der verschwindenden Differenz von nur 0,2 gegenüber der Pfalz, während diese beiden Regierungsbezirke mit der allgemeinen Sterblichkeitsziffer von 35,1 und 26,2 einander gegenüberstehen.

Wenn man bedenkt, daß solche Resultate bei den Durchschnittsverhältnissen ganzer Regierungsbezirke herauskommen, so wird man die vollständige Werthlosigkeit der allgemeinen Sterblichkeitsziffern zur geographischen Vergleichung städtischer Gesundheitsverhältnisse nicht läugnen können; denn je kleiner und eigenartiger das Beobachtungsgebiet ist, um so größeren Einfluß äußert einerseits die verschiedene Zusammensetzung der Bevölkerung und andererseits die nach der geographischen Lage thatsächlich höchst verschiedenartige Kindersterblichkeit.

Die wichtigste von den statistischen Untersuchungen der menschlichen Sterblichkeit ist jene, welche sich auf das Alter der Gestorbenen bezieht. Auch dem Laien ist klar, daß ein entschiedener Zusammenhang zwischen dem Alter und der größeren oder geringeren Wahrscheinlichkeit, dem Tode zum

Opfer zu fallen, besteht. Er weiß aus alltäglicher Lebenserfahrung, wie zart die neugeborenen Kinder sind und wie viele derselben nach wenigen Tagen, Wochen oder Monaten des Daseins ihre irdische Laufbahn beschließen. Er weiß ferner, daß der hochbetagte Greis unter viel größerer Lebensbedrohung dahin lebt, als der kräftige Mann.

Ein klares und in bestimmten Zahlenverhältnissen ausgedrücktes Bild der Abstufung der Todesdrohung nach dem Alter gibt aber erst die Statistik. Doch kann dieses Bild nicht ohne Weiteres aus der Statistik der Sterbfälle allein entnommen werden, es ist vielmehr — wie alsbald näher dargelegt werden soll — eine eigenartige Berechnungsweise unter Benützung anderweitiger bevölkerungsstatistischer Nachweise nothwendig.

Zunächst möchte ich den Leser an den Widerschein von den Geschicken des Lebens und Sterbens der Generationen zurückerinnern, welcher in der einfachen Altersstatistik der Lebenden zu erkennen war, welcher aber freilich um so verzerrter ist, je größer die Störungen sind, welche durch die Ungleichheit in der Größe der von Jahr zu Jahr einander folgenden Geburtscontingente und durch den Einfluß der Wanderungen hervorgerufen werden.

So wichtig auch an sich und für viele Sonderzwecke statistischer Forschung die Altersstatistik der Lebenden ist, als Ausdruck des allmäligen Absterbens der menschlichen Generationen oder mit anderen Worten, als Ersatz einer eigentlichen Sterbetafel kann sie nicht gelten.

Hiezu ist vielmehr, wie bereits erwähnt, mancherlei anderweitige statistische Beobachtung und darunter vor Allem der Nachweis der Gestorbenen nach dem Alter nothwendig. Wissenschaftlich befriedigend ist dieser Nachweis gerade wie die Altersstatistik der Lebenden nur dann, wenn er nach einzelnen Altersjahren vorliegt, was ja nicht hindert für den Zweck einer übersichtlicheren Darstellung nach Bedarf Zusammenzüge in Altersgruppen vorzunehmen. Bis auf die neueste Zeit waren so reich gegliederte Nachweise über das Alter der Lebenden in der amtlichen Statistik nur vereinzelt anzutreffen, und war es deßhalb ein besonderes Verdienst des bayerischen Statistikers von Hermann, sie für Bayern schon von Mitte der dreißiger Jahre an zur Durchführung gebracht zu haben. In der jüngsten Zeit und namentlich seit der neuerlich in vielen Ländern durchgeführten Centralisation der Statistik der Bevölkerungsbewegung beginnt sich ein außerordentlich reichhaltiges Material über die Statistik der Sterbfälle nach dem Alter anzuhäufen, welches schon für die nächste Zukunft neue Einblicke in die internationale Sterblichkeitsstatistik verspricht.

Immerhin aber liefert auch die sorgfältigst durchgeführte Altersstatistik der Gestorbenen noch keinen Ausdruck der Absterbeordnung. Die Altersstatistik der Gestorbenen wird nämlich nicht bloß durch die Unterschiede in der Lebensbedrohung der einzelnen Altersklassen, sondern auch durch die zum guten Theile von dieser Lebensbedrohung unabhängige verschieden starke Besetzung der Altersklassen der Lebenden beeinflußt. Es genügt in dieser Beziehung wiederholt auf die Folgen hinzuweisen, welche eine erhebliche Geburtenmehrung nach sich ziehen muß. Diese wird alsbald die Sterbfälle von Kindern mehren, ohne daß eine analoge Mehrung der Sterbfälle bei den Erwachsenen eintritt. Beachtet man also nur die Vertheilung der Gestorbenen nach dem Alter, so erscheint in einem solchen Falle die Absterbeordnung viel ungünstiger als sie wirklich ist, insoferne es den Anschein gewinnt, als sterbe ein größerer Bruchtheil, wie ehedem vor Eintritt der Geburtenmehrung, schon im jugendlichen Alter dahin. Thatsächlich kann also aus der Vertheilung der Sterbfälle nach dem Alter allein auf die wirkliche Lebensbedrohung der verschiedenen Altersklassen nicht geschlossen werden. Die in einem gegebenen Zeitabschnitt, z. B. innerhalb eines Jahres auf verschiedenen Altersstufen Sterbenden stammen aus den verschiedenen Geburtscontingenten eines ganzen Jahrhunderts her, welche schon vom Anfang an ungleich besetzt waren und dann weiterhin durch Tod und Wanderung in ihren verbleibenden Restbeständen verschiedenartig alterirt worden sind. Es ist hienach klar, daß die Altersvertheilung der innerhalb eines gegebenen Zeitraumes Verstorbenen etwas ganz Anderes darstellt als eine eigentliche Absterbeordnung, welche — nach theoretischer Forderung — die genaue Verfolgung der Contingente Geborener in ihrer von Jahr zu Jahr durch den Tod bedingten Abminderung und in ihren demgemäß von Jahr zu Jahr verbleibenden Restbeständen bis zum Absterben der letzten aus jenem Contingent noch übrigen Person voraussetzt.

Nur die gröbsten Züge der Absterbeordnung finden einigermaßen schon in der bloßen Altersstatistik der Gestorbenen ihren Ausdruck. Namentlich gilt dieß von der großen Kindersterblichkeit, sodann von dem entschiedenen Nachlasse der Lebensbedrohung, welcher nach den ersten Kinderjahren eintritt und schließlich von der allmäligen und zuletzt sehr rasch zunehmenden Steigerung der Todesdrohung im höheren und höchsten Alter.

Es genügt, wenn ich dem Leser als Beleg die betreffenden Zahlennachweise für Bayern und Belgien vorführe.

(Siehe die Tabelle auf der folgenden Seite.)

Sowohl aus der bayerischen wie aus der belgischen Altersstatistik der Gestorbenen sind hienach die oben erwähnten „gröbsten Züge der Absterbeordnung“ deutlich genug zu ersehen, zugleich aber auch sehr erhebliche Unterschiede beider Länder. Der große Tribut, welchen das zarte Kindesalter dem Tode entrichtet, ist schon aus den belgischen Zahlen zu entnehmen; denn die einzige Altersklasse des ersten Lebens-

Altersklassen	Zahl der Gestorbenen (mit Ausschluß der Todtgeborenen)		Von 100 Gestorbenen treffen auf die einzelnen Altersklassen	
	Bayern (Jahre 1871 bis 1875)	Belgien (Jahre 1865 bis 1875)	Bayern	Belgien
Bis zu 1 Jahr	316 468	270 055	40,29	20,43
Von 1 bis 5 Jahr	75 628	219 396	9,63	16,61
„ 5 „ 10 „	19 279	60 366	2,45	4,57
„ 10 „ 15 „	8 177	26 593	1,04	2,01
„ 15 „ 20 „	9 795	31 277	1,25	2,37
„ 20 „ 30 „	33 163	82 364	4,22	6,23
„ 30 „ 40 „	37 065	79 978	4,72	6,05
„ 40 „ 50 „	41 213	82 857	5,25	6,27
„ 50 „ 60 „	58 448	95 791	7,44	7,25
„ 60 „ 70 „	84 899	142 022	10,81	10,75
„ 70 „ 80 „	74 421	153 091	9,47	11,59
„ 80 „ 90 „	25 200	69 389	3,21	5,25
über 90 „	1 701	8 229	0,22	0,62
Zusammen	785 457	1 321 408	100,00	100,00

jahres macht ein Fünftel der Gestorbenen aus. In Bayern aber finden wir sogar die Gesammtzahl der registrirten Leichen zu zwei Fünfteln aus Leichen von Kindern im ersten Lebensjahre bestehend. Es ist klar, daß durch diese Differenz allein die ganze anderweitige Vertheilung der Sterbfälle nach dem Alter wesentlich beeinflußt wird. Darum tritt bei Belgien der Nachlaß der Todesbedrohung in der Zeit vom 15ten bis 20sten Lebensjahre nicht ganz so scharf wie in Bayern, aber doch immer noch in sehr beachtenswerther Weise hervor. Das Altersjahrfünft vom 15ten bis 20sten Lebensjahre ist unter der Gesammtzahl der Gestorbenen in Belgien mit 2 Proz., in Bayern mit 1 Proz. vertreten. Danach beginnt allmälig eine Mehrung des Prozentantheiles der Altersgruppen, die um so schwerer wiegt, als die betreffenden Alterscontingente unter den Lebenden eine stetige Abnahme zeigen. Wenn die 60 bis 70 Jährigen und die 70 bis 80 Jährigen je 10 bis 12 Proz. der Gestorbenen ausmachen, während die 30 bis 40-Jährigen nur 5 bis 6 Proz. der Gestorbenen betragen, so ist selbstverständlich wegen des geringen Bestandes an Greisen die wirkliche Lebensbedrohung der ersteren viel größer als doppelt so stark wie jene der 30 bis 40 Jährigen. Die allerhöchsten Altersstufen endlich erscheinen nur darum mit geringerem Antheil, weil bei ihnen, wie an anderer Stelle bereits gezeigt wurde, die Lebenden und demgemäß zum Sterben überhaupt Geeigneten nur noch in ganz kleinen Beträgen vorhanden sind. Nach ungefähr hundertjährigem Kampfe des Todes mit dem Leben ist letzteres ganz vernichtet; das Gleichgewicht des Seins und Nichtseins ist hergestellt; die ganze Generation ist zur Ruhe gebracht, und damit auch ihre statistische Beobachtung beendet.

Das entgegengesetzte Verhalten der fortschreitenden Lebensbedrohung im höchsten Alter und des Antheiles der ältesten Gestorbenen unter der Gesammtzahl der Sterbfälle zeigt recht deutlich, wie ungenügend die bloße Altersstatistik der Gestorbenen zur Erkenntniß der Absterbeordnung ist. Sie belehrt nämlich noch in keiner Weise darüber, wie ein Contingent Geborener oder bereits in bestimmtem Alter Stehender durch den Tod von Jahr zu Jahr vermindert wird, bis Keiner mehr übrig ist. Dieß festzustellen liegt eben so sehr im wissenschaftlichen als im praktischen Interesse, weil nur daraus die Gesetze der menschlichen Mortalität zu ersehen und brauchbare Grundlagen für verschiedene Zweige des Versicherungswesens zu gewinnen sind.

Wie alsbald gezeigt werden wird, kann eine Sterbetafel, die als richtiger Zahlenausdruck der Absterbeordnung erscheint, ohne Einschiebung mehr oder minder willkürlicher Hypothesen nur dadurch hergestellt werden, daß die Altersstatistik der Gestorbenen mit der Statistik der Geborenen und mit der Altersstatistik der Lebenden in Zusammenhang gebracht wird. Das praktische Bedürfniß von Sterbetafeln machte sich aber viel früher geltend, als die vollen statistischen Grundlagen zu derartigen Berechnungen vorlagen; wie denn in der That erst in der neuesten Zeit die amtliche Feststellung der betreffenden statistischen Nachweise in größerem Umfange stattfindet.

Man half sich deßhalb in älterer Zeit mit Hypothesen und mathematischen Interpolationen verschiedener Art, auf deren Detail ich hier nicht weiter eingehen will. Doch möge als Typus jener älteren Berechnungsweisen und zwar einer Form derselben, welche immerhin statistisches Material in ausgiebiger Weise benützt, die sogenannte Halley'sche Methode Erwöhnung finden. Dieselbe beruht darauf, daß lediglich die Altersstatistik der Gestorbenen als Grundlage der Sterbetafel in der Art benützt wird, daß die Summe aller innerhalb einer gegebenen Zeit auf den verschiedensten Altersstufen verstorbenen Personen als der Anfangsbetrag der Geborenen betrachtet wird, dessen allmälige Abminderung durch die Sterbfälle auf den verschiedenen Altersstufen ausgedrückt wird. Die Summe der Todten wird als die Zahl der Neugeborenen betrachtet; indem man von dieser die im ersten Lebensjahre vorgekommenen Sterbfälle abzieht, erhält man die Zahl derjenigen, von welchen angenommen wird, daß sie das erste Jahr überleben, und so fort durch weiteren Abzug der in dem folgenden Altersjahre Gestorbenen die Zahl derer, von welchen angenommen wird, daß sie je ein weiteres Jahr überleben.

Nach den obigen Auseinandersetzungen über die Störungen,

welche die Altersstatistik der Geborenen durch die Schwankungen der Geburtenzahl und durch die Wanderungen erleidet, besitzt der Leser die nöthigen kritischen Anhaltspunkte, um sofort zu ersehen, daß eine derartige Methode, Sterbetafeln ausschließlich aus den Todtenlisten herzustellen, große Fehlerquellen birgt.

Die neueren bevölkerungsstatistischen Forschungen haben genügende Klarheit darüber gebracht, welche statistischen Unterlagen für eine richtige Berechnung von Sterbetafeln nothwendig sind, wenn auch die Feststellung der Thatsachen, aus welchen diese Unterlagen bestehen, bei Weitem noch nicht in genügender Allgemeinheit stattfindet.

Es gibt überhaupt nur zwei Methoden zur richtigen Berechnung von Sterbetafeln, sei es daß jede für sich, sei es daß sie in Verbindung mit einander angewendet werden wollen.

Man kann erstens die Contingente oder „Gesammtheiten" von Geborenen einer fortlaufenden Controle von Jahr zu Jahr unterwerfen, und jeweils die nach Ablauf eines Jahres Gestorbenen in Abzug bringen, bis zuletzt sämmtliche Angehörige des Contingentes als gestorben nachgewiesen sind. Nach dieser Methode stellt man Sterbetafeln aus der Statistik der Geborenen und der Altersstatistik der Gestorbenen her, unter Rückbeziehung der letzteren auf die Contingente der Geborenen, aus welchen sie stammen. Man nennt diese Methode, welche zuerst Hermann für Bayern in ausgiebiger Weise zur Anwendung gebracht hat, die direkte oder die Hermann'sche Methode.

Die zweite Methode besteht darin, daß nicht die einzelnen Contingente der Geborenen von der Geburt bis zum Tode gesonderter statistischer Controle unterworfen werden, sondern daß auf einmal für sämmtliche einzelne Altersklassen je die besondere Sterbenswahrscheinlichkeit, d. i. die Quote der

Gestorbenen, welche sich für sie innerhalb eines Jahres ergibt, festgestellt und daraus die Absterbeordnung ermittelt wird. Diese Berechnungsweise ist bei der vorgeschritteneren Bevölkerungsstatistik möglich, sobald man die Altersstatistik sowohl der Lebenden als der Gestorbenen zur Verfügung hat. Indem man die Gesammtheiten der Lebenden und der Gestorbenen je der gleichen Altersklassen einander gegenüberstellt, erhält man die verschiedene Todesrate der einzelnen Altersstufen und daraus die Absterbeordnung. Die Statistik der Geburten bleibt bei dieser Methode außer Berücksichtigung.

Es ist kein Zweifel, daß die direkte Methode das Ideal der Berechnung von Sterbetafeln darstellt, aber ebenso gewiß ist, daß dieses Ideal, soferne es sich um die Ermittlung des ganzen Verlaufs der Absterbeordnung handelt, unerreichbar ist. Wenn wir auch davon absehen wollen, daß die statistische Verfolgung der Geborenen bis zur vollen Vernichtung derselben durch den Tod eine Beobachtungsthätigkeit während eines vollen Jahrhunderts erfordert und dadurch eine unerträgliche Vertagung der Nachweise für die Absterbeordnung im höheren Alter herbeiführt, so verbleibt als entscheidendes Hinderniß die Nichtberücksichtigung der Wanderungen. In einem Lande mit Mehr**aus**wanderung muß die direkte Methode einen Bruchtheil angeblich ewig lebender Personen herausstellen; umgekehrt muß sie für ein Land mit Mehr**ein**wanderung die vollständige Aufzehrung der Geburtscontingente bei einer Altersstufe nachweisen, in welcher und über welcher thatsächlich noch Lebende vorhanden sind.

Diese Bedenken fallen bei der zweiten Methode weg. Dagegen ist wohl zu beachten, daß man bei dieser eigentlich nichts über den Fortgang der Lebensschicksale der einzelnen Generationen sondern nur darüber etwas erfährt, welchen tödtenden Einfluß die Sterblichkeit eines oder mehrerer Jahre auf die gleichzeitig Lebenden der verschiedensten Generationen äußert. Bedenklich ist ferner die Erfahrung, daß es selbst in sehr civilisirten Ländern nicht möglich ist, eine ganz genaue Altersstatistik der Lebenden herzustellen, wie beispielsweise die früher hervorgehobene Uebersetzung der runden Alters- und Geburtsjahre zeigt. Gleichwohl sichert die Möglichkeit, sofort eine vollständige Absterbeordnung herzustellen, dieser Methode ein entschiedenes Uebergewicht.

Doch sollte man sich nicht verleiten lassen, sie ausschließlich anzuwenden. Das Richtige scheint mir vielmehr eine Verbindung der beiden Methoden in folgender Weise.

Für die jüngeren Altersklassen, welche namentlich bei Zusammenfassung der Ergebnisse für ganze Länder oder größere Landestheile durch die Wanderungen nur wenig beeinflußt sind, ist die einfache Anwendung der direkten Methode nicht nur unbedenklich, sondern sie liefert auch die richtigeren Resultate und zwar um so mehr, je jünger die Altersklassen sind. Für die jüngste Altersklasse ist wegen der außerordentlich hohen Todesrate, welche ein gewisses Mißverhältniß zwischen Lebenden und Gestorbenen dieser Altersklasse bedingt, die direkte Methode jeder anderen Berechnungsart vorzuziehen.

Für die höheren Altersklassen, etwa vom 11ten Lebensjahre an, erscheint die direkte Methode wegen des störenden Einflusses der Wanderungen nicht mehr ausreichend, obwohl sie immerhin auch dann noch für Zwecke der Vergleichung und zur Erleichterung mancher Interpolationen z. B. zur Abminderung des Excesses runder Geburtsjahre in der Altersstatistik der Lebenden nicht zu unterschätzen ist. Die entscheidende Sterblichkeitsberechnung muß vielmehr für die höheren Altersklassen durch eine Vergleichung der Lebenden mit den Gestorbenen gleichen Alters erfolgen. Dabei sind die Gestorbenen einer bestimmten Altersklasse zunächst den Lebenden dieser Klasse hinzuzurechnen, da sie vor Allem zu jenen gehören, welche als „dem Sterben ausgesetzt" erschienen. Die Summe der am Jahresschluß Lebenden und der während des Jahres Gestorbenen jeder Altersklasse gibt die Grundzahl, mit welcher die Gestorbenen zur Ermittlung der Todesrate zu vergleichen sind.

Allerdings erhält man hiebei, wenn man nur ein Volkszählungsergebniß und nur die eine Sterblichkeit dieses Volkszählungsjahres vergleicht, lediglich Sterblichkeitsraten, welche ein Ausdruck dieser besonderen Jahressterblichkeit sind, welche ihrerseits normal, zu groß oder zu klein sein kann. Die Beobachtung für ein Zählungsjahr kann also nicht genügen; sie muß vielmehr nicht bloß für mehrere auf einander folgende Zählungsjahre, sondern auch für die dazwischen liegenden Jahre durchgeführt werden, für welche zu diesem Zweck eine interpolirte Altersunterscheidung der Lebenden aufzustellen ist.

Diese Wiederholung der Berechnungen nach der zweiten Methode für längere Jahresreihen ist von besonderer Wichtigkeit. Nur auf diese Weise erhält man auch für die höheren Altersklassen gute Mittelwerthe, welche die direkte Methode für die jüngeren Altersklassen unbedingt liefert. Eine wirksame Controle ist hiebei dadurch gegeben, daß sich bei solchen wiederholten Berechnungen alsbald herausstellt, in wie ferne nach den für die einzelnen Altersklassen ermittelten Sterblichkeitsquoten eine der Wirklichkeit annähernd entsprechende rechnerische Erschöpfung der Bestände bis zu den höchsten Lebensjahren eintritt. Hat man einige Jahre mit ungünstigen Mortalitätsverhältnissen, dann werden allerdings die Quoten zu groß ausfallen und träte hienach die Erschöpfung der Bestände an Geborenen zu früh ein. Umgekehrt würden bei auf einander folgenden „sehr gesunden" Jahren die Bestände auch bei der höchsten Altersklasse, die überhaupt vorkommt, noch nicht erschöpft sein. Hat man dagegen Jahre mit mittleren Sterblichkeitsverhältnissen, dann wird die Bestandserschöpfung richtig eintreten. Jedenfalls aber liegt, falls nur einmal Berechnungen für längere Jahresreihen vorliegen, die Möglichkeit vor, auch aus anormalen Beobachtungen verlässigere Schlüsse auf die normale Absterbeordnung zu ziehen.

Ich kann dem Leser nicht zumuthen, daß er sich in das volle Zahlendetail der Sterbetafeln für verschiedene Länder einführen lasse. Ich begnüge mich deßhalb mit der Vorführung von Beispielen.

Die direkte Methode der Berechnung der Mortalität und Vitalität wird am besten durch Hermann's Berechnungen für Bayern veranschaulicht, da in keinem anderen Lande schon so frühzeitig nämlich im Jahre 1835 mit der Verzeichnung der Sterbfälle nach einzelnen Altersjahren begonnen worden ist. Ich theile im Folgenden die Hermann'schen Tafeln bis zum 40sten Lebensjahre mit. Hermann selbst hat die Berechnungen zwar bis zum 49sten Lebensjahre fortgesetzt und sie liegen im bayerischen statistischen Bureau noch für weitere zehn Jahre vor. Wegen des störenden Einflusses der Wanderungen aber werden die Resultate der Berechnung, wie oben mitgetheilt, immer unsicherer, je höher die Altersklassen sind, auf welche sich dieselben beziehen. Es wird deßhalb Billigung finden, wenn ich hier bei dem 40sten Lebensjahre abbreche. Dagegen scheint es mir zweckmäßig, die Berechnungen sowohl für das männliche als das weibliche Geschlecht mitzutheilen, weil hiemit zugleich eine weitere Belehrung über das Verhältniß der Sterblichkeit und Leblichkeit beider Geschlechter verbunden ist. Zur Vermeidung von Mißverständnissen bemerke ich, daß Hermann in seinen Sterbetafeln die Todtgeborenen sowohl unter die Geborenen als unter die im ersten Lebensjahre Gestorbenen einrechnet.

Bayerische Sterbetafel nach Hermann.

Altersjahre	Von je 10000 Geborenen sterben im Verlauf der einzelnen Altersjahre (Mortalitätstafel)		Von je 10000 Geborenen überleben die einzelnen Altersstufen (Vitalitätstafel)	
	Männl.	Weibl.	Männl.	Weibl.
0 — 1 Jahr	3544	3024	6456	6976
1 — 2 „	365	378	6091	6598
2 — 3 „	165	178	5926	6420
3 — 4 „	111	120	5815	6300
4 — 5 „	81	86	5734	6214
5 — 6 „	59	60	5675	6154
6 — 7 „	47	50	5628	6104
7 — 8 „	38	41	5590	6063
8 — 9 „	31	31	5559	6032
9 — 10 „	25	28	5534	6004
10 — 11 „	24	25	5510	5979
11 — 12 „	22	23	5488	5956
12 — 13 „	19	21	5469	5935
13 — 14 „	19	21	5450	5914
14 — 15 „	19	22	5431	5892
15 — 16 „	19	22	5412	5870
16 — 17 „	22	25	5390	5845
17 — 18 „	24	26	5366	5819
18 — 19 „	28	28	5338	5791
19 — 20 „	30	29	5308	5762
20 — 21 „	38	34	5270	5728
21 — 22 „	40	35	5230	5693
22 — 23 „	40	37	5190	5656
23 — 24 „	40	39	5150	5617
24 — 25 „	39	41	5111	5576
25 — 26 „	37	40	5074	5536
26 — 27 „	37	42	5037	5494
27 — 28 „	36	42	5001	5452

Altersjahre	Von je 10 000 Geborenen sterben im Verlauf der einzelnen Altersjahre (Mortalitätstafel)		Von je 10 000 Geborenen überleben die einzelnen Altersstufen (Vitalitätstafel)	
	Männl.	Weibl.	Männl.	Weibl.
28 — 29 Jahr	35	43	4966	5409
29 — 30 „	33	42	4933	5367
30 — 31 „	38	48	4895	5319
31 — 32 „	33	42	4862	5277
32 — 33 „	37	49	4825	5228
33 — 34 „	37	50	4788	5178
34 — 35 „	39	51	4749	5127
35 — 36 „	36	50	4713	5077
36 — 37 „	42	57	4671	5020
37 — 38 „	37	52	4634	4968
38 — 39 „	42	55	4592	4913
39 — 40 „	39	52	4553	4861

In den vorstehenden Zahlenreihen hat der Leser eine klare Uebersicht des Ganges der Abminderung, welche ein Contingent von 10 000 Geborenen von einem Altersjahr zum anderen erfährt. Er ersieht daraus namentlich die ausgiebige Bedrohung, welche das Leben der Neugeborenen erleidet, sodann die allmälige Abnahme der Gefahr in den folgenden vier bis fünf Lebensjahren, das Walten relativ höchster Lebenssicherung bis ungefähr zum 16ten Lebensjahre, und schließlich die langsame aber sichere Zunahme der Lebensgefahr mit höherem Alter, welche jedoch in der Mitte der zwanziger Jahre eine beachtenswerthe Unterbrechung erfährt. Hiebei wolle jedoch der Leser wohl beachten, daß sich wegen Nichtberücksichtigung der Wanderungen die Lebensbedrohung der höheren Altersklassen in zunehmendem Maße zu gering herausstellt, also thatsächlich etwas größer ist, als die vorstehenden Zahlen vermuthen lassen.

Von besonderem Interesse ist die Vergleichung beider Geschlechter. Dabei zeigt sich, daß die Leblichkeit des weiblichen Geschlechtes nicht unerheblich größer ist als jene des männlichen. Nach vier Jahrzehnten des Lebens sind von 10 000 geborenen Mädchen noch 4861, von 10 000 geborenen Knaben nur noch 4553 vorhanden, obwohl der störende Einfluß der Wanderungen das entgegengesetzte Ergebniß wahrscheinlich machen würde. Ein näherer Blick auf die Sterbetafel zeigt, daß der Grund zu dieser Mehrerhaltung weiblichen Lebens im ersten Lebensjahre gelegt ist; denn in allen anderen Altersjahren ist die Quote der Gestorbenen vom Geburtscontingente bei den Weibern etwas größer, aber doch nicht so groß, daß nicht noch nach vier Jahrzehnten der angegebene ganz beachtenswerthe Weiberüberschuß verbliebe.

Ich muß übrigens den Leser vor einem Mißverständniß warnen, zu welchem ihn die den einzelnen Altersjahren beigefügten Zahlen verleiten könnten. Diese drücken durchweg die Sterblichkeit der betreffenden Altersstufe, *zurückbezogen auf das Anfangscontingent der Geborenen*, aber keineswegs die Größe der Sterbenswahrscheinlichkeit für die betreffende Altersstufe aus. Die letztere kann, wie der Leser sofort einsehen wird, nur für das erste Lebensjahr an den Geborenen, für alle anderen Altersstufen aber nur an der Zahl derjenigen gemessen werden, welche überhaupt lebend in die betreffende Altersstufe eintreten, also an der Zahl der *Ueberlebenden* der vorhergehenden Altersklasse. Die Sterbenswahrscheinlichkeit der Knaben im ersten und zweiten Lebensjahre verhält sich also nicht wie 3544 zu 365 oder wie 35,44 und 3,65 Proz., sondern wie 35,44 und 5,65 (d. i. 3,65 Proz. von 6456, als dem Betrage der das erste Lebensjahr überlebenden Knaben). In gleicher Weise ergibt die Berechnung der Sterbenswahrscheinlichkeit für die im 40sten Lebensjahre stehenden Männer nicht 39 auf 10 000, sondern 39 auf 4592 (Ueberlebende des 39sten Lebensjahres) oder 85 auf 10 000 Lebende dieser Altersstufe. Wenn der Leser dieses beachtet, wird ihm nicht entgehen, daß ein Gleichbleiben der Mortalitätszahlen obiger Sterbetafeln in den aufsteigenden Altersklassen thatsächlich eine Mehrung der individuellen Todesgefahr der betreffenden Altersklassen ausdrückt.

Während bei einer nach der direkten Methode berechneten Sterbetafel zunächst die fortschreitende Abminderung des Contingentes der Geborenen und daraus erst durch eine weitere Berechnung in der hier angegebenen Weise die individuelle Sterbenswahrscheinlichkeit der einzelnen Altersklassen gefunden wird, ergibt sich bei den nach der zweiten Methode berechneten Sterbetafeln, d. h. bei jenen welche durch Vergleichung der Gestorbenen eines Jahres nach Altersklassen mit den Lebenden nach Altersklassen berechnet werden, gerade das umgekehrte Verhältniß. Bei diesen wird zunächst die besondere Wahrscheinlichkeit für die Angehörigen jeder Altersklasse innerhalb des gegebenen Altersjahres zu sterben, gefunden. Erst durch weitere Umrechnung wird daraus eine eigentliche Sterbetafel hergestellt, welche die von Jahr zu Jahr fortschreitende Abminderung eines Contingentes Geborener veranschaulicht.

Ich habe oben bereits erwähnt, daß diese zweite Methode der Berechnung von Sterbetafeln für die jüngsten Altersklassen minder geeignet ist. Ich will deßhalb auch das folgende den Zusammenstellungen Bodio's entnommene Beispiel einer Berechnung der Todesrate der einzelnen Lebensjahrfünfte nach dem Vorgange Bodio's selbst auf die Altersklassen nach dem ersten Lebensjahrfünft beschränken.

Altersklassen	Jahressterblichkeit auf 100 Lebende in den nebenbezeichneten Altersklassen			
	Italien $18^{70}/_{72}$	Belgien $18^{65}/_{67}$	Oesterreich dss. d. Leitha $18^{69}/_{72}$	England u. Wales $18^{70}/_{72}$
Von 5 bis 10 Jahr	1,16	1,27	0,93	0,77
„ 10 „ 15 „	0,60	0,64	0,41	0,44
„ 15 „ 20 „	0,74	0,76	0,68	0,63
„ 20 „ 25 „	1,01	1,03	0,98	0,83
„ 25 „ 30 „	1,10	1,12	0,97	1,00
„ 30 „ 35 „	1,10	1,27	1,06	
„ 35 „ 40 „	1,33	1,35	1,26	1,31
„ 40 „ 45 „	1,30	1,60	1,49	
„ 45 „ 50 „	1,69	1,71	1,81	1,76
„ 50 „ 55 „	1,76	2,08	2,42	
„ 55 „ 60 „	3,13	2,66	3,29	3,07
„ 60 „ 65 „	3,49	3,80	5,02	
„ 65 „ 70 „	6,19	5,73	6,70	6,32
„ 70 „ 75 „	7,83	9,19	11,86	
„ 75 „ 80 „	13,71	13,55	15,60	13,89
„ 80 „ 85 „	14,60	23,14	26,85	
„ 85 „ 90 „	20,55	31,67	34,22	28,41
„ 90 „ 95 „	18,52	46,29	37,90	
„ 95 „ 100 „	24,30	61,64	44,71	44,34
Hundertjährige . .	24,68	75,00	30,97	

Durch die vorstehenden Zahlenreihen erhält der Leser eine Erweiterung des Einblickes in die Wandelungen der Todesgefahr, welche bald nach dem zarten Kindesalter eintreten, und neue aus den Hermann'schen Tabellen nicht zu entnehmende Aufschlüsse über die bedeutende, der Todesbedrohung der Neugebornen sich nähernde und zuletzt sie übersteigende Gefährdung der Personen höheren Alters. Auch wird es dem Einen oder

Anderen der Leser von Interesse sein zu ersehen, welche Unterschiede die angegebenen vier Länder sowohl in der Abnahme der Lebensbedrohung bis zum dritten Jahrfünft des Lebens, in dem vou da an eintretenden jedoch durch manche Schwankungen unterbrochenen Stillstand und schließlich in dem vom 50sten, mit viel größerer Heftigkeit aber vom 70sten Lebensjahre an eintretenden heftigen Angriff des Todes auf die ohnedieß schon sehr gelichteten Bestände der Lebenden ersichtlich sind. Die betreffenden Zahlenreihen sind so leicht verständlich, daß deren weitere Worterläuterung uicht nöthig ist.

Von den im Vorstehenden berührten Ergebnissen der Sterbetafeln dürfte dem Leser der hohe Betrag der Kindersterblichkeit besonders aufgefallen sein. Bei dem großen Interesse, welches sich an die Statistik der Kindersterblichkeit und an die Erforschung der Ursachen auffällig großer Lebensbedrohung der Neugeborenen knüpft, wird es Rechtfertigung finden, wenn hier die Sterblichkeit der Kinder im ersten Lebensjahre als Anhang zur allgemeinen Betrachtung der Sterblichkeit nach dem Alter näher erörtert wird.

Aus Anlaß einer größeren statistischen Studie über „die Sterblichkeit der Kinder während des ersten Lebensjahres in Süddeutschland, insbesondere in Bayern"*) habe ich für verschiedene europäische Länder folgende Reihenfolge nach der Größe der Kindersterblichkeit gefunden.

---

*) Jahrgang 1870 der Zeitschrift des k. bayer. statistischen Bureau Seite 201 u. ff. (mit einer Karte).

Länder	Gestorbene im 1ten Lebensjahre auf 100 Lebend-geborene	Länder	Gestorbene im 1ten Lebensjahre auf 100 Lebend-geborene
Norwegen . . .	10,4	Preußen. . . .	20,4
Schottland . . .	11,9	Italien	22,8
Schweden . . .	13,5	Ungarn	24,7
Dänemark . .	14,4	Oesterreich . . .	25,1
England u. Wales	15,4	Sachsen	26,3
Belgien . . .	15,5	Baden	26,3
Frankreich . . .	17,3	Bayern	32,7
Spanien	18,6	Württemberg . .	35,4
Niederlande . . .	19,6		

Schon aus diesen allgemeinen Durchschnitten ergibt sich die hervorragend ungünstige Stellung Süddeutschlands in Betreff der Kindersterblichkeit, und daraus die dringende Mahnung an die süddeutschen Statistiker, die Frage der Kindersterblichkeit eingehend zu untersuchen.

Die höhere Sterblichkeit der Knaben im ersten Lebensjahre hat bereits oben Erwähnung gefunden. Sie bildet ein Naturgesetz, dessen Walten die Statistik der Bevölkerungsbewegung bisher überall nachgewiesen hat.

Eine gleichfalls allgemein constatirte Erfahrung ist ferner die größere Sterblichkeit der unehlichen Kinder im Vergleiche mit den ehlichen. Dabei zeigt sich, daß im Allgemeinen die Unterschiede in der Sterblichkeit der Ehlichen und der Unehlichen um so kleiner sind, je zahlreicher im Ganzen die unehlichen Geburten sind. Hienach wird von vorneherein wahrscheinlich, daß in der größeren Häufigkeit der unehlichen Geburten die entscheidende Ursache der hohen Kindersterblichkeit Süddeutschlands nicht gefunden werden kann. In der That stellt sich für Bayern die Sterblichkeit der Ehlichen allein in der Periode 18$^{62}/_{69}$ auf 31 Proz. der Lebendgeborenen.

Von Wichtigkeit ist die Zerlegung der Kindersterblichkeit des ersten Lebensjahres nach einzelnen Gruppen von Lebensmonaten. Ich habe dabei für Bayern gefunden, daß fast 14 Proz. der Lebendgeborenen im ersten Lebensmonate ins Grab sinken, daß diesen in den beiden folgenden Lebensmonaten 7 Proz., im zweiten Vierteljahre des Lebens sodann 5,4 Proz. und schließlich in der zweiten Hälfte des ersten Lebensjahres noch 5,7 Proz. der Lebendgeborenen folgen. Die Todesgefahr ist hienach innerhalb des ersten Lebensjahres um so größer, je kürzere Zeit nach der Geburt verflossen ist.

Von höchstem Interesse ist es, die enorme süddeutsche Kindersterblichkeit in ihr volles geographisches Detail aufzulösen. Dabei ergibt sich, daß Süddeutschland durchaus nicht im Ganzen gleichmäßig an der erhöhten Kindersterblichkeit betheiligt ist, sondern daß diese in einem geographisch scharf abgegrenzten Complexe auftritt. Ein Bruchstück der Grenze zwischen der hohen und mäßigen Kindersterblichkeit Süddeutschlands findet der Leser in dem oben (Seite 91) zur Veranschaulichung der Technik der Kartogramme mitgetheilten Ausschnitte aus meiner Karte der Kindersterblichkeit in Süddeutschland. In der dort ersichtlichen Abgrenzung der roth von der grün schraffirten Fläche liegt ein Bruchstück einer beachtenswerthen Entdeckung auf dem Gebiete der sozialen Geographie von Süddeutschland. Wenn sich der Leser jenes Bruchstück kartographischer Veranschaulichung auf ganz Süddeutschland ausgedehnt denkt, so tritt ihm folgendes Bild der süddeutschen Kindersterblichkeit entgegen.

Die Herrschaft der *hohen Kindersterblichkeit* fällt fast ausschließlich in das Flußgebiet der Donau; sie beschränkt sich aber nicht, wie man früher anzunehmen geneigt war, auf die schwäbisch-bayerische Hochebene, sondern sie dringt in einem breiten Striche auf das linke Donauufer über den schwäbischen und fränkischen Jura hinaus bis zum bayerischen Walde vor. Ihrer von Südwesten gegen Nordosten fortschreitenden Erweiterung setzen die Gebirgszüge der Alpen und des Böhmerwaldes eine convergirende Schranke.

Innerhalb dieses Gebietes der hohen Kindersterblichkeit finden wir zwei Complexe mit besonders ungünstigen Ergebnissen. Der eine davon, und zwar der kleinere, stellt ein ziemlich abgerundetes Bild dar, und fällt ausschließlich nach Bayern in die Gegend der Vereinigung von Donau und Altmühl. Die nähere geographische Configuration dieses Gebietsabschnittes findet der Leser in dem bereits erwähnten oben mitgetheilten Ausschnitt aus der Karte der Kindersterblichkeit in Süddeutschland. Aus der diesem Ausschnitt beigegebenen Legende ist zu entnehmen, daß die Kindersterblichkeit während des ersten Lebensjahres in der Gegend zwischen Eichstädt, Ingolstadt und Regensburg sogar 50 Proz. der Lebendgeborenen übersteigt. (Die betreffenden Beobachtungen gründen sich auf das Jahrsiebent $18^{62}/_{63}$ bis $18^{68}/_{69}$).

Der zweite Complex außerordentlich hoher Kindersterblichkeit erstreckt sich als breiter gewissermaßen bandartig verlaufender Landstrich von der Gegend des Inn in das Württembergische hinein. Auch in diesem Landstrich fehlt nicht viel daran, daß die Hälfte der Lebendgeborenen vor vollendetem ersten Lebensjahre ins Grab sinkt.

Im Ganzen kann nach den besonderen süddeutschen Verhältnissen eine Kindersterblichkeit im ersten Lebensjahre bis zu 35 Proz. der Lebendgeborenen als geringere, eine solche von mehr als 35 Proz. als hohe betrachtet werden. Eine solche Abgrenzung ist allerdings nur für Süddeutschland mit seiner großen durch Bayern, Württemberg und einen kleinen Theil von Baden laufenden Provinz excessiver Kindersterblichkeit zulässig; denn anderwärts findet man — und zwar mit Recht — schon eine Kindersterblichkeit von 25 bis 35 Proz. als auffällig und bedenklich hoch.

Lassen wir aber in besonderer Berücksichtigung der süddeutschen Verhältnisse die angegebene Grenzscheide gelten, so finden wir, daß das Gebiet der geringeren Kindersterblichkeit jene Provinz excessiver Lebensbedrohung der Kleinen in einem weiten Bogen vom Süden das Elsaß zuerst in nordöstlicher Richtung gegen Oberfranken und von da an nach dem Südosten hin bis in die Gegend von Passau umgibt. Außerdem tritt, wie schon erwähnt, die geringere Kindersterblichkeit der Alpen hervor.

Im Allgemeinen zeigt sich dabei eine allmälige Abnahme der Kindersterblichkeit in der Art, daß auf die Bezirke der „hohen" Kindersterblichkeit die der „mäßigen" und dann erst jene der „geringen" Kindersterblichkeit folgen. Dieß gilt namentlich von dem ausgedehnten Gebiete geringer Kindersterblichkeit im Nordwesten von Süddeutschland (Pfalz, Hessen, Unterfranken), welches durch einen breiten Strich etwas höherer („mäßiger") Kindersterblichkeit von den Bezirken der hohen Kindersterblichkeit getrennt ist.

Rascher vollzieht sich der Uebergang zu den zwei anderen bedeutenden Gebieten der geringen Kindersterblichkeit in der Südwest- und Nordostspitze des süddeutschen Beobachtungsgebietes. Am schroffsten ist der Uebergang im Süden von Baden, wo der geringen Kindersterblichkeit der Rheinebene und des Schwarzwaldes im Quell- und Flußgebiet der Donau alsbald eine bedeutende Kindersterblichkeit folgt. Uebrigens ist auch die geringe oberfränkische Kindersterblichkeit nur durch ein schmales Band „mäßiger" Sterblichkeit von den Bezirken der höchsten Kindersterblichkeit im Südwesten der Oberpfalz getrennt.

Die auffällige Höhe der Kindersterblichkeit, wie sie in einem großen Theile von Süddeutschland und zwar nicht etwa bloß in den größeren Städten, sondern namentlich auch auf dem Lande vorliegt, drängt zur Erforschung der Ursachen einer so bedauerlichen Erscheinung. Hierauf im Einzelnen einzugehen, ist jedoch hier nicht der Ort. Nach meiner Ansicht kann nur das Zusammentreffen mehrerer dem Kinderleben gefährlicher Umstände ein so außerordentlich ungünstiges Ergebniß herbeiführen. Daß insbesondere klimatische und Bodenverhältnisse nicht ohne Einfluß sind, darauf deutet die eigenthümliche geographische Abrundung der „Provinz" hoher Kindersterblichkeit in Süddeutschland hin. Die entscheidende Ursache aber wird allerdings darin nicht zu suchen sein; diese scheint vielmehr in der Ernährung und Pflege der Neugeborenen und namentlich in der Entziehung der Mutterbrust zu liegen. Ist dieß richtig, dann eröffnet sich auch die Aussicht auf allmälige Besserung der Kindersterblichkeitsverhältnisse, obwohl der Kampf mit Vorurtheilen und hergebrachten schlechten Volksgewohnheiten ein außerordentlich schwerer ist.

Nach der vorstehenden Zwischenbemerkung über die Kindersterblichkeit im ersten Lebensjahre knüpfe ich an die oben besprochene Ermittlung der allgemeinen Absterbeordnung nach dem Alter an, um den Leser darauf aufmerksam zu machen, daß daraus zwei vielgebrauchte aber nicht immer klar auseinandergehaltene Begriffe abzuleiten sind, nämlich der Begriff der wahrscheinlichen Lebensdauer und der Begriff der mittleren Lebensdauer.

Die wahrscheinliche Lebensdauer wird durch die Summe der Zeit ausgedrückt, welche vergeht, bis die Hälfte des gleichaltrigen Personencontingentes, dessen wahrscheinliche Lebensdauer bestimmt werden soll, verstorben ist. Handelt es sich also beispielsweise um die wahrscheinliche Lebensdauer der

Neugeborenen, so ist die Zahl der Jahre zu ermitteln, welche ablaufen, bis von 10 000 Geborenen 5000 verstorben sind.

Die mittlere Lebensdauer dagegen wird dadurch gefunden, daß die Gesammtsumme der von einem gleichaltrigen Personencontingente durchlebten Zeit durch die Zahl der Personen dividirt wird. Handelt es sich also um die mittlere Lebensdauer eines Contingentes von 10 000 Neugeborenen, so ist die Lebenszeit, welches jeder Einzelne dieser Geborenen bis zum Tode erfüllt, festzustellen, diese individuellen Lebenszeiten sind zu summiren, und die gefundene Snmme ist durch 10 000 zu dividiren.

Theoretisch ist hienach die Bestimmung sowohl der wahrscheinlichen als auch der mittleren Lebensdauer sehr einfach. Praktisch aber ist dieselbe so schwierig, wie die Ermittlung der Absterbeordnung selbst. Insbesondere gilt dieß von der correcten Feststellung der mittleren Lebensdauer, da diese voraussetzt, daß die ganze Absterbeordnung abgeschlossen vorliegt. Einfacher gestaltet sich die Ermittlung der wahrscheinlichen Lebensdauer, da diese schon feststeht, wenn nur erst die Hälfte des Beobachtungscontingentes abgestorben ist. Dagegen gibt die wahrscheinliche Lebensdauer auch eine viel geringere sachliche Belehrung; denn es kann die erste Hälfte, beispielsweise der Neugeborenen sehr rasch, die zweite Hälfte aber dann ganz allmälig absterben. Wenn sich der Leser der in der kurz vorhergehenden Betrachtung hervorgehobenen Thatsache erinnern will, daß in einzelnen Bezirken Süddeutschlands mehr als 50 Proz. der Lebendgeborenen im ersten Lebensjahre sterben, so wird ihm die Richtigkeit des Gesagten sofort klar werden; denn in diesen Bezirken ist die wahrscheinliche Lebensdauer kleiner als ein Jahr, während sie bei geringer Kindersterblichkeit 30 bis 40 fach größer ist. Die Hermann'schen Sterbetafeln für Bayern liefern zwar ausgiebiges Material zur Ermittlung der wahrscheinlichen Lebensdauer in Bayern; allein es bleibt immer noch das Bedenken wegen des störenden Einflusses der Wanderungen. Doch wird der Leser immerhin nach dem Gesagten mit Interesse die zwei letzten Spalten der oben (Seite 310) mitgetheilten Tabelle durchlaufen, um jene Altersstufe, bei welcher eine dem Betrage von 5000 möglichst nahe kommende Zahl steht, als die ungefähre wahrscheinliche Lebensdauer der Neugeborenen des männlichen und des weiblichen Geschlechts in Bayern zu erkennen.

Eine correct berechnete mittlere Lebensdauer für eine ganze Bevölkerung gibt es zur Zeit überhaupt noch nicht. Die Absterbeordnung, aus welcher eine solche abzuleiten wäre, trägt überall noch viel zu sehr das individuelle Gepräge einiger weniger Beobachtungsjahre. Doch wird von Jahr zu Jahr besseres Material geliefert und besteht Aussicht, daß in nicht zu ferner Zeit auch in dieser Hinsicht verlässige internationale Vergleichungen werden angestellt werden können. Bisher freilich ist mit dem Ausdruck „mittlere Lebensdauer" sehr viel Mißbrauch getrieben, und ist derselbe oft sehr leichtsinnig angewendet worden. Gewöhnlich identifizirte man ohne Weiteres das „Durchschnittsalter der Gestorbenen" mit der mittleren Lebensdauer der Geborenen, wobei sich die Eigenthümlichkeit ergab, daß man bei starker Geburtenmehrung angeblich eine Abnahme, bei Stillstand oder Rückgang der Geburten ohne Weiteres eine Zunahme der vermeintlichen mittleren Lebensdauer fand. So gelang es z. B. einem französischen Statistiker zur Glanzzeit des zweiten Kaiserreichs glaublich zu machen, es hätten die Franzosen unter diesem erklecklich an Lebensdauer gewonnen.

Ich glaube ehrlicher zu handeln, wenn ich den Leser nach dem gegenwärtigen Stand der Forschungen mit einer internationalen Statistik der mittleren Lebensdauer verschone; denn es wäre den mitzutheilenden Zahlen so viel beschränkendes Detail beizufügen, daß die ganze Studie für das vorliegende

Buch ungeeignet wäre. Um so eindringlicher aber sei die Mahnung an den Leser, alle Zahlen mit höchstem Mißtrauen entgegenzunehmen, welche ihm in der Tagespresse ohne Angabe der Berechnungsweise als vermeintlich feststehende Ermittlungen der mittleren Lebensdauer in verschiedenen Städten und Ländern, oder auch über angebliche zeitliche Aenderungen dieser mittleren Lebensdauer entgegentreten.

So mannigfaltig auch die bisherigen Ausführungen über die Statistik der Sterbfälle dem Leser erscheinen mögen, so sind dieselben doch weit davon entfernt, das Gesammtgebiet der Beobachtungen zu umfassen, auf welche sich die statistische Controle des Todes der Menschen erstreckt. Sie enthalten z. B. nichts über die Sterblichkeit nach dem Civilstand, nach Beruf und Erwerb, über die besonderen Mortalitätsverhältnisse in den Gefängnissen, in den Kasernen u. s. w. Gleichwohl gebietet die Rücksicht auf den hier zur Verfügung stehenden Raum den Abschluß der Erörterungen über die Statistik der Sterblichkeit. Es möge deßhalb hier nur noch ein kurzes Wort über die Sterbfälle nach Todesursachen gestattet sein.

Man sollte meinen, die Ueberlebenden hätten das größte Interesse an genauester Feststellung der Todesursachen der Verstorbenen. Thatsächlich aber ist dieß nicht der Fall. Sobald das Leben aus dem Körper gewichen ist, fühlen die Massen kein Bedürfniß zu dem scheinbar nahe liegenden Rückblick auf die Verkettung pathologischer Zustände, welche schließlich zum Tode führten; es überwiegt vielmehr die Sorge um die, wenn auch feierliche, so doch nicht lange zu verschiebende Bestattung. In weiten Volkskreisen zeigen sich dabei Vorurtheile mancher Art, welche der Leichenöffnung entgegenstehen, der verlässigen Erforschung der Todesursachen sehr hinderlich. So sehen wir denn Generationen um Generationen ins Grab sinken, ohne uns ganz verlässige Aufschlüsse über die Ursache des Todes jedes Einzelnen zu verschaffen, wie sie nur bei allgemeiner obligatorischer Leichenöffnung möglich wären.

Doch muß man so billig sein, zuzugestehen, daß ein solches Ideal der Statistik der Todesursachen überhaupt kaum jemals erreichbar ist, weil es an Aerzten zur Vornahme der Sektionen mindestens auf dem Lande fehlen würde. Man muß demnach zufrieden sein, wenn als Ersatz eine auf etwas niederer Stufe stehende aber doch immerhin dem Mangel jeglichen Nachweises vorzuziehende Statistik der Todesursachen vorliegt. Eine solche ist für ganze Bevölkerungen nur in jenen Ländern möglich, in welchen die allgemeine obligatorische Leichenschau als medizinalpolizeiliche Einrichtung besteht. Leider aber ist bis jetzt die Ueberzeugung von dem Nutzen einer solchen allgemeinen thunlichst den Aerzten zu übertragenden Leichenschau selbst in hochcivilisirten Ländern nicht unbedingt durchgedrungen, was am besten dadurch nachgewiesen wird, daß es gerade in der neuesten Zeit höchst zweifelhaft geworden ist, ob die beabsichtigte Vorlage eines Leichenschau-Gesetzes an den deutschen Reichstag überhaupt erfolgen wird.

Bayern gehört zu den wenigen Ländern, in welchen die Herstellung einer Statistik der Todesursachen für die ganze Bevölkerung seit Jahrzehnten unverdrossen versucht wird. Das reichgliedrige Detail der betreffenden Zahlen eignet sich jedoch nicht zur Mittheilung an dieser Stelle. Wer besonderes Interesse für diesen Zweig medizinalstatistischer Forschung hegt, wird die betreffenden Nachweise in den Veröffentlichungen des bayerischen statistischen Bureau zu finden wissen.

Hier möchte ich in aller Kürze nur in so weit diese Nachweise erwähnen, als sie ein weiterer Beleg für die Gesetzmäßigkeit des menschlichen Sterbens sind. Für die verschiedenen Krankheitsformen besteht eine durch die Erfahrung nachgewiesene mehr oder minder große Wahrscheinlichkeit eines gewissen Antheiles an der Gesammtheit der todtbringenden Ursachen. Am meisten gilt dieß von jenen Krankheitsformen, welche in größter Unabhängigkeit von Zeit und Ort überall auftreten, am wenigsten von den nur intermittirend, wenn auch in Form verderblicher Epidemieen wiederkehrenden Krankheitsformen.

Wie gleichmäßig sich in verschiedenen auf einander folgenden Jahren die Todesursachen nach Hauptgruppen vertheilen, mag folgendes aus der bayerischen Statistik gewählte Beispiel zeigen.

Todesursachen	Von je 100 Sterbfällen treffen auf die einzelnen Gruppen der Todesursachen im Jahre			
	1871	1872	1873	1874
Todtgeborene	3,60	4,19	4,29	4,42
Bald nach der Geburt Gestorbene	4,89	5,52	5,71	6,18
Altersschwäche	7,49	7,05	7,41	7,49
Tod durch äußere Gewalt	1,29	1,39	1,55	1,46
Tod in Folge der Schwangerschaft und des Kindbettes	0,72	0,85	1,04	0,99
Tod durch acute, nicht chirurgische Krankheiten	44,03	42,42	41,49	41,66
Tod durch chronische, nicht chirurgische Krankheiten	30,24	31,22	30,93	30,15
Tod durch einen plötzlichen Krankheitszufall	5,35	5,01	5,13	5,16
Tod durch chirurgische Krankheiten	1,45	1,42	1,50	1,55
Tod durch unbestimmte Ursachen	0,94	0,93	0,95	0,94
Zusammen	100	100	100	100

Das Interesse an der Statistik der Todesursachen steigert sich, wenn man auf die einzelnen Todesursachen eingeht. Dann genügt schon ein Blick auf die absoluten Zahlen um zu ersehen, ob man es mit einer constant oder variabel wirkenden Todesursache zu thun hat. Als Typus der ersteren Art von Todesursachen darf beispielsweise der Gehirnschlagfluß betrachtet werden. Ihm sind nach Angabe der Leichenschauer in Bayern erlegen:

im Jahre	1867/68	. . .	4105	Personen
„ „	1868/69	. . .	4147	„
„ „	1869/70	. . .	4337	„
„ „	1871	. . .	4775	„
„ „	1872	. . .	4233	„
„ „	1873	. . .	4641	„
„ „	1874	. . .	4690	„

Dagegen sind an den Blattern gestorben:

im Jahre	1867/68	. . .	917	Personen
„ „	1868/69	. . .	487	„
„ „	1869/70	. . .	363	„
„ „	1871	. . .	5070	„
„ „	1872	. . .	2992	„
„ „	1873	. . .	869	„
„ „	1874	. . .	236	„

Je mehr, wenn auch unter schweren Kämpfen der statistischen und ärztlichen Wissenschaft gegen die Indolenz der Massen, die Statistik der Todesursachen vervollkommnet wird, um so mehr wird die Gesetzmäßigkeit der vielartigen Todesbedrohung, welcher wir ununterbrochen ausgesetzt sind, nach den Quellen und Arten dieser Bedrohung klar gelegt werden.

Abgesehen von den zwischen die Statistik der Geburten und der Sterbfälle eingeschobenen Betrachtungen über die

Eheschließungen haben sich die bisherigen Erörterungen nur mit der Statistik der sogenannten natürlichen Bewegung der Bevölkerung beschäftigt. Wollte das Kapitel der Bevölkerungsbewegung im weitesten Sinne vollständig erschöpft werden, so müßte nun auch der in den Wanderungen liegenden sozialen Bewegung der Bevölkerung eingehende Berücksichtigung zugewendet werden. Theilweise ist dieß, soweit nämlich die inneren Wanderungen der Bevölkerung in Betracht kommen, bei Besprechung der Statistik der Bevölkerung nach dem Geburtsorte bereits geschehen. Die äußeren, d. h. die über die Landesgrenze stattfindenden Wanderungen hier zum Gegenstand eines besonderen Unterabschnittes der Betrachtung zu machen, wäre zwar eine lohnende Aufgabe, würde aber doch dem Abschnitte über die Bevölkerungsstatistik eine kaum zu rechtfertigende Ausdehnung geben.

Außerdem kommt in Betracht, daß die Wanderung als menschliche Willenshandlung im Gegensatz zu den vom Willen der Betheiligten unabhängigen Thatsachen der Geburt und des Todes erscheint. Die Statistik der Wanderungen kann deßhalb mit vollem Rechte den moralstatistischen Untersuchungen zugewiesen werden. Ganz besonders wird dieß zweckmäßig bezüglich jener Erscheinungen der Wanderungsstatistik geschehen, welche ihrerseits einen beachtenswerthen Zusammenhang mit anderweitigem Gang moralstatistisch bedeutsamer Ereignisse zeigen. Hieher gehört vor Allem der Zusammenhang, welcher zwischen Auswanderung, Criminalität und Getreidepreisen zwar nicht überall und zu allen Zeiten aber doch unter gewissen Voraussetzungen beobachtet worden ist. Bei dieser speziellen moralstatistischen Studie werde ich denn auch im folgenden Abschnitte auf die Statistik der Auswanderung und insbesondere auf deren zeitliche Schwankungen zurückkommen.

III. Abschnitt.

Moralstatistisches.

Als Moralstatistik im weitesten Sinne ist die Gesammtheit statistischer Forschungen zu bezeichnen, welche sich auf jene menschlichen Handlungen beziehen, die einen Rückschluß auf sittliche Zustände gestatten. Es ist hienach klar, daß der Begriff der „Moralstatistik" gegenüber den üblichen formalen Eintheilungen der Statistik in Bevölkerungsstatistik, wirthschaftliche Statistik, Bildungsstatistik, politische Statistik u. s. w. kein ausschließender ist, sondern daß in allen Zweigen der Statistik moralstatistischer Stoff enthalten ist. In der That haben die bevölkerungsstatistischen Untersuchungen, welche den Hauptinhalt des vorliegenden Werkes bilden, mehrfach auf moralstatistische Betrachtungen geführt. Solches war sowohl bei der Untersuchung des Standes als der Bewegung der Bevölkerung der Fall, und habe ich den Leser nur beispielsweise an die Erörterungen über die Civilstandverhältnisse der Bevölkerung, über die unehlichen Geburten und insbesondere über die Eheschließungen zu erinnern. Bei den letzteren trat die spezifisch moralstatistische Untersuchungsweise ganz besonders in den Vordergrund. Deßhalb war es auch unerläßlich, schon dort die statistische Prüfung der Theorie des „freien Willens" einigermaßen zu streifen.

Wenn ich gleichwohl in den gegenwärtigen Schlußbetrachtungen noch besonders auf „Moralstatistisches" zurückkomme, so geschieht es deßhalb, um des Lesers Aufmerksamkeit noch auf ein im Bisherigen unberührtes, für die Erforschung der Gesetzmäßigkeit im Gesellschaftsleben aber hochwichtiges Beobachtungsgebiet, nämlich auf die Criminalstatistik zu lenken. Auf eine erschöpfende Darlegung der Ergebnisse der Criminalstatistik muß ich allerdings verzichten. Doch dürfte immerhin das, was ich dem Leser hier in Kürze vorführe, genügen, um dessen Einblick in die Eigenartigkeit der gesetzmäßigen Erscheinungen des Gesellschaftslebens wesentlich zu fördern.

Wie schon in den allgemeinen Erörterungen des ersten Abschnittes hervorgehoben wurde, gehören zu den wichtigsten und der Forschung im höchsten Grade würdigen gesellschaftlichen Thatsachen unzweifelhaft diejenigen, welche eine ethische Bedeutung haben und deßhalb zu Schlüssen auf die Volksmoral berechtigen.

Zunächst erscheint aber die exakte Massenbeobachtung in dieser Hinsicht wesentlich behindert. Die gute oder schlechte Gesinnung ist zwar auch eine Thatsache, aber der quantitativen Feststellung absolut unzugänglich. Das Aeußerste, was hier erreichbar erscheint, ist eine verhältnißmäßige Schätzung. Wir können im Allgemeinen den A für gewissenhafter, tapferer, aufopfernder halten als den B, aber die Differenzen in der Gewissenhaftigkeit, Tapferkeit und Aufopferungsfähigkeit Beider können wir nicht in bestimmten Prozentzahlen ausdrücken. Die Thatsachen-Beobachtung kann nur an positive Handlungen anknüpfen, welche als Ausflüsse der sittlichen oder unsittlichen Gesinnung erscheinen, und deßhalb nach dem Gesetze der Proportionalität von Wirkung und Ursache zu Schlußfolgerungen auf die Gesinnung selbst berechtigen. Die statistische Operation auf diesem Gebiete fällt der sogenannten Moralstatistik zu. Aber auch in der Beschränkung auf die Constatirung positiver Handlungen findet der Statistiker noch zahllose Schwierigkeiten. Die sittlich guten und sittlich schlechten Handlungen sind nicht gerade selten; sie folgen sich in mannigfaltigem Wechsel und in sehr verschiedener Schwere von Tag zu Tag in unserem Leben. Aber Tausende derselben kommen und vergehen, ohne daß eine statistische Verzeichnung sie vollständig und gleichmäßig erfassen könnte. Ja sie sind meistens so vielgestaltig und eng in einander verflochten, daß wir selbst kaum im Stande wären, wenn wir es auch wollten, sie zu exakter Massenbeobachtung tauglich einzugestehen. Und — wollten wir sie überhaupt eingestehen? Ich rathe Niemand, Tag für Tag bei seinen Mitbürgern vorzusprechen und sie um gefällige Angabe ihrer guten und schlechten, weisen und thörichten, edlen und gemeinen Handlungen — selbstverständlich unter genügender Angabe der näheren Umstände! — zu ersuchen.

Glücklicherweise kommt der Moralstatistik die staatliche Organisation der Gesellschaft zu Hilfe. Diese führt erfahrungsgemäß dazu, daß gewisse moralisch bedeutsame Handlungen durch die staatliche Gesetzgebung in eine concrete Form gebracht oder einer besonderen Bewerthung unterworfen werden, welche hinterher auch deren statistische Ermittlung möglich macht.

Die sittliche Geschlechtsgemeinschaft wird erst durch die religiöse und staatliche Sanction der Eheschließung zu einer von anderweitiger Geschlechtsgemeinschaft unzweifelhaft sich abhebenden und zugleich statistisch erfaßbaren Thatsache. Der Selbstmord erscheint der staatlichen Organisation, auch wenn davon abgesehen wird den Versuch dazu unter die strafbaren Handlungen einzureihen, als ein so auffallendes und bedenkliches Ereigniß, daß sie dessen genaue Constatirung verlangt, wodurch zugleich der Statistik wichtiges Material geliefert wird. Die größten Dienste aber leistet die staatliche Organisation der Moralstatistik durch die offizielle Stempelung zu Rechtswidrigkeiten, welche die Strafgesetzgebung einer Reihe von Handlungen angedeihen läßt. Die Verletzungen des Sittengesetzes sind als solche unfaßbar; soweit sie durch das Strafgesetz besonders gekennzeichnet sind, sollen sie grundsätzlich ausnahmslos von Staatswegen constatirt und damit auch der Statistik zugänglich gemacht werden. Das ist nun zwar bekanntlich nicht der Fall, und Tausende von Verbrechen deckt der Schleier eines Geheimnisses, welches die Strafjustiz niemals ergründet. Im Großen und Ganzen aber ist es doch ein höchst wichtiges und massenhaftes Material, welches der stetige Gang der Strafrechtspflege für die Moralstatistik liefert. Sind es auch nur Bruchtheile von der ganzen Summe der gesetzlich zu „Reaten“ gestempelten Rechtswidrigkeiten, welche in der Criminalstatistik erscheinen können, so müssen doch diese Bruchtheile als proportional ungefähr gleichbleibende Repräsentanten der wirklichen Menge staatlich gebrandmarkten Unrechts betrachtet werden, deren Gestaltung einen Rückschluß auf den Umfang und die Richtung des rechtswidrigen und unsittlichen Handelns selbst erlaubt.

Man kann nicht sagen, daß das Material der Criminalstatistik überall mit Ernst und Eifer gesammelt und bearbeitet wird. Die Erscheinung ist nicht selten, daß die doch eigentlich zunächst daran Interessirten, nämlich die Richter und Staatsanwälte, die statistischen Tabellen gründlich verabscheuen. Solches ist überdieß nicht etwa bloß bei jenem Theil der Tabellen der Fall, welche moralstatistische Bedeutung im engeren Sinn haben, sondern auch gegenüber den vorzugsweise für die Justizpolitik beachtenswerthen statistischen Nachweisen. Als Beispiel darf das geringe Interesse aufgeführt werden, welches bezüglich der Gewinnung exakter Nachweise über Art und Größe der verhängten Strafen, insbesondere über die Dauer der Freiheitsstrafen obwaltet. Bei der Berathung der Strafbestimmungen in den Gesetzgebungs-Ausschüssen und parlamentarischen Körperschaften ist man eifrig bemüht, die verschiedenen Formen der strafbaren Handlungen von einander abzugrenzen und den Strafrahmen, innerhalb dessen der Richter zu wählen hat, zu bestimmen. Man hat sich aber merkwürdigerweise bisher noch außerordentlich wenig darum gekümmert, wie denn die Wahl des Richters, sei dieser nun ein Einzelner oder ein Collegium, innerhalb des ihm gewährten Spielraumes ausfällt. Und doch sollte man meinen, eine Umschau sei in dieser Hinsicht gerade bei den modernen Systemen des Strafrechtes recht sehr am Platze, da diese dem Richter einen außerordentlich weiten Spielraum der von ihm zu wählenden Strafgröße einräumen.

Andererseits ist allerdings nicht zu verkennen, daß auch von dem vorhandenen criminalstatistischen Rohstoff nur erst ein Theil einigermaßen verarbeitet ist. Aber so reformbedürftig die Produktion und Consumtion der Criminalstatistik auch noch sein möge, das was sie bis jetzt schon geleistet hat, ist von erschütterndem Gewicht. Die umfassendste, am frühzeitigsten begonnene und am regelmäßigsten fortgeführte Criminalstatistik besitzt Frankreich. Ihr hat Quetelet, ein belgischer Süßmilch, vor fast einem halben Jahrhundert im Anschluß an französische Forschungen, zuerst den Stoff zu der moralstatistischen Studie entnommen, welche in dem von ihm selbst in seinen späteren Schriften oft wiederholten Satze gipfelt: „Es gibt ein Budget, welches mit erschütternder Regelmäßigkeit gezahlt wird, das ist das Budget des Gefängnisses, der Galeere und des Schaffots.“

Die „Butgetisirung“ der Rechtswidrigkeiten war die erste und mit Recht epochemachende Leistung der Moralstatistik. Knüpfen wir hier an und überzeugen wir uns an einigen Zahlen, in wie ferne die Gleichmäßigkeit in den criminellen Erscheinungen denn auch wirklich besteht. Wenn ich bei den einschlägigen Zahlen, die ich hier ohnedieß nur in beschränkter Auswahl bringen darf, die neuesten Ergebnisse der deutschen Criminalstatistik nicht verwerthe, so wolle der Leser bedenken, daß hieran einerseits der störende Einfluß der Aenderungen der Strafgesetzgebung in der Neuzeit, sodann aber auch der

Umstand Schuld trägt, daß es eine gemeinsame deutsche Criminalstatistik zur Zeit überhaupt noch nicht gibt.

Quetelet hatte seine ersten Forschungen in der Criminalstatistik auf einige wenige Jahre mit besonderer Berücksichtigung der Ergebnisse der französischen Strafrechtspflege beschränkt. Diese ersten, zeitlich sehr eng begrenzten, Forschungen sind ihm bis an sein Lebensende im Wesentlichen maßgebend geblieben. Die kurze Beobachtungszeit macht es erklärlich, daß Quetelet in einzelnen Beziehungen angebliche Regelmäßigkeiten fand, welche bei der nunmehrigen weiteren Entwicklung der Criminalstatistik als allgemeine Erscheinungen entschieden nicht nachgewiesen werden können. Sehen wir von diesen ab, da eine weitere Kritik nach dieser Richtung zu tief in das technische Detail der Criminalstatistik führen würde, so können wir allerdings eine Reihe criminalstatistischer Ergebnisse verfolgen, deren Gleichmäßigkeit in hohem Grade überrascht.

Zunächst soll die zeitliche Schwankung der Verbrechenzahl und deren Zusammenhang mit anderweitigen sozialen und wirthschaftlichen Vorgängen außer Betracht gelassen und vorzugsweise das „innere Gefüge“ der Verbrechenmassen untersucht werden, wie es aus den statistischen Nachweisen über die persönlichen Verhältnisse der Verbrecher zu ersehen ist.

Vor Allem verdient die Betheiligung der Geschlechter Beachtung. Bei den in Bayern diesſ. d. Rheins von den Schwurgerichten und den Kreis- und Stadtgerichten bzw. Bezirksgerichten Abgeurtheilten trafen in dem Zeitraume von $18^{49}/_{50}$ bis $18^{60}/_{61}$ auf 100 Männer in den einzelnen Jahren: 17, 18, 21, 23, 25, 27, 26, 25, 18, 19, 21, 20 Weiber, sodann von $18^{62}/_{63}$ bis $18^{65}/_{66}$: 19, 18, 16, 15 Weiber.

Hieraus ergibt sich trotz einiger Fluktuationen eine ziemliche Regelmäßigkeit der Weiberbetheiligung. Quetelet hatte bei seinen ersten Forschungen auf Grund der französischen Criminalstatistik für $18^{26}/_{30}$ ein hiemit vollkommen übereinstimmendes Ergebniß gefunden, nämlich 23 Weiber auf 100 Männer. Die Statistik der Aufgreifungen im Seine-Departement von 1855 bis 1864 ergibt 21 Weiber auf 100 Männer, und zwar stellt sich in den einzelnen Jahren das Verhältniß folgendermaßen: 24, 23, 22, 19, 21, 24, 21, 18, 19, 19. Das Weib hätte hienach im Großen und Ganzen nur etwa den vierten bis fünften Theil der Wahrscheinlichkeit des Mannes, der Strafjustiz zu verfallen. Dabei sind die Schwankungen, welche sich zeitlich und räumlich ergeben, bei den Durchschnitten für ganze Länder in der That nur gering.

Allerdings liegt die Sache bei tieferem Eingehen, namentlich in geographischer Beziehung, nicht so ganz gleichartig. Man beobachtet dann beispielsweise, daß die Weiberbetheiligung am Verbrechen in großen Städten regelmäßig viel größer ist als bei vorwiegend ländlicher Bevölkerung. So trafen auf 100 abgeurtheilte Individuen solche weiblichen Geschlechts während der vier Jahre $18^{62}/_{63}$ bis $18^{65}/_{66}$ bei dem ausschließend städtischen Bezirksgericht München l/J.: 31, 28, 30, 26, dagegen bei dem Bezirksgericht Freising mit vorzugsweiser ländlicher Bevölkerung: 10, 9, 9, 10. Aber gleichwohl sind auch hier, wie man sieht, im Einzelnen die Ergebnisse bewunderungswürdig constant. Dasselbe gilt von der Weiberbetheiligung in solchen Ländern, in welchen, wie in England, überhaupt der gesammte criminelle Hang der weiblichen Bevölkerung einen großstädtischen Charakter zu tragen scheint. In England und Wales trafen bei den vor das Schwurgericht gehörigen Reaten in den Jahren 1858 bis 1864 auf 100 Männer 35, 36, 38, 33, 31, 32, 32 Weiber. In London steigert sich die criminelle Weiberbetheiligung. Es trafen nämlich bei den Aufgreifungen der Metropolitanpolizei in den Jahren 1854 bis 1862 auf 100 Männer 57 Weiber. Liverpool und Dublin stehen mit 69 bzw. 84 Weibern auf 100 Männer noch höher oder — richtiger gesagt — tiefer. Allerdings haben wir es in dem letzten Falle nicht mit eigentlicher Criminalstatistik sondern mit der ihr immerhin nahe verwandten Polizeistatistik zu thun.

Wenn hienach auch die räumlichen Unterschiede der criminellen Weiberbetheiligung größer sind, als man früher anzunehmen geneigt war, so zeigt sich doch in zeitlicher Hinsicht und außerdem auch in der Neigung zu den verschiedenen Arten von Verbrechen eine bemerkenswerthe Constanz. Wer leitet bei dem Ersatzgeschäfte der Verbrechen diese constante Antheilnahme der Geschlechter? Ist es, um mit Süßmilchs Auffassung der Bevölkerungsstatistik zu reden, eine „göttliche Ordnung", die wir hier erkennen; ist es ein dämonisches Fatum, oder endlich, ist es vielleicht das nothwendige nur in der Massenwirkung überraschende Produkt tausendfacher Strebungen und Gegenstrebungen der Willensfähigen beider Geschlechter? — Drängen wir diese vorzeitigen Fragen vorerst zurück!

Die **Betheiligung der Altersklassen** am Verbrechen bietet noch grösseres Interesse als jene der Geschlechter. Die constante Betheiligung der einzelnen Altersklassen an den staatlich verfolgten rechtswidrigen Handlungen gehört zu den merkwürdigsten Erscheinungen, welche die Criminalstatistik klarlegt. Leider ist das criminalstatistische Material verschiedener Länder, darunter auch von Bayern, in dieser Beziehung sehr mangelhaft. Vorzüglich ist dagegen die französische und die englische Criminalstatistik. Die betreffenden Nachweise sind jedoch der Natur der Sache nach so vielgliedrig und zahlenreich, daß sie ohne die Vorführung von umfangreichen

Tabellen, welche ich hier vermeiden will, nur in Beispielen verwerthet werden können. Aber auch diese sind schon in hohem Grade belehrend und regen vielleicht den einen oder anderen Leser zu näherer Kenntnißnahme von den Ergebnissen der Criminalstatistik an.

Ich wähle zunächst aus der französischen Criminalstatistik Folgendes. Setzt man die Gesammtzahl der vor den Schwurgerichten angeklagten männlichen Personen = 1000, so treffen

in den Jahren	auf die Altersklassen von 16 bis 21 Jahren	von 50 bis 55 Jahren
1855	144	54
1856	140	55
1857	141	51
1858	138	53
1859	149	57
1860	154	52
1861	127	58
1862	143	55
1863	138	56
1864	144	57
im Durchschnitt	142	55

Eine nicht minder überraschende Constanz des Antheiles der einzelnen Altersklassen zeigt die Statistik der von der Metropolitanpolizei in London in Gewahrsam genommenen Personen. Setzt man nämlich bei diesen — ohne Unterscheidung der Geschlechter — die Gesammtzahl der in Gewahrsam Genommenen = 1000, so treffen

in den Jahren	auf die Altersklassen von 20 bis 25 Jahren	von 30 bis 40 Jahren
1854	206	207
1855	202	205
1856	208	198
1857	212	192
1858	206	200
1859	198	208
1860	200	206
1861	210	203
1862	210	207
im Durchschnitt	206	202

Die Betheiligung der einzelnen Altersklassen ist in der That eine so charakteristische, daß die Curve der Wahrscheinlichkeit ein Verbrechen zu begehen, für die verschiedenen Altersklassen genau construirt werden kann. Man hat nur die besondere Altersstatistik der Verbrecher mit der im zweiten Abschnitt besprochenen allgemeinen Altersstatistik der gesammten lebenden Bevölkerung in Verbindung zu bringen, um die jeder einzelnen Altersstufe entsprechende Verbrechensquote zu finden. So viel kann mit Sicherheit, wie schon Quetelet hervorgehoben hat, festgestellt werden, daß der Hang zum Verbrechen aus der jugendlichen Unschuld heraus sich sehr rasch und mächtig entwickelt, so zwar daß er schon in der Zeit vom 21sten bis 25sten Lebensjahre am stärksten ist, worauf er sich bis zum 30sten Lebensjahre nur wenig senkt, um dann in stetiger Progression abzunehmen. Man begreift hienach leicht, daß eine Bevölkerung, alles Uebrige gleich gesetzt, um so mehr Verbrechen begehen wird, je stärker in ihr die 20- bis 30 Jährigen vertreten sind. Hierauf beruht zu einem wesentlichen Theile die höhere Criminalität der Städte, in welchen die den produktiven Altersjahren Angehörigen besonders angehäuft sind — wie im vorigen Abschnitte eingehend nachgewiesen wurde — während hinwiederum die in den Zahlen der Criminalstatistik gefundene höhere Moral des Landvolkes zum großen Theile in seinem verhältnißmäßigen Ueberschuß an criminalunfähigen Kindern und dem Verbrechen abgeneigten Greisen ihren Grund hat.

Die charakteristische Neigung einzelner Altersklassen zu bestimmten Graden der Criminalität überhaupt findet ihr Gegenstück in den Beziehungen, welche zwischen dem Alter der Verbrecher und bestimmten Arten von Verbrechen bestehen. Schon Quetelet hat die Laufbahn des statistischen Typus eines Verbrechers in einer Weise gezeichnet, welche, wenn auch im Einzelnen anfechtbar, im Großen und Ganzen doch entschieden richtig ist. Die Worte Quetelet's in dieser Beziehung sind klassisch geworden; auch Oettingen nimmt in seiner Moralstatistik neuerlich auf dieselben Bezug, ich glaube sie deßhalb hier einschalten zu sollen. Quetelet sagt: „Der Hang zum Diebstahl, der als einer der frühesten zum Vorschein kommt, begleitet uns durch unser ganzes Leben. Man möchte ihn als eine nothwendige Zugabe der menschlichen Schwachheit, die ihm instinktartig nachgibt, betrachten. Anfangs macht er sich das im Schoße der Familie herrschende Vertrauen zu Nutze; der Hausdiebstahl ist am frühesten entwickelt. Sodann macht er sich auch außerhalb geltend, bis er sogar auf öffentlichen Wegen zur Gewalt schreitet, wobei der Mensch die traurigste Probe seiner Körperkraft durch Tödtungen aller Art abzulegen beginnt. Dieser unglückliche Hang erscheint indessen später als derjenige, welcher im Jünglingsalter mit dem Feuer der Begierden und mit den sie begleitenden Zügellosigkeiten sich entwickelt, und den Menschen zu fleischlichen Verbrechen treibt, indem er sich seine Opfer unter den Wesen aufsucht, von deren Schwäche am wenigsten Widerstand zu erwarten ist. Neben diesen ersten Excessen der Begierden, der Habsucht und der Stärke erscheinen bald Verbrechen, die mit kalter Ueberlegung begangen werden; der kälter gewordene Mensch zieht es vor zur Vernichtung seines Opfers den Meuchelmord und die Vergiftung zu wählen. Die letzten Stufen auf der Bahn des Verbrechens endlich bezeichnet die Hinterlist, die gewissermaßen die Stelle der Kraft vertritt. Das scheußlichste Bild bietet der Verbrecher um die Zeit seiner Abnahme dar. Seine unersättliche Habsucht erwacht wieder mit mehr Eifer, und er erscheint als Fälscher; benutzt er noch einigermaßen die Kräfte, welche die Natur ihm übrig gelassen, so geschieht es am ehesten um seinen Feind im Dunkeln zu treffen; sind endlich seine scheußlichen Begierden noch nicht erloschen, so sucht er sie vorzugsweise an schwachen Kindern zu befriedigen. Auf diese Weise findet wenigstens in letzterer Hinsicht eine gewisse Annährung zwischen seinen ersten und seinen letzten Schritten auf der Bahn des Verbrechens statt, nur daß dieselbe That, die beim jugendlichen Verbrecher als Folge der Unerfahrenheit oder der Heftigkeit seiner Begierden noch relativ entschuldbar erscheint, beim Greise als das Ergebniß der tiefsten Unsittlichkeit und als der Culminationspunkt der Verworfenheit bezeichnet werden muß."

Die Unterscheidung der Verbrecher nach dem Civilstand ergibt die beachtenswerthe Thatsache, daß die Ledigen ein viel größeres Contingent stellen als die Verheiratheten. Man macht dieß — und ich selbst habe es in meinen Studien über die bayerische Criminalstatistik gethan — als ein Zeichen der sittigenden Wirkung der Ehe geltend. Das ist gewiß auch ganz richtig; denn der Abstand der Criminalität der Ledigen und der Verheiratheten ist ein sehr großer. Die bayerische Criminalstatistik für 1862—66 ergibt, daß die Criminalität der Verheiratheten (bemessen nach den Aburtheilungen vor den Schwur- und Bezirksgerichten) nur 37 Proz. der Criminalität der Ledigen beträgt. Von 10000 Verheiratheten wurden durchschnittlich 17, von 10000 Ledigen durchschnittlich 48 im Jahr abgeurtheilt. Allzusehr dürfen aber die Verheiratheten auf ihren Vorzug nicht pochen. Wir haben gesehen, daß der Hauptthang zu Verbrechen auf die jüngeren Jahre des Menschen trifft, in welchen er in der Regel noch nicht verheirathet ist. Erscheint es dann unbedingt als besonderes Verdienst der Verheiratheten, wenn sie ein geringeres Contingent zu den Verbrechern stellen? Außerdem darf man nicht vergessen, daß das Heer der Verbrecher seine Ersatzmannschaft zu einem großen Theil in Gesellschaftsschichten findet, in welchen das eheliche Band eine wirthschaftlich größere Last und deßhalb weniger gesucht ist, als in anderen sozialen Kreisen und im mittleren Gesellschaftsdurchschnitt. Im Uebrigen ist die Constanz in der verhältnißmäßigen Betheiligung der Ledigen und Verheiratheten an Verbrechen und Vergehen eine sehr große. Die bayerische Criminalstatistik ergibt für 1862—66 im Gebiete diesseits des Rheins auf 100 von den Schwur- und Bezirksgerichten Abgeurtheilte

im Jahre	Ledige	Verheirathete
18⁶²/₆₃	78	22
18⁶³/₆₄	79	21
18⁶⁴/₆₅	80	20
18⁶⁵/₆₆	78	22

Unter der älteren Strafgesetzgebung, d. h. vor dem Jahre 1862 war der Antheil der Verheiratheten im Gebiete diesseits des Rheins im Ganzen etwas größer, aber gleichfalls sehr constant. Er betrug von 18³⁷/₃₈ bis 18⁴¹/₄₂: 34, 34, 31, 36, 33 Proz.; von 18⁴³/₄₄ bis 18⁴⁷/₄₈: 32, 32, 27, 24, 29 Proz.; von 18⁴⁹/₅₀ bis 18⁶⁰/₆₁: 34, 33, 32, 35, 34, 37, 36, 32, 32, 35, 32, 29 Proz.

Ob die **Bildung** den Hang zum Verbrechen in der

Gesammtheit seiner Richtungen vermehrt oder vermindert, ist ein criminalstatistisches Problem ersten Ranges, dessen Untersuchung sehr schwierig und zur Zeit noch durchaus nicht abgeschlossen ist. Es soll deßhalb hier nur auf die Constanz hingewiesen werden, mit welcher die einzelnen Bildungsstufen am Verbrechen betheiligt erscheinen. Leider ist es sehr schwer die Bildungsstufe überhaupt statistisch festzustellen, und muß man sich deßhalb mit wenigen, vorzugsweise nach dem äußeren Merkmale der Schreib- und Lesekenntnisse bemessenen Unterscheidungen begnügen.

Die französische Criminalstatistik der Jahre 1855 bis 1864 ergibt in dieser Beziehung Folgendes. Von 100 überhaupt wegen Verbrechen Angeklagten

konnten weder lesen noch schreiben zwischen	43—48	Proz.
„ unvollständig lesen und schreiben	38—44	„
„ gut lesen und schreiben	9—14	„
waren von höherer Bildung	3—6	„

Der Spielraum des Prozentantheiles der einzelnen Bildungsstufen innerhalb der einzelnen Jahre des Dezenniums ist hienach ein ziemlich mäßiger.

Es würde vielleicht ermüden, wollte ich in ähnlicher Weise die constanten Verhältnisse der Criminalität nach Beruf, Confession, Nationalität, Klima u. s. w. verfolgen, obwohl sich auch hiebei eine reiche sozialstatistische Ausbeute ergäbe. Nur eine Thatsache will ich als besonders charakteristisch für die Gleichmäßigkeit von Verhältnissen, welche sich aus den verwickeltsten Umständen immer wieder neu bilden, hier noch anführen, nämlich das Verhältniß der Freisprechungen und der Verurtheilungen. Nichts scheint einem bestimmten Zahlenverhältniß ferner zu stehen als dieses nach freiem richterlichen Urtheil über Schuld oder Nichtschuld auf Grund der verschiedenartigsten Umstände sich ergebende Verhältniß. Und dennoch zeigt die Criminalstatistik auch hier eine überraschende Regelmäßigkeit.

Vor den französischen Schwurgerichten trafen auf 100 Angeklagte Freigesprochene:

im Jahr	1855	25	im Jahr	1860	25
" "	1856	25	" "	1861	25
" "	1857	24	" "	1862	26
" "	1858	23	" "	1863	25
" "	1859	25	" "	1864	24

In Bayern betrug die Zahl der Freigesprochenen bei den Bezirksgerichten

im Jahr	$18^{62}/_{63}$	9	Proz. der Abgeurtheilten
" "	$18^{63}/_{64}$	10	" " " "
" "	$18^{64}/_{65}$	9	" " " "
" "	$18^{65}/_{66}$	10	" " " "

Noch weiter ins Detail gehende Regelmäßigkeiten hat Oettingen für die Wahrsprüche der preußischen Geschworenen mit Rücksicht auf die Schuldigerklärung nach der Anklage oder in anderer Weise, sowie in Bezug auf die Anerkennung oder Verneinung mildernder Umstände nachgewiesen.

Was bisher an criminalstatistischen Daten beigebracht worden ist, dürfte genügen, um einen Einblick in die überraschende Regelmäßigkeit zu geben, welche der scheinbar wüsten und regellosen Welt der Verbrechen eigen ist. Vergessen wir aber bei der Bewunderung dieser Regelmäßigkeiten nicht, daß wir immer nur die inneren relativen Verhältnisse oder, wie man es bildlich bezeichnen darf, eben nur das Gefüge des verbrecherischen Treibens, nicht aber dessen Größe und Umfang selbst, und namentlich nicht dessen zeitliche Bewegung berücksichtigt haben. Gilt nun auch hiefür die bisher gezeigte Regelmäßigkeit?

Wir haben da eine Hauptfrage der Criminalstatistik vor uns. Die Quetelet'sche Schule scheint geneigt, auch hier mit ihrem Meister die Budgetisirung der Verbrechen anzuerkennen und die einzelnen Jahresschwankungen nur als zufällige und in einem längeren Zeitraum sich ausgleichende Erscheinungen zu betrachten. Das massenhafte Material, welches die Criminalstatistik in der Neuzeit zu Tage gefördert hat, läßt die absolute Budgetisirung des Verbrechens als unhaltbar erscheinen. Ja, wollten wir tiefer in das Detail der Nachweise eingehen, so würden wir sogar finden, daß auch jenes „Gefüge", dessen Regelmäßigkeit im Allgemeinen allerdings anzuerkennen ist, gerade in den von Quetelet besonders hervorgehobenen Beziehungen mancherlei nicht bloß gelegentliche und vorübergehende Verschiebung erleidet. Jedenfalls aber steht so viel fest, daß ein absolutes der Welt diktirtes Maß von Verbrechen nicht nachweisbar ist. Im Gegentheil sind die zeitlichen Schwankungen der Criminalität auch unter gleichbleibender Strafgesetzgebung, welche selbstverständlich immer vorausgesetzt wird, recht bedeutend. Wir können hiefür aus der bayerischen Criminalstatistik der sechziger Jahre von 1862 an, also eines Zeitraumes, in welchem keine Aenderung der Strafgesetzgebung eingetreten ist, einen sehr deutlichen, wenn auch wenig erfreulichen, Beleg finden.

Die Zahl der von den Schwur- und Bezirksgerichten abgeurtheilten Vergehen gegen Leib und Leben Anderer betrug in Bayern

im Jahr	18⁶²/₆₃	1901
" "	18⁶³/₆₄	2839
" "	18⁶⁴/₆₅	3669
" "	18⁶⁵/₆₆	4232
" "	1867	4201
" "	1868	4866
" "	1869	6002

So schlagend dieses Beispiel ist, so ist es doch nur ein vereinzeltes. Ein tieferer Einblick in die Frage der „Vorbestimmung der Verbrechen“, wie man sie vielleicht nennen könnte, wird erst durch eine umsichtige Vergleichung langer Jahresreihen criminalstatistischer Nachweise gewonnen. Diese ergibt dann, wie ich mich selbst bei einer solchen Arbeit entschieden überzeugt habe, daß es eine Fiktion ist, die sehr bedeutenden Schwankungen als nur von sekundärer Bedeutung hinzustellen. Im Gegentheil, gerade in ihnen liegt das Wichtigste von der ganzen Criminalstatistik. Das obige Beispiel aus der bayerischen Criminalstatistik legt die Vermuthung nahe, daß die mancherlei schweren Parteikämpfe, welche die Neuzeit brachte, und die unvermeidlichen Einflüsse derselben auf die Verschärfung des Urtheils über die anders Gesinnten, allmälig die Achtung der fremden Person mehr und mehr abgeschwächt haben. Am lautesten aber predigt die vergleichende Geschichte der Verbrechen und der Getreidepreise den ungeheueren Einfluß wirthschaftlicher Verhältnisse auf die Criminalität.

Zu einer solchen Studie sind Beobachtungen für einen langen Zeitraum erforderlich, in welchem keine wesentliche Aenderung der Strafgesetzgebung und keine entscheidende Verschiebung der allgemeinen sozialen Verhältnisse eingetreten ist. Hienach ist klar, daß die neuesten criminalstatistischen Ergebnisse hiezu nicht dienlich sind. Dagegen dürften die von Mitte der dreißiger bis zu Anfang der sechziger Jahre für das Gebiet diesseits des Rheins des Königreichs Bayern vorliegenden Nachweise der gerichtlichen Polizei über die zur Anzeige gekommenen Verbrechen und Vergehen*) ein vor-

*) Vgl. Statistik der Gerichtlichen Polizei im Königr. Bayern und in einigen anderen Ländern. Bearbeitet von Dr. G. Mayr. XVI. Heft der Beiträge zur Statistik des Kgr. Bayern. München 1867.

zügliches Material für Studien über die zeitliche Bewegung von Verbrechen bilden.

Um den Leser nicht mit Zahlenmassen zu behelligen, bringe ich ihm die einschlägigen Nachweise in folgendem Diagramm zur Darstellung, in welchem außer der Bewegung der Gesammtcriminalität jene der Angriffe gegen das Eigenthum und gegen die Person gesondert dargestellt ist und überdieß zu sozialstatistischem Vergleiche die Curven der Roggenpreise und der Auswanderung beigefügt sind.

(Siehe Fig. 21 auf folgender Seite.)

Vergleicht man die Linien des Diagrammes, welche die Bewegung der Angriffe gegen das Eigenthum und die Person darstellen, so findet man sofort, daß Zunahme der ersteren und Abnahme der letzteren, und umgekehrt Abnahme der Eigenthumsbeeinträchtigungen und Zunahme der Angriffe gegen die Person in einem so constanten Verhältnisse stehen, daß eine gewisse Gesetzmäßigkeit dieser Thatsache nicht verkannt werden kann. Sucht man nach den wesentlichsten Motiven, welche Angriffe gegen die Person veranlassen, so findet man, da diese der Mehrzahl nach aus Körperverletzungen und Nothzucht bestehen: Muthwille, Rohheit, Leidenschaftlichkeit, unbezähmten Geschlechtstrieb. Untersucht man dagegen die Motive der Eigenthumsbeeinträchtigungen, von welchen weitaus die Mehrzahl aus Diebstählen besteht, so tritt vor Allem das Streben hervor, Güter zu unmittelbarer Bedürfnißbefriedigung oder zum Umtausch gegen Genußgüter in rechtswidriger Weise zu beschaffen. Unter allen Genußgütern werden aber in solcher Weise am intensivsten die Nahrungsmittel aller Art begehrt. Der Drang, in rechtswidriger Weise den Nahrungsbedarf zu decken, muß aber um so größer sein, je größer die Schwierigkeit wird, ihn in rechtmäßiger Weise durch wirthschaftliche Thätigkeit zu beschaffen. Es liegt daher nahe, von der Nahrungserschwerung

Criminalität, Auswanderung und Getreidepreise im Königr. Bayern diess. d. Rheins während der Jahre $18^{35}/_{36}$ bis $18^{60}/_{61}$.

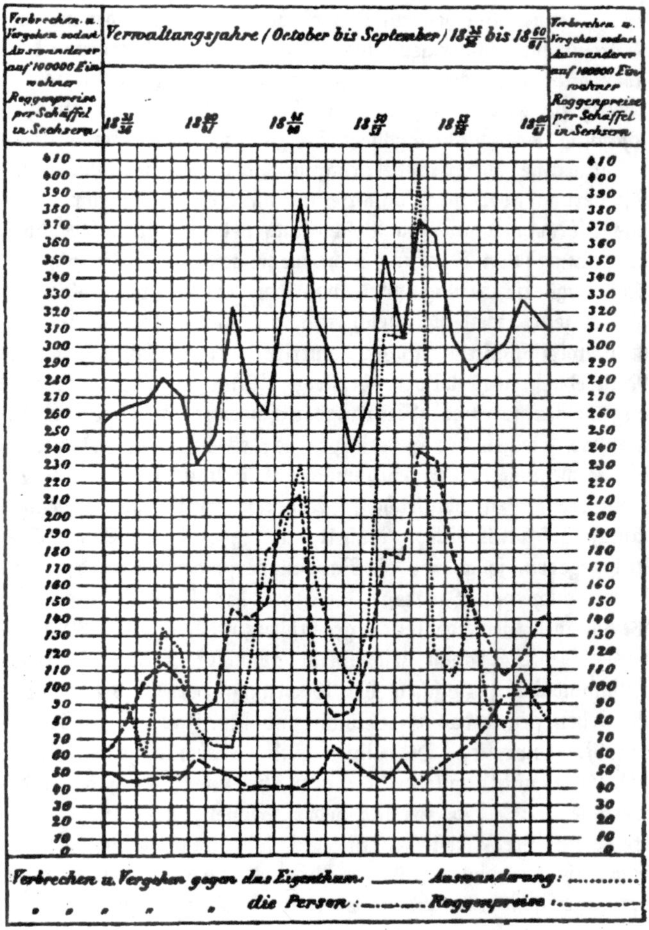

Figur 21.

auf die Zunahme der Eigenthumsbeeinträchtigungen aller Art zu schließen. Die Nahrungserschwerung kann eine subjektive sein, wenn den Betheiligten die Beschaffung der Nahrungsmittel ohne Vertheuerung derselben durch Minderung des Einkommens schwieriger wird. Die Nahrungserschwerung kann aber auch eine objektive sein, wenn die Nahrungsmittel erheblich im Preise steigen. In jedem Falle erheischt die Beischaffung des Nahrungsbedarfs zunächst den Verzicht auf anderweitige Bedürfnißbefriedigung; bei längerer Dauer der Theuerung aber wird unmittelbar die Existenz bedroht, wenn das Einkommen auch die Beschaffung des absolut nothwendigen Quantums von Nahrung nicht mehr gestattet. Die objektive Nahrungserschwerung wird von den greifbarsten Folgen begleitet sein, weil sie gleichzeitig für die Gesammtheit aller Einzelwirthschaften fühlbar eintritt, deren Einkommen den Nothbedarf nur mäßig übersteigt. Nun gibt es aber keine allgemeiner wirkende Nahrungserschwerung in diesem Sinne als das Steigen des Getreidepreises; es ist daher nothwendig die Bewegung der Eigenthumsbeeinträchtigungen mit den Getreidepreisen zu vergleichen. Andererseits ist um so weniger Anlaß zu Muthwille, Rohheit und unbezähmter Geschlechtslust gegeben, je größer die Nahrungserschwerung wird; es ist daher auch von Interesse die Zahl der Angriffe gegen die Person den Getreidepreisen gegenüberzustellen. Ein Blick auf das obige Diagramm zeigt denn auch sofort den genauesten Zusammenhang zwischen der Bewegung der Verbrechen und Vergehen gegen das Eigenthum und dem Fallen und Steigen der Roggenpreise. Die Linien sind so überraschend parallel, daß man nicht anstehen kann zu bekennen, es habe in der Periode 18³⁵/₆₁ so ziemlich jeder Sechser, um den das Getreide im Preise gestiegen ist, auf je 100 000 Einwohner im bayerischen Gebiete diess. des Rheins einen Diebstahl mehr hervorgerufen, während andererseits das Fallen der Getreidepreiſe um einen Sechſer je einen Diebſtahl bei der gleichen Zahl von Einwohnern verhütet hat. Dagegen zeigt die Linie, welche die Bewegung der Verbrechen und Vergehen gegen die Perſon darſtellt, gerade das entgegengeſetzte Verhalten; denn jedem Sinken des Getreidepreiſes entſpricht eine Zunahme der Angriffe gegen die Perſon, und jeder Preisſteigerung eine Abnahme dieſer Angriffe. Wenn demnach die objektive Nahrungserleichterung, welche das Sinken der Getreidepreiſe gewährt, in der Bewegung der Angriffe gegen die Perſon ſo deutlich erkennbar iſt, ſo muß ſicher eine gleiche Wirkung ſich auch dann bemerkbar machen, wenn eine ſubjektive Nahrungserleichterung in größerem Umfange eintritt, und namentlich dann, wenn ſie mit objektiver Nahrungserleichterung zuſammentrifft. Dieß war aber in der That in den letzten Jahren der im obigen Diagramme berückſichtigten Periode 18³⁵/₆₁ der Fall; das allgemeine Steigen der Löhne traf zuſammen mit niedrigen Getreidepreiſen. In dieſem Umſtande dürfte deßhalb auch der hauptſächlichſte und richtigſte Erklärungsgrund für die bedeutende Zunahme der Angriffe gegen die Perſon ſeit dem Jahre 1857 gefunden werden.

Nicht alle Individuen einer Bevölkerung, deren ökonomiſche Selbſtändigkeit durch Nahrungserſchwerung gemindert iſt, ſchreiten ſofort zu rechtswidrigen Handlungen. Je lebhafter der Volkscharakter iſt, um ſo mehr wird der Einzelne danach ſtreben, den Folgen der Nahrungserſchwerung dadurch zu entgehen, daß er das Land verläßt, in welchem Einkommen und Bedürfniß für ihn nicht mehr im Einklang ſtehen. Es wird alſo in der Statiſtik der Auswanderung die Wirkung der Nahrungserſchwerung gleichfalls zu erkennen ſein. Die Bewegung der Auswanderung muß aber auch wieder eine unmittelbare Rückwirkung auf die Criminalität einer Bevölkerung äußern. Dieſe wird ſich um ſo günſtiger geſtalten, je mehr ein Land durch die Auswanderung von Elementen gereinigt wird, die dem ökonomischen Verfalle nahe sind, während bei geringem Abzug und mehr noch bei erheblichem Zuzug ökonomisch unselbständiger Individuen die Criminalität eines Landes oder einer Provinz steigen muß. Diese Andeutungen genügen, um eine Vergleichung der Auswanderung mit der Bewegung der Verbrechen und Vergehen zu rechtfertigen. In dem obigen Diagramm findet sich eine deutliche Wechselbeziehung zwischen der Zahl der Eigenthumsbeeinträchtigungen und der Auswanderungen. Vergleicht man die Eigenthumsbeeinträchtigungen und die Auswanderungen mit den Getreidepreisen, so findet man, daß sie sich gegenseitig ergänzen. Die Zahl der Eigenthumsbeeinträchtigungen war im Jahre 18⁴⁶/₄₇ etwas höher als im Jahre 18⁵³/₅₄, obwohl der Getreidepreis in dem letzteren Jahre höher stand; dafür aber stieg die Auswanderung im Jahre 18⁵³/₅₄ fast auf das Doppelte des Betrages im Jahre 18⁴⁶/₄₇. Im Jahre 18⁴⁶/₄₇ äußerte sich die Nahrungserschwerung in gleichem Maße durch Mehrung der Eigenthumsbeeinträchtigungen und durch Auswanderung; dieselbe Ursache, die je ein Individuum zum Diebe werden ließ, trieb ein anderes übers Meer. Im Jahre 18⁵³/₅₄ dagegen wanderten zwei bis drei Individuen aus, bis einmal eines sich am Eigenthum vergriff.

Die hier angedeutete Bilanz der Verbrechen und der Auswanderung ist übrigens nach dem Stammescharakter der Bevölkerung sehr verschieden geartet. Meine Untersuchungen für Bayern haben ergeben, daß Altbayern mit seiner geringen Auswanderung auch in schweren Zeiten nur wenige Personen nach Außen abstößt, sich also gewissermaßen am wenigsten durch Auswanderung von Angehörigen der criminellen Klassen reinigt. Umgekehrt suchen die Franken und die Pfälzer den zum Verbrechen treibenden Folgen der Nahrungserschwerung in Massen durch Auswanderung auszuweichen. Die Kenntniß dieses Umstandes ist für die richtige Würdigung der Criminalität einer gegebenen Bevölkerung von Wichtigkeit. Man wird es zwar nicht loben können, wenn ein Volksstamm es vorzieht, im Lande zu bleiben und sich unredlich zu ernähren, aber andererseits ist es doch auch kein Grund zur Ueberhebung für die zurückgebliebenen, von den zunächst der Verbrechensgefahr ausgesetzten Elementen gereinigten Volksmassen, wenn sie eine geringere Criminalität zeigen.

Werfen wir schließlich einen Rückblick auf die aus vorstehenden criminalstatistischen Notizen gewonnenen Resultate, so finden wir Folgendes.

Wir müssen die formale Budgetisirung der Verbrechen verwerfen. Aber wir stehen vor zwei Thatsachen, welche unsere individuelle Meinung von souveräner Erhabenheit über das Verbrechen und unsere Vorstellungen von dem Walten regelloser Verhältnisse auf diesem Gebiete beseitigen müssen. Die eine dieser Thatsachen ist die Regelmäßigkeit in dem Gefüge der Welt der Verbrechen, die andere liegt in dem unwiderstehlichen Einfluß, welchen große soziale und wirthschaftliche Vorgänge auf den Hang zum Verbrechen äußern.

Wie besteht diesen Thatsachen gegenüber unser „freier Wille"? Um antworten zu können, müssen wir die Vorfrage stellen, was denn der sogenannte freie Wille ist.

Der freie Wille ist die dem Menschen bei seinen Entschlüssen und Entschlußverwirklichungen gewährte Befugniß der Wahl zwischen verschiedenen Möglichkeiten. Ausgeschlossen von diesem Wahlrecht ist sonach selbstverständlich das Unmögliche; und dieß ist schon ein sehr großes Gebiet. Ausgeschlossen von dem Wahlrecht ist auf der entgegengesetzten Seite das Nothwendige. Der Zwang hebt den freien Willen auf. Zwischen diesen beiden Extremen verbleibt dem Wahlrecht das ganze Gebiet des Möglichen.

Es fragt sich nun, ob effektiv das Wahlrecht gegenüber den einzelnen Möglichkeiten, die zwischen Unmöglichem und Nothwendigem liegen, ein gleich intensives ist, oder ob Grade der Intensität bestehen.

Es bedarf keiner weitläufigen Untersuchung um die Ueberzeugung zu festigen, daß nicht gleiche effektive Intensität der Befugnisse besteht, daß vielmehr die einen sich mehr dem Unmöglichen, die anderen mehr dem Nothwendigen nähern — kurz daß eine Verbindungskette zwischen Unmöglichem und Nothwendigem läuft, deren Glieder sich von den verschiedenen Graden der mathematischen Probabilität in nichts unterscheiden. Setzen wir das Unmögliche = 0, das Nothwendige = 1, so finden wir zwischen beiden die verschiedenen Grade der Intensität des Wahlrechts ausgedrückt durch die unendliche Reihe der Brüche, welche zwischen 0 und 1 eingeschoben werden können. Diesen Graden der effektiven Intensität oder des wirklichen Werthes des Wahlrechtes für den Menschen entspricht die Wahrscheinlichkeit der Verwirklichung des Wahlrechts. Ein Recht der Wahl, welches der Verweigerung dieses Rechts so nahe kommt, wie etwa 0,000 001 an 0 steht, ist für den Menschen sehr wenig werth. Der theoretischen Wahlfreiheit steht eine sehr große Wahrscheinlichkeit der Nichtbenützung derselben entgegen. Nach den Probabilitätsgesetzen muß nun bei einer genügend großen Zahl von Fällen das Ergebniß der Wahlbethätigung der thatsächlich vorhandenen Wahrscheinlichkeit entsprechen. Unsere Entschlüsse und Entschlußverwirklichungen sind solche Fälle, welche wie Naturvorgänge den Gesetzen der Probabilität unterliegen. Sie müssen also, in Massen beobachtet, in den Verhältnissen zu Tage treten, welche den differenten Graden ihrer Möglichkeit entsprechen.

Zu den möglichen menschlichen Handlungen gehören auch die Verbrechen oder überhaupt die rechtswidrigen Handlungen. Wir können Mörder und Diebe werden, nur die Wahrscheinlichkeit, daß wir es wirklich werden, ist glücklicherweise eine geringe. Auch die Wahl des Verbrechens kann demnach in einer Gesellschaftsmasse nicht ungeregelt vor sich gehen, sie muß vielmehr — gerade wegen der Bethätigung des Wahlrechts, d. i. des sogenannten freien Willens — nach den Gesetzen der Wahrscheinlichkeit vollzogen werden. Die schwersten wie die gleichgültigsten menschlichen Handlungen unterliegen in dieser Beziehung, wie schon an anderer Stelle bemerkt wurde, gleichen Gesetzen. Theoretisch kann die gesammte Bevölkerung einer Stadt zu einer bestimmten Tageszeit — abgesehen von Zwangsfällen — die inneren in der Regel belebten Stadttheile meiden und sich in den gewöhnlich öden Außentheilen herumtreiben. In Wirklichkeit thut sie es aber nicht; die Probabilität des Stadtbewohners sich im Centrum zu bewegen, ist größer als die in den Außentheilen anwesend zu sein.

Wir haben also zunächst das materielle Ergebniß, daß gerade aus dem differenten materiellen Inhalt des sogenannten freien Willens eine Gesetzmäßigkeit in der Bethätigung der Wahl der Verbrechen folgt.

Was bestimmt nun aber für die Gesellschaft im Ganzen die Grade der Wahrscheinlichkeit ein Verbrechen zu begehen? Ich antworte hierauf: die Größe des Genusses, welchen die rechtswidrige Handlung im Vergleich mit ihrer Unterlassung gewährt.

Daß die rechtswidrige Handlung Genuß bereiten kann, ist zweifellos; fraglich ist nur, in wie weit nicht der Genuß des Unterlassens der größere ist. Kleine Ansätze zum Mörder und Diebe haben wir Alle; wir möchten es gelegentlich wohl einmal ohne viele Umstände zum Millionär bringen, oder eine uns unliebsame Persönlichkeit verschwinden sehen. Glücklicherweise überwiegt in der Regel der gewissermaßen chronische Genuß des Verzichts auf die Ausführung dessen, was überhaupt nur als leise Ahnung der Seele entstanden ist, den acuten Genuß, welchen die verbrecherische That selbst gewährt. Gewiß aber ist, daß nach der sozialen und wirthschaftlichen Stellung einer bestimmten Menschenklasse, nach Alters- und Geschlechtsverhältnissen, nach Nationalität und Confessionsangehörigkeit, der Grad des Genusses am Verbrechen wechselt. Die Angehörigen dieser Klassen concurriren deßhalb nicht in gleichem Verhältniß zu der Gesammtheit der Verbrechen, sondern genau nach den bezeichneten Graden des Genusses am Verbrechen beziehungsweise an der Enthaltung von demselben. Ihre wirkliche Betheiligung am Verbrechen wird deßhalb, wenn alle maßgebenden Verhältnisse constant bleiben, auch jene nunmehr minder auffällige Proportionalität zeigen, welche wir zuerst fanden.

Wenn dagegen die allgemein entscheidenden, z. B. die wirthschaftlichen Verhältnisse sich ändern, so werden jene großen Schwankungen in der Willensbethätigung eintreten, die oben gleichfalls nachgewiesen wurden.

Willkür ist jene Willensbethätigung, die in einem einzelnen Falle gegen dasjenige handelt, was das oben entwickelte Gesetz der Willensbethätigung bezeichnet. Ihre Möglichkeit ist nicht zu läugnen, sie ist aber im Großen und Ganzen eine so seltene Erscheinung, daß sie in den Massenbeobachtungen verschwindet.

Nichts ist irriger, als den freien Willen mit dieser regellosen Willkür zu verwechseln, wie auch Quetelet irrigerweise für nöthig hielt, um das „libre arbitre“ zu retten. Speziell in Bezug auf die Criminalstatistik müssen wir uns zum Bewußtsein bringen, daß die Morde, die Diebstähle u. s. w., wie sie sich von Jahr zu Jahr folgen, durchaus nicht etwa Vorgänge sind, welche gegen den freien Willen der Thäter geschehen. Im Gegentheil ist deren Wille recht intensiv auf die verbrecherische That gerichtet. Wer die Welt der Menschen von dem idealen Standpunkte aus beurtheilen wollte, daß der freie Wille als solcher immer auf das Gute gerichtet wäre, würde sie in solchem Optimismus gründlich verkennen.

Nicht im Widerspruch also oder ohne Rücksicht auf die freie Willensbethätigung der Einzelnen vollziehen sich die Massenerscheinungen auf dem Gebiete des menschlichen Handelns, sei dieses nun auf das Gute oder das Böse gerichtet, sondern im innigsten Zusammenhang mit derselben. Jene regelmäßigen Massenhandlungen, welche die Moralstatistik nachweist, sind nur das Produkt der Willensthätigkeit der Einzelnen selbst. Daß sie regelmäßig sind, hat seinen Grund in der differenten Qualität des Wahlrechts, welches man freien Willen nennt.

Wenn man demnach den menschlichen Willen einen „freien" nennt, so darf dieß nur unter dem Vorbehalt geschehen, daß nach der Natur der Entschlüsse und der Personen, um die es sich handelt, die Grade der Freiheit milliardenfach verschieden sind, daß sie ebenso häufig der vollen Unfreiheit sich nähern als der absoluten Freiheit, und daß diese selbst kaum jemals besteht. Eine gleiche Willensfreiheit bei allen Entschlüssen und allen Menschen gibt es nicht; wenn die Philosophie sie construirt, so schafft sie ein Trugbild.

Die Straße, die dem Wirken unserer Willensbethätigung angewiesen ist, erscheint hienach ziemlich eng. Darum finden wir auch, daß moralische Einflüsse, welche auf Einzelne versucht werden, im Ganzen ziemlich spurlos verschwinden. Auch begreifen wir hienach, wie es zweifelhaft sein könne, ob die höhere Bildung die Verbrechen mindere.

Die großen Strömungen sind es, welche auf dem moralischen Gebiete entscheiden, insofern sie ganze Schichten der Gesellschaft in den Bedingungen der Verbrechenswahl anders stellen als bisher. Was als isolirte Wirkung auf den Einzelnen sich geltend macht, bedeutet nicht viel mehr als der Hauch des Mundes, welcher den Fall einer einzelnen Schneeflocke, nicht aber das Wesen des Schneefalls selbst und die Stärke der ganzen Schneedecke zu ändern vermag.

www.ingramcontent.com/pod-product-compliance
Lightning Source LLC
La Vergne TN
LVHW010634300926
849161LV00005B/939
* 9 7 8 3 4 8 6 7 2 4 6 4 6 *